Nadja Thiessen

Gefährdung städtischer Infrastruktur durch Hochwasser

Historical Catastrophe Studies/ Historische Katastrophenforschung

Edited by/Herausgegeben von
Dominik Collet, Christopher Gerrard, Christian Rohr

Volume/Band 2

Nadja Thiessen

Gefährdung städtischer Infrastruktur durch Hochwasser

Wahrnehmungen und Bewältigungsstrategien in Mannheim und Dresden 1918–1989

DE GRUYTER

Diese Dissertation wurde an der Technischen Universität Darmstadt unter dem Titel „Hochwasser an Flüssen und die Gefährdung städtischer Infrastruktur in Mannheim und Dresden im kurzen 20. Jahrhundert“ angenommen.

ISBN 978-3-11-073854-4
e-ISBN (PDF) 978-3-11-073467-6
e-ISBN (EPUB) 978-3-11-073470-6
ISSN 2699-7223

Library of Congress Control Number: 2023930111

Bibliografische Information der Deutschen Nationalbibliothek
Die Deutsche Nationalbibliothek verzeichnet diese Publikation in der Deutschen Nationalbibliografie; detaillierte bibliografische Daten sind im Internet über http://dnb.dnb.de abrufbar.

Einbandabbildung: Dresden, Hochwasserzeit, Blick von der Carolabrücke auf die Stadt, akg-images / arkivi.
Druck und Bindung: CPI books GmbH, Leck

www.degruyter.com

Inhalt

1 **Einleitung — 1**
1.1 Einführung — 1
1.2 Untersuchungs(zeit)räume und Fragestellung — 4
1.3 Methodischer Zugang — 6
1.3.1 Criticality/Kritikalität — 7
1.3.2 Vulnerability/Vulnerabilität — 8
1.3.3 Resilience/Resilienz — 9
1.3.4 Preparedness & Prevention/Vorsorge & Prävention — 10
1.4 Forschungsstand und Quellenlage — 12
1.5 Untersuchungsaufbau — 17

2 **Stadt am Fluss — 19**
2.1 Stadtentwicklung — 19
2.1.1 Bevölkerungszahlen — 20
2.1.2 Infrastrukturausbau — 22
2.2 Funktionen der Stadt — 23
2.2.1 Industrie- und Kulturstadt — 23
2.2.2 Politische Funktion — 24
2.3 Beziehung zum Fluss — 26
2.3.1 Mannheim an Rhein und Neckar — 27
2.3.2 Dresden an der Elbe — 30
2.4 Zusammenschau — 32

Hochwasser an Flüssen, Wahrnehmungen und Umgang

3 **Wahrnehmungen von Hochwasser — 35**
3.1 Hochwasser an Flüssen — 35
3.2 Historisches Bewusstsein und Wahrnehmung — 39

4 **Zyklus im Umgang mit Hochwasserereignissen — 45**
4.1 „Das nächste Hochwasser kommt bestimmt“ Preparedness & Prevention-Strategien — 49
4.1.1 Gefahrenkarten und Vulnerability-Mapping — 49
4.1.2 Raumplanerischer und baulicher Schutz — 53
4.1.3 Organisation der Wasserwehr — 61
4.2 Wenn die Pegel steigen Maßnahmen während eines Hochwassers — 71
4.2.1 Pegelbeobachtungen und -einschätzungen — 72

4.2.2 Umsetzung der geplanten Maßnahmen — 74
4.2.3 Unvorhersehbares und Nebenschauplätze — 79
4.3 „Nach der großen Flut“
Bestandsaufnahme, Analyse, Reflexion — 83

Einflussfaktoren auf den Umgang mit Hochwasserereignissen

5 Stadtentwicklung und Infrastrukturausbau — 93
5.1 Stadtbild — 93
5.1.1 Das neue Königsufer — 94
5.1.2 Das neue Krankenhaus am Neckar — 97
5.2 Infrastrukturen — 102
5.2.1 Abfall und Abwasser der Großstadt — 102
5.2.2 Infrastrukturbaustellen — 104
5.3 Zwischenfazit — 107

6 Konjunktur und Wirtschaftsform — 109
6.1 Massenarbeitslosigkeit und Hochkonjunktur — 109
6.1.1 Lohn und Brot durch Hochwasserschutz — 110
6.1.2 Bundesrepublikanische Konjunkturschwankungen — 117
6.2 Planziele und der Einsatz Volkseigener Betriebe — 119
6.2.1 Volkseigene Betriebe im Hochwassereinsatz — 119
6.2.2 Mangelwirtschaft und starre Strukturen — 124
6.3 Zwischenfazit — 127

7 Politik und Staat — 130
7.1 Autoritäre Regime — 130
7.1.1 Nationalsozialistische Politik & Ideologie — 130
7.1.2 „Hunderttausende helfende Hände“ — 137
7.2 Demokratische Systeme — 145
7.2.1 Katastrophenschutz im parlamentarischen Diskurs — 146
7.2.2 Medien als politisches Mittel — 151
7.3 Zwischenfazit — 156

8 Krieg und Nachkriegszeit — 158
8.1 Hochwasserschutz im Krieg — 158
8.1.1 Luftkrieg über Mannheim — 158
8.1.2 Prüfstein Kriegswichtigkeit — 162
8.1.3 Mittelbare Kriegseinwirkungen — 167
8.2 Hochwasserschutz in der direkten Nachkriegszeit — 169
8.2.1 Neue Machtstrukturen – Neue Wege im Hochwasserschutz? — 169

8.2.2 Kriegsschäden und Trümmerbeseitigung — **188**
8.3 Zwischenfazit — **193**

9 Fazit — 194

Verzeichnisse — 203

Index — 223

Dank

Bei der vorliegenden Arbeit handelt es sich um die geringfügig überarbeitete Version meiner Dissertationsschrift, die ich im Juli 2020 an der Technischen Universität Darmstadt verteidigt habe. Die Schrift entstand maßgeblich im Rahmen meiner Anstellung im DFG-Graduiertenkolleg *Kritische Infrastrukturen: Konstruktion, Funktionskrisen und Schutz in Städten* und konnte während meiner Anstellung im LOEWE-Zentrum *emergenCITY – Die resiliente digitale Stadt* abgeschlossen und überarbeitet werden. Der Deutschen Forschungsgemeinschaft als auch der LOEWE Initiative des Landes Hessen möchte ich herzlich für ihre Unterstützung und Finanzierung danken – ohne sie wäre diese Arbeit nicht möglich gewesen.

In den letzten Jahren haben zahlreiche Personen mich, meine Forschung und die Entstehung dieses Buches begleitet – ihnen allen gilt mein Dank. Leider kann ich an dieser Stelle nur eine Auswahl persönlich nennen:

Mein besonderer Dank gilt Prof. Dr. Jens Ivo Engels für seine engagierte Betreuung in den letzten Jahren und zahlreiche wertvolle Ratschläge. Ebenfalls möchte ich Prof. Dr. Martina Heßler danken, die nicht nur das Zweitgutachten übernahm, sondern zusätzliche hilfreiche Hinweise lieferte.

Weiterhin danke ich der Geschäftsstelle KRITIS für die Unterstützung in organisatorischen Fragen und die abwechslungsreiche Programmgestaltung, die zu unserer wissenschaftlichen Ausbildung beitrug, den studentischen Hilfskräften für ihre sorgfältigen Zuarbeiten sowie den beteiligten PIs für kritische Anregungen und Inspiration während unserer Kolloquien. Geprägt war der Alltag bei KRITIS jedoch vor allem durch meine Kolleginnen und Kollegen, denen ich für zahlreiche Diskussionen und freundschaftliche Gespräche ob im Seminar, in der Mittagspause, in der Kaffeeküche oder nach Feierabend herzlich danken möchte. Dieser Austausch war stets auch eine persönliche Bereicherung, in anstrengenden Zeiten ein Lichtblick und hat maßgeblich zum Gelingen der Arbeit beigetragen. Mein herzlicher Dank gilt hierbei Dr. Benedikt F. Vianden für seine Freundschaft und die hervorragende Bürogemeinschaft – es war mir eine große Freude! Des Weiteren möchte ich meinen (ehemaligen) Kolleginnen und Kollegen am Institut für Geschichte danken, die mir mit Rat und Tat bei der Entstehung zur Seite standen. Insbesondere Dr. Matthias Lieb gebührt mein persönlicher Dank für sein offenes Ohr, seine Geduld, sein gewissenhaftes Korrekturlesen und seine aufmunternden Worte zur passenden Zeit!

Ferner möchte ich mich bei allen Mitarbeiterinnen und Mitarbeitern des MARCHIVUM in Mannheim, des Stadtarchiv Dresden, des Generallandesarchiv Karlsruhe und des Sächsischen Staatsarchiv in Dresden für ihre Unterstützung während mei-

https://doi.org/10.1515/9783110734676-203

ner Recherche bedanken. Zudem gilt mein Dank der SLUB Dresden / Fotothek, die mir freundlicherweise gestattete, einige Abbildungen aus ihrem Bestand für die Veröffentlichung zu nutzen. Weiterhin möchte ich den Herausgebern dieser Reihe sowie den engagierten Mitarbeiterinnen und Mitarbeitern bei De Gruyter für ihre geduldige Betreuung während der Drucklegung danken. Daran angeschlossen gilt mein Dank Dr. Moritz Bensch für sein sorgfältiges Lektorat des Manuskripts.

Schließlich möchte ich meiner Mutter Maria und meinen Schwestern Hannah und Melanie von Herzen danken. Sie haben mich stets auf meinem Weg bestärkt. Zuletzt danke ich meinem Mann Micha für seine Liebe, seine Zuversicht und seine Unterstützung in allen Lebenslagen!

Darmstadt
im November 2022

Nadja Thiessen

Abbildungsverzeichnis

Abb. 1: Entwicklung des Stadtgebiets und der Bevölkerung in Dresden und Mannheim (1800–2000) — **21**
Abb. 2: Zustand des Rheins und Neckars bei Mannheim 1836 (1921) — **28**
Abb. 3: Zustand des Rheins und Neckars bei Mannheim 1885 (1921) — **29**
Abb. 4: Dresden vom rechten Elbufer unterhalb der Augustusbrücke, Bernardo Bellotto (1748) — **31**
Abb. 5: Einsturz der Augustusbrücke und Übersicht der Überschwemmung in Dresden (1845) — **40**
Abb. 6: Überschwemmungsgebiet der Elbe im Raum Dresden am 31. März 1845 (um 1850/55) — **41**
Abb. 7: Temporärer Spielplatz am Blockhausgäßchen (1926) — **43**
Abb. 8: Monatshöchstwerte in cm am Pegel Elbe/Dresden (1919–1990) — **46**
Abb. 9: Monatshöchstwerte in cm am Pegel Rhein/Mannheim (1919–1980) — **47**
Abb. 10: Überflutungsgebiet auf der Gemarkung Mannheim (1967), Ausschnitt — **51**
Abb. 11: Überflutungsgebiet auf der Gemarkung Mannheim (1967) — **52**
Abb. 12: Postkartengruß von der überschwemmten Vogelwiese (1897) — **55**
Abb. 13: Entwurf über Hochwasserschutzmaßnahmen im Jungbusch (1926) — **59**
Abb. 14: Überarbeiteter Plan zur Organisation der Wasserwehr in Mannheim (1940) — **63**
Abb. 15: Aufstellung und Zuständigkeiten der gefährdeten Objekte im Hochwasserfall (1970) — **66**
Abb. 16: Organisations- und Einsatzplan Ostragehege, Abschnitt 6 (1953/60), Ausschnitt — **69**
Abb. 17: Organisations- und Einsatzplan Ostragehege, Abschnitt 7 (1953/60), Ausschnitt — **69**
Abb. 18: Organisations- und Einsatzplan Ostragehege, Abschnitt 8 (1953/60), Ausschnitt — **70**
Abb. 19: Das neue Königsufer in Dresden-Neustadt unter dem Hakenkreuzbanner (um 1940) — **96**
Abb. 20: Lageplan über die Verlegung des Hochwasserdammes (1911), Ausschnitt — **98**
Abb. 21: Plan zur Verlegung des Hochwasserdammes auf der Friesenheimer Insel (1930), Ausschnitt — **104**
Abb. 22 u. 23: Dokumentation der Schadstellen während des Hochwassers, Auszüge (1955) — **107**
Abb. 24: Planmäßige Überschwemmung und Eintritt der Elbe in die Flutrinne (1974) — **112**
Abb. 25: Anleitung zur Nutzung von Sandsäcken im Hochwasserschutz (1988) — **122**
Abb. 26: Praktische Tipps für Hochwasserschutz in Betrieben und Genossenschaften (1988) — **122**
Abb. 27 u. 28: Hochwassereinsätze dargestellt in der DDR-Presse (1954 und 1958) — **141**
Abb. 29: Hochwassereinsätze dargestellt in der DDR-Presse (1970) — **142**
Abb. 30 u. 31: Hochwassereinsätze dargestellt in der DDR-Presse (1975 und 1977) — **143**

https://doi.org/10.1515/9783110734676-204

1 Einleitung

1.1 Einführung

Das Dresdner Elbufer bietet aufmerksamen Spaziergängerinnen und Spaziergängern nicht nur einen beeindruckenden Blick auf das Stadtpanorama, sondern hier lässt sich auch einiges zum Umgang mit Hochwasserereignissen in Erfahrung bringen. Zwischen Augustus- und Marienbrücke warten acht Stationen des Hochwasserlehrpfades mit Informationen zur Entstehung von Hochwasser, der Gefahrenabwehr und Schadensbegrenzung sowie zu bereits gesammelten Erfahrungswerten. Der 2008 durch das Landschaftsforschungszentrum e.V. Dresden entwickelte Lehrpfad enthält zudem interaktive Elemente, die zu einer reflektierten Auseinandersetzung mit dem Leben am Fluss anregen sollen. Die Erstellerinnen und Ersteller des Pfades geben an, dieser solle „die Ereignisse des Hochwassers 2002 in Erinnerung rufen“[1] und somit Bewusstsein für die Hochwassergefahren schaffen. Der direkte Bezug zum genannten Hochwasserereignis ist interessant, da er sich ebenfalls in den Informationstafeln widerspiegelt und somit einen prägnanten Bezugspunkt in der Stadt- und Hochwassergeschichte darstellt.

Im Sommer 2002 wuchsen die Elbe und ihre Zuflüsse innerhalb weniger Tage durch starke Regenfälle derart an, dass sie tief in die Dresdner Innenstadt vordringen konnten. Bilder vom überschwemmten Dresdner Zwinger, einem Wahrzeichen der Stadt, und dem überfluteten Hauptbahnhof wurden weit über die Stadt hinaus medial verbreitet. Insgesamt war die das Ereignis begleitende Berichterstattung beachtlich: So strahlte beispielsweise die ARD zwischen dem 12. und 22. August 2002 im Anschluss an die Tagesschau täglich Brennpunkt-Sendungen aus, wovon zwei mit 45 Minuten Sendezeit deutliche Überlänge aufwiesen.[2] Unter den Dresdnerinnen und Dresdnern selbst hatten jedoch nur einige die Möglichkeit, die Sendungen live zu verfolgen, denn manche Stadtgebiete waren vom Energienetz und somit in Teilen auch von einem funktionierenden Nachrichtenzugang abgeschnitten. Bereits mehrere Tage vor Erreichen des Pegelhöchststandes kam es zu Störungen in lokalen Umspannwerken und in der Folge zu partiellen Stromausfällen. Darüber hinaus waren weitere kritische Infrastruktursysteme teilweise massiv beeinträchtigt: Die unter Wasser stehenden Gleise und Züge am Hauptbahnhof Dresden verhinderten den planmäßigen Bahnbetrieb. Krankenhäuser mussten evakuiert und provisorisch an anderer Stelle eingerichtet werden. Dresdens Kulturgüter konnten nur teils und dann in buchstäblich letzter Minute vor den Fluten gerettet werden. Alle innerstädtischen Elbbrücken waren gesperrt, der Straßenverkehr in den flussnahen Stadtgebieten kam vollständig zum Erliegen. Das städtische Klärwerk bei

1 GRUNEWALD, et al. 2009: 17.

2 siehe zur Einordnung bspw. SCHRAGE 2005.

https://doi.org/10.1515/9783110734676-001

Kaditz konnte der zusätzlichen Belastung immer weniger standhalten. Ein Dammbruch führte schließlich zum kompletten Ausfall der Anlage und das Abwasser der Großstadt floss ungeklärt in die Elbe. Als der Pegelhöchststand schließlich am 17. August 2002 mit 9,40 m erreicht wurde, war die Situation für die Einwohnerinnen und Einwohner der Stadt sowie für ihre Infrastruktursysteme noch keinesfalls entschärft. Erst Tage später gelang die Wiederherstellung des Zugangs zum öffentlichen Nahverkehr sowie einer stabilen Versorgung mit Strom und Trinkwasser. Die Verwundbarkeiten der Stadt und ihrer Systeme gegenüber dem Fluss traten in diesem Sommer offen zutage.[3]

Schon nach kurzer Zeit wurden erste Versuche unternommen, das Geschehene einzuordnen. Neben der schon landläufigen Bezeichnung als *Jahrhunderthochwasser* wurde nun, zumindest im nicht-wissenschaftlichen Diskurs, sogar von einer *Jahrtausendflut* gesprochen – ein Attribut, das bisher lediglich dem Magdalenenhochwasser aus dem Jahr 1342 vorbehalten gewesen war. Dies sind Hinweise auf den Schock, der die Stadt in ihren Grundfesten erschüttert haben muss.[4] Die sich direkt anschließenden Analysen forderten Konsequenzen für die Ausrichtung des Hochwasserschutzes und den Umgang mit solchen Ereignissen.[5] Der eingangs erwähnte Lehrpfad, der heute Interessierte an die damaligen Schauplätze der Überschwemmungen führt und so den Versuch unternimmt, die Erinnerung wachzuhalten, ist eine dieser umgesetzten Maßnahmen.[6] Zudem erfolgten Anpassungen im technischen Hochwasserschutz sowie weitere auf organisatorischer und kommunikativer Ebene. Nicht ohne Stolz stellte die Stadt ein Jahrzehnt und einige kleinere Hochwasserereignisse später – so kam es beispielsweise 2006 und 2010 zu abermals deutlich erhöhten Pegelständen – ihre bisher getroffenen Maßnahmen vor und demonstrierte damit ihre Lernfähigkeit. In einem im Jahr 2012 erschienenen Bericht schätzte der amtierende Erste Bürgermeister die Resultate der Anpassungen wie folgt ein: „Dresden hat sich heute, 10 Jahre nach den Fluten von 2002, einen guten Stand in der Hochwasservorsorge erarbeitet."[7] Die Bewährungsprobe folgte bereits ein knappes Jahr später: Im Mai und Juni 2013 sorgte abermals eine Vb-Wetterlage, wie diese spezielle Konstellation des Mittelmeertiefs genannt wird, für hohe Wasserstände an der Elbe. Zwar war der Pegelhöchststand am 6. Juni an der Dresdner Augustusbrücke dieses Mal bereits bei 8,78 m erreicht, dennoch handelte es sich um

---

3 Zur meteorologischen Ausgangslage und Entwicklung: Schwandt, Hübner [o.J.]; Internationale Kommission zum Schutz der Elbe 2004. Zur Schadenslage insbesondere in Sachsen und Dresden: Sächsische Staatskanzlei 12.2002; Bornhöft, et al., „Wie im Krieg". In: Der Spiegel (2002); Freiburg, et al., Zyklon aus Genua. In: Der Spiegel (2002). Berichte von Betroffenen wurden teilweise hier veröffentlicht: Legall, Krause 2004.

4 Siehe bspw. Helfricht, Helfricht 2002.

5 Siehe bspw. Sächsischen Staatsministerium des Inneren 11.2006.

6 Müller 2014: 186–187.

7 Landeshauptstadt Dresden 2012: 5.

einen außergewöhnlich hohen Wert.[8] Innerhalb kurzer Zeit erlebte eine Generation an Anwohnerinnen und Anwohnern gleich mehrere Hochwasser in ihrer Stadt und sah sich in der Folge auch wiederholt der Schadensbewältigung ausgesetzt.

Die Prognosen der Mehrzahl von Klimaforscherinnen und -forschern weisen darauf hin, dass durch den menschengemachten Klimawandel die lokalen Extremwettersituationen weiter zunehmen werden und dass somit noch wesentlich häufiger mit solchen *Jahrhunderthochwassern* gerechnet werden muss.[9] Diese Bezeichnung, die sich eigentlich aus der hydrologischen Berechnung der Eintrittswahrscheinlichkeit und nicht aus einer subjektiven Wahrnehmung ableitet, wird dann sicherlich zu korrigieren sein. Hinzu kommt, dass ein weltweiter Trend zu erhöhtem Städtewachstum auszumachen ist und obwohl sich die Stadtentwicklung in Deutschland ambivalent zeigt, sehen sich hier sogenannte Schwarmstädte gleichermaßen neuen Herausforderungen gegenübergestellt. Mit den Städten werden sich ebenso ihre Infrastruktursysteme weiter ausdehnen (müssen).[10] Die parallele Zunahme von beispielsweise klimawandelbedingten Risiken, gefährdeten Strukturen und Komponenten bei einem zugleich anwachsenden Vernetzungsgrad wird demnach dafür sorgen, dass Hochwasserereignisse und daraus resultierende Schäden nicht nur Geschichte sind, sondern ebenso Zukunft bleiben.

In der Hydrologie ist es bereits etablierte Praxis, für die Voraussage und Berechnung aktueller Hochwasserereignisse auf historische Daten vergangener Fluten zurückzugreifen. Mit dem *Deutschen Gewässerkundlichen Jahrbuch* liegt eine Datensammlung vor, die nicht nur jährliche Messdaten aller Flusssysteme Deutschlands enthält, sondern in Teilen ferner auf Daten bis ins 19. Jahrhundert verweisen kann. Aus hydrologischer Sicht lassen sich also Entstehung und Ablauf von Hochwasserereignissen für einen gewissen Zeitrahmen rekonstruieren. Andererseits, und das zeigte eben auch die mehrfache Überschwemmung Dresdens zu Beginn dieses Jahrtausends, scheint die pure Menge an Flussdaten nicht ausreichend zu sein, um den Schutz der Stadt und ihrer Infrastruktursysteme sicherzustellen. Zum einen müssen Infrastrukturen nicht nur rein technisch, sondern ebenso in ihrer soziokulturellen Dimension verstanden werden, zum anderen lässt sich die Fortdauer der Überschwemmungen nur in ihrem gesellschaftlichen Kontext verstehen. In der Studie werden insbesondere die verschiedenen politischen und wirtschaftlichen Rahmenbedingungen in den Städten Dresden und Mannheim sowie die darauf zurückzuführenden unterschiedlichen Bewältigungsstrategien adressiert. Erst durch die Kontextualisierung mit gesellschaftlichen Zusammenhängen, so die These dieser Unter-

8 Siehe zur meteorologischen Lage und dem Ablauf: Landeshauptstadt Dresden 2014; Internationale Kommission zum Schutz der Elbe 2014; Lehmann 2013.

9 Siehe bspw.: Blöschl, et al. 2017.

10 Siehe bspw. Monstadt, Schmidt 2019; Monstadt, Coutard 2019; Simons, Weiden 2016; Siebel 2010.

suchung, werden sich neue Fragen stellen und im besten Falle beantworten lassen. Wenngleich die vorliegende Studie nicht den Anspruch verfolgt, Lösungen für Hochwasserprobleme unserer Zeit anzubieten, so zielt sie durchaus darauf ab, Anregungen für einen sensibleren und eher kontextbezogenen Hochwasserschutz zu geben.

1.2 Untersuchungs(zeit)räume und Fragestellung

Die Betrachtung fokussiert sich auf das kurze 20. Jahrhundert. Diese Periodisierung wurde von Iván T. Berend vorgeschlagen und 1994 durch Eric Hobsbawm in seinem Werk *Age of Extremes* geprägt. Hobsbawm nutzt dabei den Ersten Weltkrieg und das Ende der Sowjetunion als eingrenzende Ereignisse und unterteilt die Zwischenzeit weiter in *The Age of Catastrophe, The Golden Age* und *The Landslide.*[11] In der vorliegenden Arbeit wurde die Periodisierung für die deutsche Geschichte angepasst und im Sinne der Fragestellung begrenzt. Der Untersuchungszeitraum reicht daher von der Gründung der Weimarer Republik bis zum Mauerfall. In dieser Zeitspanne veränderten sich die sozialen, politischen und ökonomischen Rahmenbedingungen mehrfach drastisch. Das Verhältnis des Menschen zur Natur war geprägt vom Gedanken, diese zu beherrschen und zugleich zu schützen. Die Städte wiesen bereits Infrastrukturen auf, die „als Begleiterscheinung der Industrialisierung“[12] entstanden waren. Im 20. Jahrhundert wuchsen sie weiter an, wurden teilweise zerstört und wiederaufgebaut. Die Wirtschaft kannte Zeiten der Massenarbeitslosigkeit, Inflation und Krise ebenso wie Phasen der Hochkonjunktur und gesteigerter Konsumbedürfnisse. Die politische Lage zeigte sich nicht minder turbulent, so existierten im Untersuchungszeitraum mindestens vier unterschiedliche politische Systeme. Wenngleich das Ende des Zweiten Weltkriegs nicht als *Stunde Null* verstanden wird, bot die Kriegs- und direkte Nachkriegszeit doch ganz eigene Rahmenbedingungen. Die Besatzungszeit stellte eine spezielle Machtkonstellation dar, Krieg und Kriegsschäden bestimmten die Ressourcenangebote. Diese Vielzahl an Umbrüchen, die Zuspitzung der Gegensätze und ihre Konzentration lassen das 20. Jahrhundert für die vorliegende Untersuchung besonders relevant erscheinen.

Als Untersuchungsraum bietet sich ‚die Stadt‘ an. Sie zeichnet sich vor allem durch ihre Verdichtung auf verschiedenen Ebenen aus, sodass Ereignisse und ihre möglichen Auswirkungen sichtbarer werden. Zum einen ist in diesem Raum die Komprimierung verschiedener sozio-technischer Systeme vorhanden, zum anderen bildet die Stadt einen (geografischen) Knotenpunkt im Infrastrukturnetz und ist zugleich in sich selbst vernetzt. All diese Eigenschaften machen sie in besonderer

11 Hobsbawm 1994.

12 van Laak 2017: 5.

Weise für die Erforschung (kritischer) Infrastrukturen interessant.[13] Abgesehen von diesen technischen Attributen ist für die Untersuchung die Eigenschaft des städtischen Raums als gesellschaftspolitisches Zentrum gleichfalls relevant. Die Stadt ist Produktions- und Konsumort, Bühne gesellschaftlicher und kultureller Aushandlungsprozesse und (mit)geprägt durch stadtpolitische Entscheidungen.[14] Diese städtischen Spezifika trafen in unterschiedlicher Ausprägung auf Dresden und Mannheim während des 20. Jahrhunderts zu. Eine detailliertere Vorstellung der Fallstädte, ihrer historischen Entwicklung und Funktion sowie des Charakters der jeweiligen Stadt-Fluss-Beziehung erfolgt in Kapitel 2.

Im Fokus der Untersuchung stehen die Städte Mannheim und Dresden. Von ihnen ausgehend wird gefragt, wie im kurzen 20. Jahrhundert unter verschiedenen Bedingungen mit Hochwasserereignissen umgegangen wurde. Durch die Einbeziehung beider Städte steht eine Vielzahl an Quellen zur Verfügung, die es wiederum ermöglicht, die Maßnahmen und Handlungen vor, während und nach einem Hochwasserereignis in Phasen einzuteilen. Für die Zeit vor dem Hochwasser werden die Vorbereitungsstrategien in den Blick genommen. Hierbei interessiert vor allem, wie Akteurinnen und Akteure die Gefahren durch Flusshochwasser analysierten und welche Konsequenzen sie für die Vorsorge und Prävention in Form von raumplanerischen und organisatorischen Maßnahmen daraus zogen. Die Phase während des Ereignisses wird vor allem hinsichtlich der Bewältigungsstrategien untersucht. Im Besonderen stellt sich die Frage nach der Umsetzung der zuvor geplanten Maßnahmen und der Reaktionsfähigkeit auf mögliche Unvorhersehbarkeiten. Einen weiteren Schwerpunkt bildet die aufgeworfene Frage nach der Lernfähigkeit der betroffenen Städte, sodass die Phase nach dem Hochwasser hinsichtlich ihrer Ereignis-Nachbereitung und der Reflexionsprozesse untersucht wird.

Im Anschluss werden dann wiederum einzelne Phasen in breitere gesellschaftshistorische Kontexte gesetzt. So lassen sich Rückschlüsse darauf ziehen, welche Auswirkungen städtebauliche, wirtschaftliche und politische Zusammenhänge auf den Umgang mit Hochwasserereignissen hatten. Vor dem Hintergrund der zunehmenden Urbanisierung im kurzen 20. Jahrhundert stellt sich zunächst die Frage, wie sich diese auf den Hochwasserschutz auswirkte. Zum einen wird in den Blick genommen, wie sich der Anspruch an eine ästhetische Ufergestaltung mit präventiven Maßnahmen vertrug, und zum anderen wird nach der Mehrdimensionalität des zunehmenden Infrastrukturausbaus gefragt. Des Weiteren interessiert der Einfluss konjunktureller Schwankungen und verschiedener Wirtschaftsformen. So wird analysiert, ob sich in wirtschaftlich schwachen Zeiten die Verwundbarkeit gegen-

13 Zum Untersuchungsraum der Stadt in der KRITIS-Forschung siehe bspw.: Giroux, Herzog 2015; Becker, et al. 2013; Lakoff, Klinenberg 2010.

14 Siehe zur historischen Stadtforschung u.a.: Schott 2013; Schott 2014a: 11–24.

über Flusshochwassern erhöht und inwiefern Phasen der Hochkonjunktur Vorbereitungs- und Präventionsmaßnahmen erleichtern konnten. Insbesondere für die zweite Hälfte der Untersuchungsspanne ergeben sich aus der Gegensätzlichkeit der beiden vorherrschenden Wirtschaftsformen weitere Fragen. So stellt sich die Frage, inwieweit die Zentralverwaltungswirtschaft der DDR mit ihrer starken, aber auch starren Organisation die Bewältigungsfähigkeiten während des Ereignisses beeinflusste. Da sich diese Dichotomie nicht nur in der Wirtschaftsform, sondern insbesondere im 20. Jahrhundert auch in den politischen Rahmenbedingungen zeigte, wird zusätzlich die Frage nach den unterschiedlichen Strategien in demokratischen Systemen und autoritären Regimen gestellt. Im Mittelpunkt stehen der Einfluss der jeweiligen Staatsform sowie der vorherrschenden politischen Ideologie und unter welchen Umständen diese mit den Schutzkonzepten kollidierten. Hinzu kommt die besondere Situation im Zweiten Weltkrieg. In diesem Zusammenhang interessiert besonders, wie sich der Hochwasserschutz vor dem Hintergrund des Kriegsgeschehens umsetzen ließ und welche Anforderungen die Jahre der Nachkriegszeit stellten. Dabei wird zum einen nach den Einschränkungen im baulichen und raumplanerischen Schutz und zum anderen nach der besonderen organisatorischen Herausforderung während der Besatzungszeit gefragt.

1.3 Methodischer Zugang

Die vorliegende Untersuchung wurde im Umfeld des Graduiertenkollegs *Kritische Infrastrukturen: Konstruktion, Funktionskrisen und Schutz in Städten* (KRITIS) erarbeitet. Den gemeinsamen Rahmen der interdisziplinären Forschungsgruppe bilden die Konzepte *Criticality/Kritikalität, Vulnerability/Vulnerabilität, Resilience/Resilienz* sowie *Preparedness & Prevention/Vorsorge & Prävention.* Für die intensive und disziplinübergreifende Diskussion erwies es sich als lohnend, die einzelnen Konzepte als *Boundary Objects* bzw. *Brückenkonzepte* zu verstehen. Bei *Boundary Objects* handelt es sich um ein von Susan Leigh STAR und James R. GRIESEMER eingeführtes Konzept der Wissenschaftstheorie.[15] Sie sind flexibel genug, um von verschiedenen Disziplinen interpretiert und genutzt zu werden, und zugleich stabil genug, um für die disziplinäre Anwendung bestimmt werden zu können. Diese Lesart hat sich im wissenschaftlichen Diskurs innerhalb des Kollegs bewährt. Die verschiedenen Perspektiven auf die Konzepte und ihr Wert sowohl für die disziplinäre als auch interdisziplinäre Infrastrukturforschung werden in der gemeinsamen Publikation *Key*

15 STAR, GRIESEMER 1989. Nach dem Tod Stars wurde ihr Ansatz weiter ausgearbeitet u.a.: BOWKER, et al. 2015; STAR 2017. Sowie zu Resilienz als Boundary Object insbesondere: KAUFMANN 2012.

Concepts for Critical Infrastructure Research[16] zusammengefasst, welche zugleich die methodische Basis für die nachstehende Untersuchung bildet.

Mehrere der genannten Konzepte stellen einen im heuristischen Sinne gewinnbringenden Zugang zum Quellenmaterial dar. Sie alle sind eng verbunden, sodass sich eine isolierte Betrachtung insbesondere für die Geisteswissenschaften als schwierig erwies. Während der Arbeit zeigte sich so vor allem ein Zusammenspiel verschiedener Ansätze als sinnvoll. Dieses sowie das Verständnis der einzelnen Konzepte, wie es die Verfasserin im Laufe der Arbeit entwickelt hat, werden im Folgenden vorgestellt.

1.3.1 Criticality/Kritikalität

Innerhalb der Forschung zu Kritischen Infrastrukturen stellt, wie die Bezeichnung schon vermuten lässt, Kritikalität eines der wichtigsten Konzepte dar. Zugleich handelt es sich um einen insbesondere in den letzten Jahrzehnten politisch aufgeladenen Begriff; doch trotz dieser zunehmenden Bedeutung innerhalb der Diskurse bleibt die vorliegende theoretische Literatur überschaubar. Als wichtiger Beitrag ist daher der Sammelband *Was heißt Kritikalität?* anzusehen, der die Beiträge und Ergebnisse einer Tagung des Graduiertenkollegs zu *Kritikalität* vereint.[17] Die Herausgeber Jens Ivo Engels und Alfred Nordmann argumentieren, dass eine Theorie der Kritikalität notwendig sei, da es einen Bedarf von Seiten der praktischen Arbeit gebe. Dies gelte etwa im Infrastrukturkontext für Fragen der Priorisierung von Systemen oder einzelnen Komponenten, wofür lediglich ein reflektierter Begriff von Kritikalität die Grundlage bieten könne. Wenngleich sich die Kritikalitätszuschreibung beispielsweise bei technischen Systemen mathematisch begründen lässt, handelt es sich bei ihr stets zugleich um eine Form der Machtausübung. Sichtbar wird dies insbesondere dann, wenn je nach Kontextualisierung eine Verlagerung der Machtverhältnisse eintritt, die sich auf die wahrgenommene Kritikalität und ihre Zuschreibung auswirkt. Durch die theoretische Grundlage kann Kritikalität als analytisches Konzept in den Geisteswissenschaften angewandt werden.[18]

In der bereits erwähnten Publikation zu den *Key Concepts* des Graduiertenkollegs wird akzentuiert, dass Kritikalität und Kritikalitätszuschreibungen als variabel anzusehen sind. Ganze Infrastruktursysteme oder auch nur einzelne Komponenten können aus verschiedenen Perspektiven, abhängig von zeitlicher und räumlicher Dimension, unterschiedlich bewertet werden. Kritikalität steht nicht für sich allein,

---

16 Engels 2018a.

17 Engels, Nordmann 2018b. Siehe außerdem den Tagungsbericht: Enders 2017.

18 Engels, Nordmann 2018a: 8–9. Zur Verwendung in der Geisteswissenschaft insbesondere Engels 2018b.

vielmehr zeichnet sie sich durch eine enge Verwobenheit und Relevanz innerhalb des Systems aus. Wenn Kritikalität nicht nur von den denkbaren defizitären Auswirkungen gedacht, sondern ebenso als ermöglichend verstanden wird, ist eine wesentlich breitere Nutzung des Konzepts möglich. Für die Geschichtswissenschaft lässt sich so unter Heranziehung des Kritikalitätskonzepts vor allem die Zuschreibung von Bedeutung und Relevanz einzelner Komponenten oder Systeme durch bestimmte gesellschaftliche Gruppen innerhalb eines gewissen Zeitraumes nachvollziehen.[19] Dass dies mit Hilfe des variabel gedachten Begriffs bereits für Untersuchungen der Vormoderne möglich ist, konnten weitere Publikationen, die im Rahmen des Kollegs entstanden, verdeutlichen.[20] Wenngleich in den Quellen, die für die vorliegende Studie konsultiert wurden, gelegentlich von *kritisch* gesprochen wird, werden Kritikalität, Kritisch-Sein und Kritisch-Werden im Folgenden nicht als Quellenbegriff genutzt. Vielmehr umfasst der genutzte Kritikalitätsbegriff die sich aus dem historischen Kontext ergebenden Machtverhältnisse und erfährt somit mehrere Wandlungen. Deutlich wird dies beispielsweise dann, sobald sich die Prioritäten der zu schützenden Infrastruktur in Zeiten des Zweiten Kriegs, der Besatzung oder in autoritären Regimen verschoben. So legte beispielsweise die sowjetische Administration insbesondere darauf Wert, dass zentrale Transport- und Verkehrswege in Dresden vor Hochwasser geschützt waren und weiterhin nutzbar blieben, um die eigenen Strukturen zu versorgen.

1.3.2 Vulnerability/Vulnerabilität

Zum Konzept der Vulnerabilität ist das Theorieangebot der Literatur wesentlich umfangreicher und ausgesprochen interdisziplinär angesiedelt, wodurch die Arbeit mit dem Konzept als *Boundary Object* nochmals eine andere Dimension erhält. W. Neil ADGER stellt daher eine Minimaldefinition vor, an der sich die Ad-hoc-Definition des Kollegs orientiert. Vulnerabilität ergibt sich demnach aus „the stress a system is exposed to, the system's sensitivity to stress [and] its adaptive capacity“[21]. Diesem Gedanken liegt allerdings die Annahme einer exogenen Gefährdung – „stress“ – zugrunde, sodass das Eintreten von Kaskadeneffekten[22] sowie die Möglichkeit sogenannter „normal accidents“[23] hinzugezogen werden müssen. Des Weiteren scheint diese Definition stark technikbasiert und blendet die sozialen und kulturellen Faktoren weitestgehend aus. Welchen Mehrwert jedoch eine umfassende Vulnerabili-

19 LUKITSCH, MÜLLER, STAHLHUT 2018.

20 Zur Arbeit mit dem Kritikalitäts-Konzept in der Vormoderne siehe bspw. EIFERT, SCHENK 2018. Sowie die bisher unveröffentlichte Dissertationsschrift von Stephanie Eifert.

21 EIFERT, KNAUF, THIESSEN 2018: 21.

22 Dazu bspw. LITTLE 2002.

23 PERROW 1984.

tätsanalyse haben kann, konnte in der Vergangenheit bereits von einigen Wissenschaftlerinnen und Wissenschaftlern eindrücklich gezeigt werden.[24]

Der Begriff der Vulnerabilität beschreibt die von einem bestimmten Kontext ausgehende Anfälligkeit und Verwundbarkeit einzelner Komponenten oder Systeme. Das Konzept ist damit als ähnlich variabel wie Kritikalität anzusehen. Die Bestimmung des Grades der Vulnerabilität lässt sich nur im objekt- und risikospezifischen Rahmen vollziehen. Hier gilt weiterhin, dass die zugeschriebene Vulnerabilität stark von zeitlichen und räumlichen sowie sozialen und kulturellen Kontexten abhängig ist und somit variieren kann. Vulnerabilität als Konzept ist dann besonders gewinnbringend, wenn keine Negativ-Gleichsetzung erfolgt und anerkannt wird, dass eine wahrgenommene Verwundbarkeit auch einen möglichen Ausgangspunkt für die Entwicklung von Schutzstrategien bietet.[25] Im Jahr 2004 zeigte Greg Bankoff auf, dass Vulnerabilität als Konzept zwar von der Geschichtswissenschaft beachtet wird, es allerdings bisher an einer Operationalisierung fehlt. In den letzten Jahren folgten jedoch einige Arbeiten aus dem Spektrum der Umweltgeschichte und Historischen Katastrophenforschung, die sich dieser Aufgabe stellten.[26] Im Kontext der zugrunde liegenden Fragestellung wird Vulnerabilität zwar ebenfalls als ein Zustand gegenüber einer exogenen Gefahr, dem Flusshochwasser, untersucht, allerdings nicht allein auf den technischen Hochwasserschutz bezogen. So sind beispielsweise auch die Organisationsformen der Wasserwehr sowie die jeweiligen politischen und wirtschaftlichen Rahmenbedingungen von Bedeutung.

1.3.3 Resilience/Resilienz

Das Konzept der Resilienz fokussiert sich, ähnlich wie Vulnerabilität, auf Belastungen und Störungen, die auf ein System oder eine Teilkomponente wirken. Allerdings wird hier nicht der Grad der Verwundbarkeit untersucht, sondern die eigene Widerstandsfähigkeit. Resilienz ist hingegen nicht, wie es manche Publikationen nahelegen, als positives Gegenstück zu Vulnerabilität zu verstehen.[27] So ist eine komplementäre Nutzung zwar möglich, die Lesart, dass Resilienz positiv und Vulnerabilität negativ zu bewerten sei, verhindert allerdings die Möglichkeit, die Konzepte als Analysekategorien anzuwenden. Insbesondere die nahezu inflationäre Nutzung des Resilienzbegriffs in den politischen Diskussionen der letzten Jahre und die damit möglicherweise einhergehenden „hidden agendas“[28] machen diese Anmerkung nö-

---

24 Bspw. zur Hungerforschung: Engler 2012; Collet, Lassen, Schanbacher 2012.

25 Zum Potential von Vulnerabilität siehe bspw. Bijker, Hommels, Mesman 2014; Gallopín 2006.

26 Bankoff 2004 und bspw. bei: Lübken 2014.

27 Bspw. bei: Folke, et al. 2002.

28 Elsner, Huck, Marathe 2018: 34, 37–38.

tig. Mit Resilienz lässt sich die Robustheit, die flexible kurzfristige Reaktion auf Störungen im Sinne eines *Bouncing Back* und die längerfristige Weiterentwicklung aufgrund von Störungen im Sinne eines *Bouncing Forward* untersuchen. Abgesehen vom bereits erwähnten Gebrauch im politischen Kontext findet das Konzept mittlerweile in wissenschaftlichen Zusammenhängen disziplinübergreifende Anwendungen. Die Literatur ist dementsprechend vielfältig.[29]

Seit den Beiträgen Crawford Stanley HOLLINGS, der eine ökologische Resilienz einer als technisch verstandenen Resilienz gegenüberstellte,[30] fand das Konzept Anklang in diversen Fachrichtungen und seit Ende des 20. Jahrhunderts Eingang in die Diskurse der disziplinübergreifenden Stadtforschung. Hier sind insbesondere die Publikationen zu Naturkatastrophen, zum Klimawandel und zur städtischen Infrastrukturforschung nennenswert.[31] In der Geschichtswissenschaft wurde ebenfalls im Rahmen der Stadtgeschichte und der Historischen Katastrophenforschung bereits mit dem Begriff gearbeitet.[32]

Da *Resilienz*, ebenso wie *Vulnerabilität*, in den untersuchten Quellen keine Verwendung fand, werden beide Begriffe im Folgenden als reine Analysekategorien gedacht und jeweils im historischen Kontext untersucht. Insbesondere die Entwicklungen nach einem Hochwasserereignis können als eine Form des Lernens im Sinne von *Bouncing Forward* verstanden werden. Sichtbar werden diese Auswirkungen jedoch oft erst nach einigen Jahren, da die Reflexionsprozesse zeitaufwendig sind und zudem über mehrere Organisationsebenen verlaufen. Kurzfristige Überbrückungen von Funktionsausfällen entsprechen hingegen eher dem *Bouncing Back*, indem beispielsweise Transport ermöglicht wird, aber nicht unbedingt mit dem zuvor genutzten Transportmittel und/oder auf dem zuvor genutzten Transportweg. So gelang es beispielsweise während eines Hochwassers 1980 in Mannheim, wenn auch eingeschränkt, Verkehr in den überschwemmten Gebieten durch Kähne zu ermöglichen.

1.3.4 Preparedness & Prevention/Vorsorge & Prävention

Abschließend ist das Konzeptpaar Preparedness & Prevention zu nennen. Während Preparedness/Vorsorge das Vorbereiten auf eine mögliche Gefahr oder einen Ausfall mit dem Ziel, die Wirkung zu verringern, meint, wird mit Prävention versucht, den Eintritt des Ereignisses im Voraus zu verhindern. Arturo CRESPO, Marcus DOMBOIS und Jan HENNING weisen im Rahmen ihrer Ad-hoc-Definition außerdem darauf hin:

---

29 Siehe für die Vielfältigkeit bspw. CHANDLER, COAFFEE 2017.

30 HOLLING 1973; HOLLING 2009.

31 Siehe exemplarisch: LAKOFF, COLLIER 2010; COLLIER, LAKOFF 2008; MEDD, MARVIN 2005.

32 Bspw. SCHOTT 2014b; SCHOTT 2006a sowie HANNIG 2016; HANNIG 2019.

„Initially, preparedness considers the tacit acceptance and understanding that one cannot prevent everything from occurring.“[33] Die Existenz von Schutz- und Vorsorge-Strategien liefert zugleich Hinweise darauf, dass sich die Akteurinnen und Akteure bewusst sind, dass eine allumfassende Prävention nicht möglich ist.

Weiterhin schließen sich die Autoren der Forderung David KINGS an, die Strategien der Prävention und Vorbereitung nicht getrennt zu betrachten, sondern als gemeinsames Konzept zu verstehen. So können Präventionsmaßnahmen, selbst bei Nicht-Erfüllung ihres eingeschriebenen Zwecks, abmildernd auf eine potenzielle Gefahrensituation wirken.[34] Im Kontrast dazu nehmen die Autoren Stephen J. COLLIER und Andrew LAKOFF eine soziogeografische Unterscheidung vor und sehen *Preparedness* als amerikanisches Konzept und *Prevention* bzw. *Precaution* als europäischen Ansatz.[35] Dies lässt sich durch die Historie des Konzepts und seine Entwicklung in den Zeiten des Kalten Kriegs erklären. So findet Preparedness & Prevention aktuell noch maßgeblich in Fragen des Katastrophenschutzes Anklang, wenngleich das Konzept in den letzten Jahren eine Einführung in andere Disziplinen erfahren hat. Hier ist wiederum die Geschichtswissenschaft zu nennen, in der beispielsweise Nicolai HANNIG mit dem Begriff der Prävention arbeitet.[36]

Obwohl es für Vorbereitungsmaßnahmen nicht zwingend notwendig ist, die Gefährdung zu kennen,[37] bietet sich das Konzeptpaar insbesondere für die Frage nach dem Umgang mit wiederkehrenden Ereignissen, in diesem Fall dem Flusshochwasser, an. Für die Nutzung in historischen Arbeiten muss allerdings bedacht werden, dass das Konzept den Akteurinnen und Akteuren unterstellt, einen lösungsorientierten Ansatz zu verfolgen. Im vorliegenden Fall wird also davon ausgegangen, dass die Städte sich und ihre Infrastrukturen tatsächlich vor Hochwasserereignissen schützen wollten. Für Mannheim und Dresden im 20. Jahrhundert fanden sich diesbezüglich eindeutige Belege, die diese These stützen.

Von *Preparedness & Prevention* ausgehend, lassen sich einige Verbindungen zu den anderen Konzepten knüpfen. Während der Diskussion innerhalb der Forschungsgruppe zu den Brückenkonzepten fanden die wechselseitigen Beziehungen Niederschlag und wurden skizziert. Zum Verhältnis von *Criticality* und *Vulnerability* heißt es:

> „The more a component is critical and vulnerable at the same time, the more it needs attention in protection activities. Lesser attention is needed when a component is most critical but less

33 CRESPO, DOMBOIS, HENNING 2018: 39–40.
34 KING 2007.
35 LAKOFF, COLLIER 2010.
36 HANNIG 2015; HANNIG 2019.
37 Siehe bspw. GROSS 2016.

> vulnerable or less critical and most vulnerable. If criticality *and* vulnerability are on a low level, minimal attention is required.“[38]

Die in Abhängigkeit zu Vulnerabilität und Kritikalität notwendigen Schutzmaßnahmen können mittels kontextgebundenen Vulnerabilitäts-Mappings, also des Aufspürens und Sichtbarmachens vulnerabler Punkte, ermittelt werden und so wiederum in die Entwicklung von Vorbereitungs- und Präventionsstrategien einfließen. Die Beziehung von *Vulnerability* und *Preparedness & Prevention* wird wie folgt charakterisiert:

> „While prevention would be an answer to (high) exposure, strategies of preparedness focus on the enhancement of adaptive capacities. The reduction of sensitivity is addressed by both (i.e. preparedness and prevention) to the same extent. Taken together, preparedness and prevention are dealing with vulnerabilities in a holistic way.“[39]

Analog dazu lässt sich das Verhältnis von Resilience und Preparedness & Prevention greifen: Wenn Resilienz im Sinne einer flexiblen kurzfristigen Reaktionsfähigkeit verstanden wird, korrespondiert sie eng mit dem Konzept der Vorsorge, wohingegen die Attribute robust und widerstandsfähig zur Prävention von Ausfällen führen können. Im Hochwasser-Kontext können beispielsweise stabile Dämme präventiv wirken, indem sie vor einer Überschwemmung schützen und somit die Resilienz des Gebietes erhöhen. Im Falle einer dennoch eintretenden Überflutung können die vorbereiteten Maßnahmen beispielsweise zur Evakuierung, Dammsicherung und Trockenlegung die kurzfristige Reaktionsfähigkeit erhalten und stellen somit ebenfalls eine Form der Resilienz dar.

1.4 Forschungsstand und Quellenlage

Als Grundlage für die Bearbeitung der skizzierten Leitfragen wurden zahlreiche Publikationen herangezogen, die in den letzten Jahren aus der Umwelt- und Flussgeschichte, der Stadt- und Infrastrukturgeschichte sowie der Historischen Katastrophenforschung hervorgegangen sind. Die relevantesten Werke der einzelnen Teilgebiete werden daher an dieser Stelle näher vorgestellt.

Bei der Infrastrukturgeschichte handelt es sich noch um ein relativ „junges Forschungsfeld“[40], das sich allerdings auf einige vornehmlich technisch geprägte Arbeiten stützen kann. Die frühen Beiträge entsprangen dem Feld der Technikgeschichte und nahmen vor allem technische Systeme, ihre Vernetzung und Funktionen in den Blick. Mit *Networks of Power* beispielsweise gelang Thomas P. HUGHES

---

38 CRESPO, et al. 2018: 46. [Hervorhebung im Original]
39 Ebd.: 50.
40 Zur Entwicklung siehe ENGELS, OBERTREIS 2007.

1983 ein Meilenstein der Technikgeschichtsschreibung, der ebenfalls in der Stadt- und Infrastrukturgeschichte bis heute positiv rezipiert wird.[41] Es folgten weitere technikhistorische Arbeiten, wobei insbesondere die Forschungen zu modernen europäischen Städten und ihrer Vernetzung durch Infrastruktursysteme hervorzuheben sind. Erik VAN DER VLEUTEN, Per HÖGSELIUS und Arne KAIJSER beispielsweise legten hier in den letzten Jahren mehrere umfassende Ausarbeitungen vor.[42] Ebenfalls zu nennen sind die Publikationen von Dieter SCHOTT, der zunächst in seiner Studie *Die Vernetzung der Stadt* die infrastrukturelle Entwicklung von Darmstadt, Mainz und Mannheim nachzeichnet und sich in weiteren Arbeiten vermehrt der Vernetzung der europäischen Stadt und ihrer Energieversorgung widmet.[43] SCHOTT nimmt jedoch nicht nur die Stadt und ihre Versorgungssysteme in den Blick, sondern fragt ebenso aus einer umwelthistorischen Perspektive nach den spezifischen Stadt-Fluss-Beziehungen und der Bedeutung von (Natur-)Katastrophen für Stadtgesellschaften.[44] Dirk VAN LAAK nähert sich der Infrastrukturgeschichte zunächst über einen technischen Zugang, in seiner Schrift *Weiße Elefanten* untersucht er umgesetzte und geplante Großprojekte, wie beispielsweise Staudämme, Brücken und Tunnel. Seit mittlerweile über zwei Jahrzehnten forscht er zur Infrastrukturgeschichte und hat eine Vielzahl an Publikationen vorgelegt. Das jüngste Werk *Alles im Fluss* aus dem Jahr 2018 stellt eine Art Zwischenbilanz seiner vorherigen Arbeiten dar. Diese nehmen außerdem nicht nur die Konstrukteurinnen und Konstrukteure der Systeme in den Fokus, sondern schaffen zudem Raum für eine Betrachtung der durchaus kritischen Nutzerinnen und Nutzer. Weiterhin stellt VAN LAAK die Frage nach der Bedeutung der Infrastruktursysteme für Gesellschaft und Stadt.[45] Durch diese Sichtweise wird die Verbindung von Macht und Infrastruktur besonders deutlich. Jens Ivo ENGELS und Gerrit Jasper SCHENK nehmen diese Beziehung in den Fokus und stellen fest: „Technische Infrastrukturen sind Voraussetzungen, Ergebnisse, Instrumente und Quellen von Macht – all dies häufig zur gleichen Zeit. Mehr noch: Infrastrukturen prägen und transformieren Macht."[46]

41 HUGHES 1983.

42 HÖGSELIUS, KAIJSER, VAN DER VLEUTEN 2016; HÖGSELIUS, et al. 2013; VAN DER VLEUTEN, KAIJSER 2006; VAN DER VLEUTEN, KAIJSER 2005. Siehe außerdem auch AMBROSIUS, HENRICH-FRANKE 2015; HÅRD, MISA 2010.

43 SCHOTT 1997; SCHOTT 1999; SCHOTT 2006b; SCHOTT 2015; SCHOTT 2017; SCHOTT 2019.

44 SCHOTT 2002; SCHOTT 2003; SCHOTT 2006a; SCHOTT 2007; SCHOTT 2014b; KNOLL, LÜBKEN, SCHOTT 2017.

45 VAN LAAK 2018; VAN LAAK 2017; VAN LAAK 2010; VAN LAAK 2006; VAN LAAK 2004; VAN LAAK 2001; VAN LAAK 1999.

46 ENGELS, SCHENK 2014: 25. Zum Verhältnis von Infrastruktur und Macht siehe auch: ENGELS 2014; ENGELS 2010; VAN LAAK 2008.

Diese „Lebensadern der Gesellschaft“[47] waren und sind verschiedenen Gefahren ausgesetzt, diese können von terroristischen Attacken, kriegerischen Auseinandersetzungen und kriminellen Taten bis zu Naturereignissen reichen. Da die vorliegende Arbeit auf Hochwasserereignisse fokussiert, wird im Folgenden der Stand der Historischen Katastrophenforschung skizziert. Als Meilenstein dieser Subdisziplin ist der mittlerweile viel zitierte Aufsatz von Arno BORST aus dem Jahr 1981 anzusehen. BORST liefert nicht nur einen Beitrag zum Erdbeben des Jahres 1348 im Raum Kärnten, sondern ruft zugleich seine Kolleginnen und Kollegen dazu auf, (Natur-)Katastrophen als Teil der Stadtgeschichten zu begreifen und nicht wie bisher „kaum ein Wort darüber [zu] verlieren.“[48] Dennoch dauerte es fast zwei Jahrzehnte, bis weitere historische Forschungen vorgelegt wurden, positiv hervorzuheben ist allerdings die Publikation von Manfred JAKUBOWKSI-TIESSEN, der bereits 1992 mit *Sturmflut 1717* eine Studie zum Umgang mit Naturkatastrophen in der Frühen Neuzeit veröffentlichte.[49] Weitere Beiträge folgten erst zur Jahrtausendwende, darunter sind nicht nur die grundlegenden klimahistorischen Arbeiten von Rüdiger GLASER und Christian PFISTER zu verstehen,[50] sondern ebenso der von Dieter GROH, Michael KEMPE und Franz MAUELSHAGEN herausgegebene äußerst facettenreiche Tagungsband *Naturkatastrophen*.[51] Parallel entstanden weitere Publikationen in diesem Forschungsgebiet, die insbesondere auf Wahrnehmungen und Deutungen fokussieren. Auffällig ist, dass sich die meisten Beiträge mit der Frühen Neuzeit befassen, wohingegen eine Auseinandersetzung mit Naturkatastrophen des 19. und 20. Jahrhunderts noch einige Jahre auf sich warten ließ.[52] Sukzessive öffnete sich das Feld allerdings für außereuropäische Studien[53] und Analysen zu Bewältigungsmechanismen in der Moderne.[54] Hinzukommen vielschichtige Betrachtungen einzelner Ereignisse, wie beispielsweise der Hamburger Sturmflut[55] im Jahr 1962, oder ausgewählter Städte, die mehrfach verschiedenartigen Gefährdungen ausgesetzt waren.[56]

Die Forschungen zu Hochwasserereignissen und speziell in Städten fanden besondere Beachtung. Hierbei sind die zahlreichen Veröffentlichungen von Uwe LÜBKEN, insbesondere zu Überschwemmungen in den USA und Deutschland wäh-

---

47 VAN LAAK 2018.

48 BORST 1981: 530.

49 JAKUBOWSKI-TIESSEN 1992.

50 Zur historischen Klimaforschung: PFISTER 1998; GLASER 2001; GLASER 2012b; GLASER 2012a.

51 GROH, KEMPE, MAUELSHAGEN 2003.

52 Siehe bspw dazu: NUSSBAUMER 1996; GISLER, HÜRLIMANN, NIENHAUS 2003; JAKUBOWSKI-TIESSEN, LEHMANN 2003; SCHENK, DIX 2005; ROHR 2007; SCHENK 2009; SCHENK 2010; FOUQUET, ZEILINGER 2011.

53 Siehe bspw. zu Asien die Beiträge in: JUNEJA, SCHENK 2014; SCHENK 2017. Sowie die globale Perspektive in: MAUCH, PFISTER 2009.

54 Bspw. die Beiträge in: PFISTER, SUMMERMATTER 2004; LÜBKEN, MAUCH 2011.

55 Insbesondere die Beiträge in: HEßLER, KEHRT 2014; MAUCH 2015.

56 Siehe bspw.: SCHOTT 2002, sowie zum Untersuchungsraum der Stadt in der Historischen Katastrophenforschung: SCHOTT 2003.

rend des 19. und 20. Jahrhunderts, zu nennen.[57] Die lange Zeitspanne, die LÜBKEN in *Natur der Gefahr* ansetzt, ermöglicht, die Wendungen im Verhältnis zwischen dem Ohio River und den Anwohnenden nachzuspüren, und liefert Erkenntnisse zu den verschiedenen Bewältigungsstrategien von Hochwasserereignissen, die er zugleich in die zeitgenössischen sozialen Kontexte einbettet.[58] Während die Studien zum Ohio Valley ebenso präventive Maßnahmen in den Blick nehmen, befassen sich weitere Fragestellungen der Historischen Katastrophenforschung ausdrücklich mit der Phase nach Eintritt des Ereignisses. So bildet die Frage nach möglichen Lernprozessen der historischen Akteurinnen und Akteure im Anschluss an Katastrophenereignisse einen Schwerpunkt in den Arbeiten von Christian PFISTER und Guido Nicolaus POLIWODA.[59]

Das konsultierte Quellenkorpus speist sich hauptsächlich aus behördlichen Quellen. Einen Schwerpunkt bilden die Bestände der jeweiligen Stadtarchive. Dort ließen sich nicht nur die Akten heranziehen, die explizit dem Hochwasserschutz gewidmet waren, sondern ebenfalls solche, die Auskunft über die politischen und verwaltungstechnischen Abläufe während der Untersuchungszeit geben. Im *Stadtarchiv Dresden* wurden insbesondere die Akten aus der zweiten Hälfte des 20. Jahrhunderts ausgewertet, als ergiebig erwiesen sich hierbei die Bestände zur Stadtverordnetenversammlung und des Rats der Stadt Dresden (1945–1990) sowie zu den Bezirksverwaltungen (1945–1948), Stadtbezirksversammlungen und Räten der Stadtbezirke (1953–1990). Archivalien des *Sächsischen Staatsarchivs, Abt. Hauptstaatsarchiv Dresden* konnten insbesondere für die Zeit der Weimarer Republik und des Nationalsozialismus ergänzend herangezogen werden. Der Fokus beschränkt sich dabei jedoch explizit auf Quellen, die in Zusammenhang mit dem Hochwasserschutz Dresdens stehen. Diese Ausweitung war dahingehend wichtig, da Fragen des Hochwasserschutzes nicht immer in städtischer Hand lagen und es durchaus zu Interessenkonflikten kommen konnte. So fanden sich im *Sächsischen Staatsarchiv, Abt. Hauptstaatsarchiv Dresden* Akten der Sächsischen Wasserbaudirektion und einiger Landesministerien, beispielsweise des Ministeriums für Land- und Forstwirtschaft sowie des Ministeriums der Finanzen, die ebenfalls Vorgänge zum Hochwasserschutz und dem Umgang mit Hochwasser enthalten. Für die Recherchen zur Stadtgeschichte Mannheims bietet das *MARCHIVUM* (zuvor *Institut für Stadtgeschichte Mannheim*) ein umfangreiches Archivalien-Repertoire, in dem vor allem aus den Beständen der Haupt- und Dezernatsregistratur sowie zum Bauwesen

57 LÜBKEN 2012; LÜBKEN 2010b; LÜBKEN 2010a; LÜBKEN 2008; LÜBKEN 2007; LÜBKEN 2006; LÜBKEN, MAUCH 2004.
58 LÜBKEN 2014.
59 POLIWODA 2009; POLIWODA 2007; PFISTER 2009; PFISTER 2002 und siehe auch JAKUBOWSKI-TIESSEN 2009.

für den gesamten Untersuchungszeitraum geschöpft werden konnte. Erweitert wurde der Quellenbestand zudem durch die Akten des *Landesarchivs Baden-Württemberg, Abt. Generalarchiv Karlsruhe*, in dem die Archivalien des Rheinbauamtes Mannheim sowie des badischen Innenministeriums lagern. Das Hauptaugenmerk auf behördliche Quellen ist im Wesentlichen der Frage nach Gefährdung und Schutz der städtischen Infrastrukturen gewidmet. Als nachteilig ist jedoch anzusehen, dass dadurch die Perspektive der Stadtbevölkerung als Akteure in den Hintergrund tritt. Für folgende Studien scheint es daher erstrebenswert, das Quellenkorpus um Ego-Dokumente der Bürgerinnen und Bürger zu erweitern und somit ihre Handlungsspielräume innerhalb der Stadtgesellschaft generell und im Umgang mit Hochwasserereignissen im Besonderen ebenfalls in den Blick zu nehmen.

Wenngleich sich so keine Selbstzeugnisse der Anwohnerinnen und Anwohner ersetzen lassen, ließ sich zumindest die mediale Behandlung des Themas gut über die Auswertung zahlreicher Presseartikel nachvollziehen. Ein Großteil der Berichterstattung für Mannheim konnte über die zeitgeschichtliche Sammlung des *MARCHIVUM* eingesehen werden, als ertragreich sind die Artikel des *Mannheimer General-Anzeiger* (1916–1924), der *Neuen Mannheimer Zeitung* (1924–1944), die schließlich mit dem *Hakenkreuzbanner* (1931–1945) zwangsfusionierte, der *Rheinpfalz* (seit 1945), der *Rhein-Neckar-Zeitung* (seit 1945) und des *Mannheimer Morgen* (seit 1946) zu nennen. Die umfassende Digitalisierungsarbeit der *Badischen Landesbibliothek* (BLB) ermöglichte zudem ergänzend die Einsichtnahme in die Zeitungen *Badischer Beobachter* (1860–1935), *Badische Presse* (1890–1944) und *Badische Neueste Nachrichten* (seit 1946). Für die Weimarer Jahre ist jedoch auf einen Überhang der konservativen Presse im Quellenkorpus hinzuweisen. Breiter gefächert gestaltet sich die Auswahl der Dresdner Medien: Über die Digitale Sammlung der *Sächsischen Landes- und Universitätsbibliothek* (SLUB) ist eine beachtliche Anzahl an Presseerzeugnissen ab dem 17. Jahrhundert bis 1945 frei verfügbar. Für die Untersuchung wurden die lokalen bürgerlichen Tageszeitungen *Dresdner Anzeiger* (1730–1943), welche mit den *Dresdner Neusten Nachrichten* (1903–1943) fusionierte, und die *Dresdner Nachrichten* (1856–1943) herangezogen. Ebenfalls über die Bestände der SLUB verfügbar sind zudem die Dresdner Ausgaben der kommunistischen Tageszeitung *Arbeiterstimme* (1925–1933) sowie die zentrumsnahe *Sächsische Volkszeitung* (1902–1941) und das sozialdemokratische Wochenblatt *Dresdner Volkszeitung* (1908–1933). Für die Zeit der DDR wurde insbesondere auf die überregionale SED-Zeitung *Neues Deutschland* (1946–1990) sowie die *Berliner Zeitung* (1945–1993) und die christliche *Neue Zeit* (1945–1994) zurückgegriffen. Alle drei werden nahezu vollständig über das *Zeitungsinformationssystem ZEFYS* der Staatsbibliothek zu Berlin digital bereitgestellt.

Des Weiteren erfolgte eine Sichtung der Publikationen der *Technischen Nothilfe* (TN) und des *Technischen Hilfswerks* (THW), durch sie lässt sich der fachgebundene Diskurs zu Fragen des Katastrophenschutzes nachzeichnen. Sie liegen größtenteils als Digitalisate bei der *Fachinformationsstelle* (FIS) des Bundesamtes für Bevölkerungsschutz und Katastrophenhilfe (BBK) vor. Kurz nach Gründung der TN veröffentlichte sie mehrmals monatlich die Zeitschrift *Die Räder* (1920–1945). Für die Nachfolge-Organisation THW dienten die Zeitschriften *Das Technische Hilfswerk* (1954–1971), *Ziviler Bevölkerungsschutz–ZB* (1959–1971), das *ZS-Magazin* (1971–1979) sowie das *Zivilschutz-Magazin* (1980–1990) zur Kommunikation innerhalb des Verbandes und mit der interessierten Öffentlichkeit. Da jedoch nur wenige Artikel den städtischen Hochwasserschutz in Mannheim oder Dresden behandeln, konnten nur einzelne in die Ausarbeitung einfließen.

Zur Auswertung der hydrologischen Lagen wurde auf die historischen Hochwassertabellen zurückgegriffen, die freundlicherweise durch die Wasserstraßen- und Schifffahrtsämter (WSA) in Mannheim und Magdeburg zur Verfügung gestellt wurden. Die sogenannten Haupttabellen zeigen jeweils die auf den aktuellen Pegelnullpunkt angepassten Pegelstände des Rheins in Mannheim sowie der Elbe in Dresden an. Anhand der Haupttabelle lassen sich für Dresden für den Zeitraum 1834–2013 die niedrigsten, mittleren und höchsten Monatswerte sowie die Jahresminima und -maxima ablesen. Die Mannheimer Haupttabelle ist ähnlich aufgebaut und läuft von 1811 bis 1980, sie weist allerdings Lücken auf und lässt sich erst ab 1821 kontinuierlich lesen. Lediglich von März bis Mai 1945 sind keine Daten vorhanden, da während der letzten Kriegswochen der Pegelschreiber beschädigt und somit nicht nutzbar war. Neben den Pegelständen wird in den Datenblättern zudem auf besondere Ereignisse wie beispielsweise Eisversetzungen verwiesen.[60]

1.5 Untersuchungsaufbau

Die adressierte Frage, wie im kurzen 20. Jahrhundert unter verschiedenen Bedingungen mit Hochwasserereignissen umgegangen wurde, sowie der gewählte methodische Zugang ermutigen dazu, den konventionellen Aufbau geschichtswissenschaftlicher Darstellungen an manchen Stellen aufzubrechen. Die Studie orientiert sich im Folgenden weniger an der historischen Chronologie, sondern teilt sich zunächst in zwei größere Abschnitte, in denen wiederum einer thematischen Gruppierung gefolgt wird. Dies ermöglicht insbesondere dieselben Ereignisse oder Zeiträume aus verschiedenen Perspektiven zu bearbeiten.

Den Hauptteilen vorangestellt ist in Kapitel 2 ein Einblick in die Geschichte der beiden Fallstädte Mannheim und Dresden. Stadtentwicklungsprozesse und die jeweiligen Funktionen der Städte bilden hierbei die Schwerpunkte. Zusätzlich wird der besonderen Stellung als ‚Stadt am Fluss' Rechnung getragen, indem die Stadt-

60 Haupttabelle der Abflussjahre 1834–2013, Pegel Elbe/Dresden, per E-Mail zur Verfügung gestellt durch das WSA Magdeburg am 29.03.2017; Haupttabelle der Abflussjahre 1801–1980, Pegel Rhein/Mannheim, per E-Mail zur Verfügung gestellt durch das WSA Mannheim am 22.03.2017.

Fluss-Beziehungen thematisiert werden. Dieses Kapitel dient der Übersicht über die Rahmenbedingungen beider Fallstädte im Untersuchungsfenster.

Im sich anschließenden ersten Teil der Analyse wird zunächst erläutert, was unter Hochwasser an Flüssen verstanden wird, um sich weitergehend den verschiedenen Wahrnehmungsperspektiven zu widmen (Kapitel 3). Die dort dargestellten Erkenntnisse über das historische Bewusstsein für die Gefährdung durch Hochwasserereignisse bilden die Basis für Kapitel 4. In diesem werden drei zentrale Phasen im Umgang mit Hochwasser herausgearbeitet. So lassen sich die geplanten und ergriffenen Maßnahmen in einen Zyklus einordnen, der aus einer Phase der Vorbereitung (Kapitel 4.1), der akuten Phase (Kapitel 4.2) und der sich anschließenden Zeit der Nachbereitung (Kapitel 4.3) besteht. Die gewählten Beispiele beziehen sich auf den gesamten Untersuchungszeitraum beider Städte.

Der zweite Teil der Ausarbeitung greift einzelne Einflussfaktoren heraus und befragt sie auf ihre Auswirkungen auf die drei Phasen im Umgang mit Hochwasser. Besondere Berücksichtigung finden dabei die Prozesse der lokalen Stadtentwicklung und des Infrastrukturausbaus (Kapitel 5), der historischen ökonomischen Kontexte (Kapitel 6) sowie der politischen Rahmenbedingungen (Kapitel 7). Das abschließende 8. Kapitel untersucht den Zweiten Weltkrieg und die direkte Nachkriegszeit als herausragende Periode des 20. Jahrhunderts auf ihre spezifischen Einflüsse auf den Hochwasserschutz. Je nach Quellenlage und historischem Kontext werden abermals Beispiele aus beiden Städten miteinbezogen.

2 Stadt am Fluss

Der historisch gewachsenen Verbindung von Stadt und Fluss haftet etwas Ambivalentes an. Wie Dieter SCHOTT ausführt, waren Flüsse „die essentiellen Faktoren für die Gründung, das Wachstum und die weitere Existenz vieler, wahrscheinlich kann man sagen der meisten europäischen Städte."[1] Zugleich stellte die exponierte Lage eine Bedrohung für die Stadt dar.[2] Für beide Fallstädte überwogen jedoch die Standortvorteile: Die Geschichte Dresdens geht mindestens bis ins 13. Jahrhundert zurück, wobei zu dieser Zeit die Festung und somit der städtische Schwerpunkt linkselbisch lagen. In den folgenden Jahrhunderten kam es ebenso zur Bewirtschaftung und Besiedelung der rechtselbischen Seite. Beide Teile wurden Mitte des 16. Jahrhunderts zur Stadt Dresden zusammengeführt.[3] Mannheim erhielt hingegen erst 1607, kurz nach Baubeginn der Friedrichsburg, Stadtprivilegien. Die Lage an Rhein und Neckar ermöglichte allerdings schon früh die Binnenschifffahrt und war so dem weiteren Wachstum förderlich.[4]

In den folgenden Abschnitten werden die Stadtgeschichten Dresdens und Mannheims sowie ihre jeweiligen Verhältnisse zum Fluss vorgestellt. Entsprechend dem Zuschnitt der Forschungsfragen wird insbesondere auf das 19. und 20. Jahrhundert eingegangen und die wirtschaftlichen, politischen und kulturellen Kontexte hervorgehoben. Zur vertiefenden Auseinandersetzung mit der Entwicklung der Städte sei jedoch auf die mehrbändigen Werke zur Stadtgeschichte Dresdens und Mannheims verwiesen. Die Publikationen entstanden im Umfeld der jeweiligen Stadtarchive.[5]

2.1 Stadtentwicklung

Wie andere deutsche und europäische Städte auch konnten Dresden und Mannheim im Zuge der Urbanisierungsprozesse einen deutlichen Bevölkerungszuwachs verzeichnen. Zudem erweiterte sich das Stadtgebiet durch mehrere Eingemeindungsmaßnahmen. Diese Entwicklungen gingen Hand in Hand mit einem massiven Infrastrukturausbau.

1 SCHOTT 2007b: 145.
2 Siehe dazu auch: BERNHARDT 2003.
3 BLASCHKE 2005.
4 NIEẞ 2007.
5 Zu Dresden: BLASCHKE, JOHN 2005; GROẞ, JOHN 2006; STARKE, JOHN 2006. Zu Mannheim: NIEẞ, CAROLI 2007a; NIEẞ, CAROLI 2007b; NIEẞ, CAROLI 2009.

https://doi.org/10.1515/9783110734676-002

2.1.1 Bevölkerungszahlen

Beide Städte gewannen im 19. Jahrhundert an Bevölkerung. Im direkten Vergleich fallen jedoch die Unterschiede der Entwicklungskurven auf (siehe Abbildung 1). Dresden (blau) durchbrach bereits zur Mitte des Jahrhunderts die Marke von 100.000 Einwohnenden und konnte diese Zahl dank eines massiven Anstiegs bis zum Jahrhundertende vervierfachen. Damit war Dresden die fünftgrößte Stadt des Reichs. Die Bevölkerungszunahme in Mannheim (rot) verlief hingegen etwas zögerlicher und intensivierte sich erst im letzten Drittel des 19. Jahrhunderts. Zur Jahrhundertwende wurde die Zahl von 100.000 Bewohnenden erreicht und Mannheim galt ab dann ebenfalls als Großstadt. Beide Städte konnten bis zum Ersten Weltkrieg weiterwachsen und verzeichneten synchron einen kriegsbedingten Einschnitt in der Statistik. In den 1920er und 1930er Jahren gelang es jedoch erneut, Höchstwerte zu erreichen, wobei hier abermals Dresden einen deutlicheren Entwicklungsschub zeigte und im Spitzenjahr mit knapp 650.000 Einwohnenden einen bis heute einmaligen Wert vorlegte. Mannheim konnte hingegen durch eine moderate Zunahme immerhin zu Beginn der 1930er Jahre eine Bevölkerungszahl von über 250.000 vorweisen. Die Bevölkerungsverluste des Zweiten Weltkriegs zeigten sich an beiden Orten in einer ähnlichen proportionalen Auswirkung und glichen dem jeweiligen Stand zu Beginn des 20. Jahrhunderts. Wesentliche Unterschiede fallen wiederum in der Betrachtung der Nachkriegsjahre auf. In dieser Phase gelang nun Mannheim ein rascheres und größeres Wachstum. Innerhalb von 15 Jahren hatte sich die Zahl der Einwohnenden nahezu verdoppelt und erreichte neue Höchstwerte. Bis zum Ende des Jahrtausends blieb die Bevölkerung weitgehend stabil und pendelte sich bei der Marke von 310.000 Bewohnerinnen und Bewohnern ein. Dresdens Bevölkerung erholte sich hingegen deutlich langsamer und erreichte bis in die 1980er Jahre nur noch Werte zwischen 500.–530.000 Anwohnenden. Im Zuge der Abwanderungsbewegungen in den 1990er Jahren sank die Bevölkerungszahl weiter.

Die Gründe für den teilweise beachtlichen Anstieg der Bevölkerungszahlen sind vielschichtig. Zum einen wuchs die Zahl durch den Zuzug aus dem ländlichen Umfeld, u. a. fungierte die Industrialisierung als Pull-Faktor, zum anderen wirkten sich diverse Eingemeindungswellen positiv auf die Statistik aus. Das Stadtgebiet Mannheims wuchs so in der ersten Hälfte des 20. Jahrhunderts mehrfach sprunghaft an. In Dresden vollzogen sich die Eingemeindungen, bis auf eine große Eingemeindungswelle zu Zeiten der DDR, eher gemächlich. So kam es teilweise zu der Situation, dass Mannheim trotz der geringeren Bevölkerungszahl über deutlich mehr Fläche verfügte als Dresden, was daher rührte, dass es sich bei den vollzogenen Eingemeindungen nicht immer um bewohntes Gebiet handelte.[6]

6 Probst 2007; Probst 2009; Starke 2006c; Lerm 2006; Helas 2001.

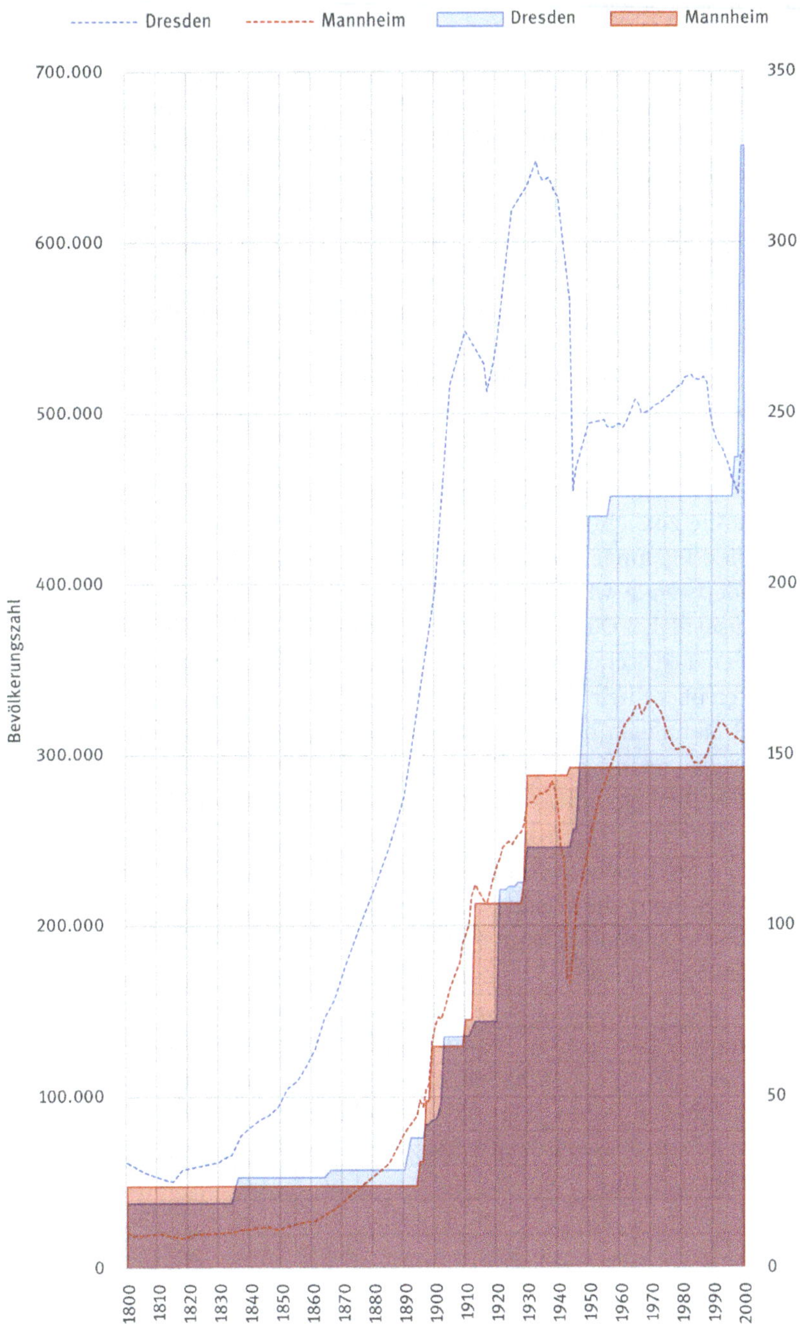

Abb. 1: Entwicklung des Stadtgebiets und der Bevölkerung in Dresden und Mannheim (1800–2000)

2.1.2 Infrastrukturausbau

Mit dem Stadtwachstum ging ebenfalls ein Ausbau der Infrastruktur einher. So galt es die neuen Stadtteile an die bereits bestehenden Systeme anzubinden und Anlagen mit einer größeren Kapazität auszustatten oder neu zu konzipieren. Spätestens ab Mitte des 19. Jahrhunderts reagierte Dresden auf den sprunghaft angestiegenen Bedarf an Trinkwasser durch einen Ausbau des Versorgungsnetzes. Ähnlich verhielt es sich mit dem Einsatz elektrischer Energie. Von den ersten elektrischen Beleuchtungen in den 1880er Jahren, die vor allem in Geschäften angebracht waren, dauerte es noch bis 1895, ehe eine allgemeine Versorgung eingerichtet wurde. Allerdings galt die Dresdener Stromversorgung, basierend auf einem Wechselstromnetz, zur Jahrhundertwende als „eine der fortschrittlichsten in Deutschland."[7] Neben der bestehenden Flussüberquerung folgten weitere Brücken, Bahnlinien und die Eröffnung des Alberthafens.[8]

Der Mannheimer Infrastrukturausbau setzte etwas später und zögerlich ein, wofür vor allem die zunächst unsichere wirtschaftliche Lage verantwortlich war. Die dann folgenden Planungen und Umsetzungen waren allerdings sehr ambitioniert. Zur Jahrhundertwende wurde nicht nur der Industriehafen eingeweiht, sondern ebenso ein zusätzlicher Güterbahnhof, ein Elektrizitäts- und Gaswerk eröffnet sowie der Ausbau der elektrischen Straßenbahn vorangetrieben. Zusätzlich folgten weitere Brückenbauten über Rhein und Neckar sowie die Etablierung der Vorortbahnen.[9]

Während Mannheim bereits im Ersten Weltkrieg Schäden an Stadt und Infrastruktur zu verzeichnen hatte, blieb Dresden zunächst verschont. Die Kampfhandlungen des Zweiten Weltkriegs richteten allerdings in beiden Städten erhebliche Schäden an. Betroffen waren hier insbesondere Brücken und die Energieversorgung. In der Phase des Wiederaufbaus, nun unter den jeweiligen Besatzungsmächten, ging es ebenso um die Wiederherstellung der Versorgungssysteme. Neue Wege wurden in diesem Zusammenhang nicht beschritten, vielmehr hatten die Systeme, zumindest ihre unterirdischen Komponenten, den Kriegsjahren getrotzt und wurden nun wieder nutzbar gemacht und angeschlossen. Diese Beständigkeit war auch in anderen Städten zu beobachten.[10] In der zweiten Hälfte des 20. Jahrhunderts unterschied sich der Zustand der Mannheimer und Dresdner Infrastrukturen jedoch zunehmend. Maßgeblich waren dafür die (mangelnden) Wartungsarbeiten. Dresdens Schienennetz litt beispielsweise unter Ressourcenmangel und war zur Wendezeit in einem schlechten Zustand.[11]

---

7 Lagler 2001: 48.

8 Vgl. Ebner 2001; Wache, Wiesinger 2001; Keese 2001; Conrad 2000; Klaus 1996.

9 Schott 2007a; Schott 1999: 336–453; Preuss, Weckesser 1978.

10 Siehe bspw. zu Berlin: Moss 2014.

11 Siehe dazu: Egler-Huck 2009; Connert 2004; Keller 2003; Lerm 2012; Baer 1995.

2.2 Funktionen der Stadt

Beide Fallstädte hatten im Untersuchungszeitraum verschiedene bedeutende Funktionen inne. Im Folgenden soll daher insbesondere auf die wirtschaftliche, kulturelle und politische Stellung von Mannheim und Dresden eingegangen werden.

2.2.1 Industrie- und Kulturstadt

In Mannheim setzte sich nach turbulenten Jahrzehnten, in denen sich Auf- und Abschwung in politischer und wirtschaftlicher Sicht abwechselten, ab den 1830er Jahren endgültig eine Phase der wirtschaftlichen Stabilität durch. In dieser Zeit wurden die Grundsteine für die spätere Etablierung der Stadt als Handelszentrum im Südwesten gelegt. Entscheidende Meilensteine bildeten die Eröffnung des Freihafens im Jahr 1828 und der Abschluss der *Mannheimer Akte*, die maßgebliche Bestimmungen für die Rheinschifffahrt festhielt und die Stadt in ihrer Position als Umschlagplatz stärkte. Hinzu kamen 1840 die Errichtung des Rheinhafens und die Etablierung der ersten badischen Bahnverbindung zwischen Mannheim und Heidelberg. In den folgenden Jahrzehnten wurden weitere Anstrengungen unternommen, die Transportinfrastruktur auszubauen. Diese Ausgangslage ist auch als Grund dafür anzusehen, dass sich einige Firmen und Fabriken niederließen. Durch Neuansiedlungen wurde vor allem die Stellung des Banken- und Versicherungswesens sowie der Chemie- und Maschinenbaubranche weiter gestärkt. Letztere Sparten überdauerten den Strukturwandel der 1970er Jahre und sind bis heute stark im Mannheimer Raum vertreten. Obwohl Mannheim während des Untersuchungszeitraums in erster Linie als Industriestadt begriffen werden kann, sollte auch auf die kulturelle Bedeutung hingewiesen werden. Das Schloss und die sich anschließende Parkanlage sowie das Nationaltheater zeugen als Relikte von der einstigen Bedeutung der Residenzstadt.[12]

In Dresden machten sich erste Vorzeichen der Industrialisierung in den 1820er Jahren bemerkbar und damit etwas später als in anderen sächsischen Regionen. In den folgenden Jahren bildeten vor allem Firmen, die für den Konsumbedarf produzierten, den Schwerpunkt. Ähnlich wie in Mannheim bedingten sich Industrieansiedlungen und Infrastrukturausbau gegenseitig. Allerdings ist hier zu betonen, dass beispielsweise die Dresdner Eisenbahnschienen nicht exklusiv für den Güterverkehr zur Verfügung standen, sondern auch dem zunehmenden Tourismus dienlich waren. Die wirtschaftliche Krise in den 1870er Jahren überstand Dresden besser als vergleichbare Standorte. Grund für die gedämpften Folgen waren zum einen das breite Warenspektrum, welches auch am regionalen Markt seinen Absatz fand, und

12 Siehe dazu: Nieß, Spannagel 2009; Gillen 2007; Rings 2007.

zum anderen die hohe Anzahl der öffentlichen Aufträge. Mit der Reichsgründung begann nämlich auch der systematische Aufbau der Albertstadt als Garnisonstandort im rechtselbischen Gebiet.[13]

Nachdem die Depression abgeschwächt war, gelang den bereits etablierten Branchen aus den Bereichen Chemie, Pharmazie, Genussmittel, Optik, Spezialmaschinenbau und Elektrotechnik ein weiterer Ausbau. Hinzu kam die Ausweitung der Luxusgüterproduktion und des Kunstgewerbes sowie die Gründung der Dresdner Kunstgewerbeschule. Einigen der Unternehmen gelang es, sich in der Folgezeit zu Großunternehmen zu entwickeln. Die politischen Unsicherheiten der Zeit hatten dabei nur geringe und kurzfristige Auswirkungen. Allerdings nahm nicht nur die Verkehrsinfrastruktur Einfluss auf die Ausrichtung und Ansiedelung der Unternehmen, sondern ebenso die Eröffnung des ersten E-Werks im Jahr 1895. Obwohl es keine ausgesprochene Leitbranche gab, zeichnete sich Dresden in der Vorkriegszeit als „deutsches Fabrikationszentrum für Schokolade und Zuckerwaren, Zigaretten, Strohhüte, Photopapier und Handelsmittelpunkt für Strohgeflechte und Orienttabake"[14] aus. Daneben erfüllte Dresden weiterhin die Funktion als Verwaltungszentrum, Sitz des Hofes, Garnisonstadt, aber auch Kulturmetropole, Kurort und Tourismusziel. Als Anziehungspunkte galten hier die Architektur der Barockstadt, das künstlerische Milieu sowie die zahlreichen Ausstellungen, die bereits seit dem Kaiserreich gezeigt wurden.[15]

2.2.2 Politische Funktion

Mannheim hatte in der Vergangenheit unterschiedliche bedeutsame politische Funktionen inne. Als 1720 die Hofhaltung Karl Philipps nach Mannheim zog, war dies mit einer Aufwertung der Stadt verbunden. Entsprechend hart traf es sie, als die Residenz 1778 nach München verlegt wurde. Hinzu kam, dass Mannheim gegen Ende des 18. Jahrhunderts erneut zum Kriegsschauplatz wurde und abermals starke Beschädigungen an Festung und Stadt davontrug. Im Zuge des folgenden Reichsdeputationshauptschlusses fiel Mannheim schließlich an Baden und fristete nun ein Dasein als Grenzstadt. Diese Stellung folgte abermals nach dem Ersten Weltkrieg und der linksrheinischen Besetzung durch Frankreich.[16]

Bereits zu Zeiten des Kaiserreichs entwickelte sich der Ruf des roten Mannheims. Während der Sozialistengesetze bildete die Stadt einen Knotenpunkt für

---

13 Siehe dazu: Helas 2001; Starke 2006d; Starke 2006f; Vetter 2000.

14 Starke 2000: 13.

15 Siehe dazu: Vetter 2000; Frommhold, Söder 2006; Starke 2006a; Heinz 1996; Paul 2006: 81–82, 103; Helas 2000.

16 Siehe dazu: Mörz 2007a; Mörz 2007b.

illegale Aktivitäten und in den Jahren 1890/91 erlangten Mannheimer SPD-Mitglieder Mandate für Reichs- und Landtag. In den Weimarer Jahren kam 1928 mit Heinrich Heimerich ein SPD-Politiker an die Spitze der Stadt. Er folgte auf den parteilosen Oberbürgermeister Theodor Kutzer und blieb bis zur Absetzung durch die Nationalsozialisten im Amt. In der zweiten Hälfte des Jahrhunderts dominierte abermals – lediglich durch die Amtszeit des parteilosen Hans Reschke (1956–1972) unterbrochen – die Sozialdemokratie das Oberbürgermeisteramt. Während die Republik Baden in den Weimarer Jahren vornehmlich aus einer Koalition von SPD, DDP und Zentrum regiert wurde, stellte im neugegründeten Baden-Württemberg bis auf wenige Ausnahmen die CDU den Ministerpräsidenten. Bevor sie ab 1976 die absolute Mehrheit erlangte, ging sie zur Regierungsbildung Koalitionen mit der SPD und/oder der FDP ein.[17]

Ein Blick auf Dresdens politische Funktion zeigt eine deutlich größere historische Kontinuität. Zwar kam es auch hier zu Beginn des 19. Jahrhunderts noch zu Kampfhandlungen, allerdings folgten für die Stadt bis zum Ende des Zweiten Weltkriegs weitestgehend friedliche Zeiten, in denen sie ihre politische Bedeutung weiter ausbauen konnte. Die Residenzstadt erlangte in der Weimarer Republik den Status als Hauptstadt des Freistaates Sachsen und hielt diesen auch während der Zeit des Nationalsozialismus, nun als Hauptstadt des Landes Sachsen. Mit Gründung der DDR und der Gebietsreform von 1952, die die vorherigen Länder auflöste und durch Bezirke ersetzte, konnte Dresden seine Position – inzwischen als Bezirkshauptstadt – weiter festigen. Diese politische Funktion wirkte sich vielseitig auf die Stadtgeschichte aus und viele Verwaltungsämter, Behörden und Ministerien übergeordneten Ranges waren in Dresden beheimatet. Die Kommunal- und Landespolitik wiesen zudem in der Folge zahlreiche personelle Überschneidungen auf. Bemerkenswert ist dennoch die unterschiedliche Ausrichtung: Während der Stadt Dresden bis 1933 überwiegend nationalkonservative Oberbürgermeister vorstanden, regierten im Landtag während der 1920er Jahre Ministerpräsidenten der SPD (und USPD). Nach einer kurzen Episode der DVP übernahm ab 1933 bis zum Kriegsende auch in Dresden und Sachsen die NSDAP die Macht. Noch während der sich anschließenden Zeit der sowjetischen Besatzung gingen sowohl Stadt- als auch Landesführung an Politiker der neugegründeten SED über, die diese Stellung bis zum Ende der DDR innehatten.[18]

Weitere Bedeutung erlangte Dresden als Militärstandort. Der Vorort und spätere Stadtteil Albertstadt beheimatete bereits im Kaiserreich Angehörige der Sächsischen Armee. Diese Funktion wurde in den folgenden Jahrzehnten beibehalten, sodass die

---

17 Siehe dazu: LINDEMANN 1988; POPP 2009; SCHADT, CAROLI 1997; BRACH 1984.

18 Siehe dazu: STARKE 2006e; STARKE 2006b; ULBRICHT 2006.

dort errichteten Kasernen von Reichswehr, Wehrmacht, NVA und heute der Bundeswehr genutzt wurden und werden.[19]

2.3 Beziehung zum Fluss

Der Fluss war für die Entwicklung beider Orte von großer Bedeutung. Er ermöglichte demnach erst die Stadt und ließ sie wachsen, konnte neben dieser Rolle als „Ernährer"[20] jedoch auch als „Zerstörer"[21] wahrgenommen werden, wie Christian ROHR schon für die mittelalterlichen Gesellschaften nachweisen konnte. Diese widersprüchliche Beziehung wird ebenso im vorliegenden Untersuchungszeitraum sichtbar.[22]

Thomas HAAS unterscheidet in diesem Zusammenhang zwischen fünf Konzepten des Umgangs einer Stadt mit und der Wahrnehmung von ‚ihrem' Fluss. Wie Haas betont, stellen die Konzepte keine historische Abfolge von Wahrnehmungen dar, sondern konnten sich durchaus überlappen oder abwechseln. In weiteren Forschungen und auch in der Quellenanalyse dieser Arbeit bestätigen sich die Möglichkeiten der Koexistenz mehrerer dieser Konzepte, die an dieser Stelle kurz vorgestellt werden. Im Konzept „Überleben am Fluss"[23] wurden unberechenbare Gottheiten und Geister für Überflutungen verantwortlich gemacht. Sie handelten dabei willkürlich und unabhängig vom Verhalten der Menschen. Durch diese Wahrnehmung waren Wege zu einem organisierten Hochwasserschutz von vornherein verwehrt. Anders im zweiten Konzept „Leben unter den Augen Gottes"[24], bei dem zwar ebenfalls (ein) Gott die Verantwortung für das Naturereignis trug, die Schuld hingegen bei den Menschen zu finden war. Ein „gottesfürchtiges Leben"[25] schien eine plausible Schutzstrategie. Auch das dritte Konzept „Den Fluss zähmen"[26] kommt nicht ohne göttliche Kraft aus, nun hatte der Mensch allerdings „den Auftrag, sie [die Natur, NaT] urbar zu machen und zu zähmen."[27] HAAS fasst das Resultat dieser Wahrnehmung der Mensch-Fluss-Beziehung wie folgt: „Seit etwa 1800 bestimmt immer weniger die Natur den Menschen, sondern zunehmend umgekehrt der Mensch die Natur."[28] Das vierte Konzept versieht er mit dem Titel „Technikkrise –

19 STARKE 2000; STARKE 2006f.
20 ROHR 2003.
21 Ebd.
22 Weitere Beiträge zu Stadt/Fluss Beziehungen in: SOENS, et al. 2019; KNOLL, LÜBKEN, SCHOTT 2017; CASTONGUAY, EVENDEN 2012.
23 HAAS 2016: 19–21.
24 Ebd.: 21–23.
25 Ebd.: 23.
26 Ebd.: 23–24.
27 Ebd.: 23.
28 Ebd.: 24.

den Fluss gestalten“[29]. Hier erkennt er einen reflektierten Umgang des Menschen in Bezug auf seine eigenen Eingriffe in den Fluss. Für den Schutz vor Hochwasser existierten nun aus Sicht der Zeitgenossinnen und Zeitgenossen eine Vielzahl an Möglichkeiten, sie reichten von noch höheren Dämmen bis zur Idee der Renaturierung. Allerdings weist HAAS darauf hin, dass es bei diesen Vorstellungen starke Anlehnungen an die vorherigen Konzepte gibt. Zum einen sind sich Mensch und Fluss noch immer gegenübergestellt, zum anderen wird die Schuldfrage ebenso einfach – wenn auch nicht religiös begründet – gelöst: „In erster Linie trägt der Mensch Schuld an den negativen Erscheinungen.“[30] In seinem letzten Konzept „Leben am und mit dem Fluss“[31], das HAAS in der jüngsten Vergangenheit verortet, sieht er als zentralen Punkt, dass sich „die gängige Bipolarität zwischen Kultur und Natur aufzulösen beginnt.“[32] An die Stelle der schlichten Dichotomie tritt ein komplexes, von Wechselbeziehungen geprägtes Mensch-Natur-Verhältnis.

2.3.1 Mannheim an Rhein und Neckar

Rhein und Neckar ermöglichten Mannheim erst den Aufschwung und waren maßgeblich für die Ansiedlung von Industrien. Diese Stadt-Fluss-Beziehung war vor allem wirtschaftlich geprägt. Durch die Tullaschen Rheinregulierungspläne im 19.Jahrhundert verbesserte sich zudem die Schiffbarkeit. Der zuvor unstete und mäandrierende Rhein konnte durch verschiedene Durchstiche erheblich verkürzt und begradigt werden. Dies sollte nicht nur Vorteile im Schiffverkehr bringen, sondern auch die Hochwassergefahr mildern.[33]

Der Friesenheimer Durchstich nördlich der Stadt hatte erhebliche Auswirkungen auf die weitere Entwicklung, da er nicht nur dem Rhein ein neues Flussbett schuf, sondern dadurch zugleich die Neckarmündung verlegt wurde. Stadtbaudirektor Moritz Eisenlohr stellte 1921 die städtebaulichen und wirtschaftlichen Folgen der Tullaschen Regulierungen in seinem Werk *Die Flußkorrektion bei Mannheim und deren Einwirkung auf die Entwicklung der Stadt* dar.[34] Auf mehreren Tafeln zum Zustand der Gewässerabschnitte bei Mannheim machte er die schrittweise eintretenden Veränderungen für die Jahre 1836, 1867, 1879 und 1885 sichtbar.

---

29 HAAS 2016: 25–28.
30 Ebd.: 26.
31 Ebd.: 28–29.
32 Ebd.: 28.
33 Zur Entwicklung und Bedeutung der Rheinkorrektion durch Tulla siehe vor allem BLACKBOURN 2006. Insbesondere Kapitel 2 ‘The Man who tamed the Wild Rhine’ und BERNHARDT 2016; BERNHARDT 2001.
34 EISENLOHR 1921.

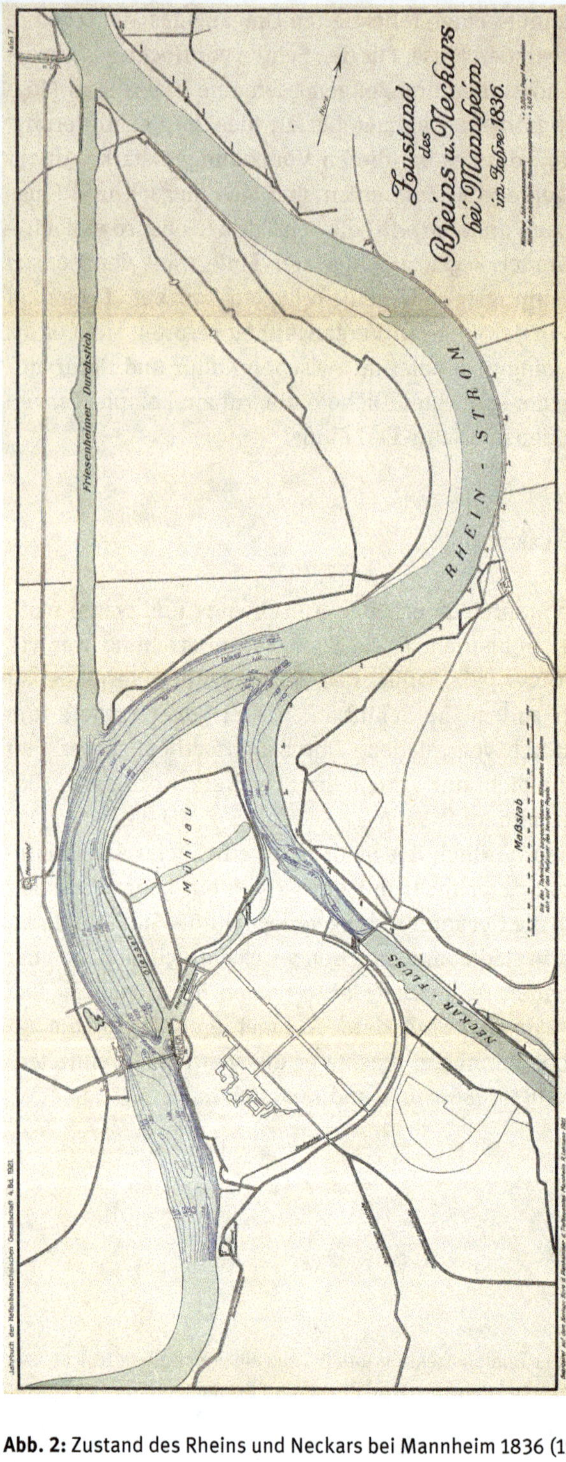

Abb. 2: Zustand des Rheins und Neckars bei Mannheim 1836 (1921)

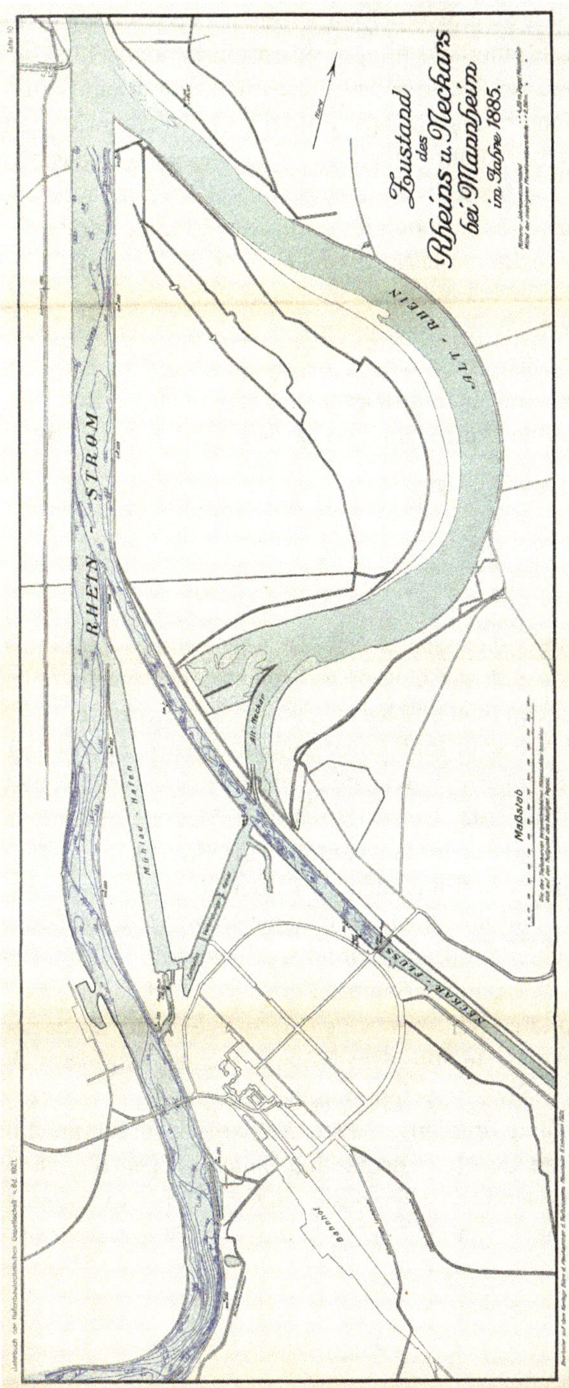

Abb. 3: Zustand des Rheins und Neckars bei Mannheim 1885 (1921)

Die ausgewählten Tafeln (Abbildung 2 und 3) der Jahre 1836 und 1885 weisen deutlich auf die Formung der Flüsse innerhalb dieses halben Jahrhunderts hin. Der Rhein wechselte quasi die Seiten, der Friesenheimer Durchstich wurde sein Hauptbett, der vormalige Strom war von nun an lediglich Altarm. Der Neckar wies nun eine deutlich stringentere und engere Führung auf und mündete später in das neu geschaffene Rheinbett. Bis zur Jahrhundertwende wurden mit dem Mühlauhafen, dem Industriehafen und dem privat finanzierten Rheinauhafen wichtige infrastrukturelle Knotenpunkte eröffnet, die durch die Nutzbarmachung der Rheinbrücke für den Schienenverkehr und die Einweihung des neuen Hauptbahnhofs ergänzt wurden. Die „verkehrsgünstige Standortgunst“[35] zeichnete sich auch dadurch aus, dass bei Mannheim nicht nur der Rhein, sondern auch der Neckar schiffbar war und zugleich die Befahrbarkeit des Rheins oberhalb Mannheims eingeschränkt war. Dies ermöglichte die enge Verknüpfung von Schiff und Schiene und hob den Wert Mannheims als Knotenpunkt.[36]

2.3.2 Dresden an der Elbe

In Dresden lässt sich im Gegensatz dazu schon recht früh ein anderes Verhältnis erkennen. Die Stadt liegt rechts- und linkselbisch und inmitten des sogenannten Elbtalkessels, der sich zwischen den Städten Meißen und Pirna erstreckt. Im Dresdener Abschnitt haben sich „Landschaft und Architektur in ungewöhnlich enger und harmonischer Verbindung entwickelt.“[37] Weitere Fließgewässer in Dresden und Umland sind die Nebenflüsse Weißeritz, Lockwitzbach und Prießnitz. Allerdings konzentriert sich die Untersuchung in erster Linie auf die Elbe, die bemerkenswerterweise wenig domestiziert wurde und somit auch im Stadtgebiet relativ naturnah ist.[38] In Dresden hatten die Elbe und ihre Auen auch ästhetischen Wert, der Fluss und die Sichtbeziehungen zwischen den Ufern wurden Teil der Stadtidentität. Die wirtschaftliche und industrielle Nutzung der Gewässer erreichte nicht das Ausmaß wie in Mannheim. Dieser Umstand erlaubt somit eine Perspektive, in der die soziotechnischen Eingriffe im Spannungsfeld von Mensch-Natur-Technik insgesamt einen geringeren Einfluss auf die Hochwassergefährdung haben dürften.

Die Zeit als Residenzstadt prägte Dresden vor allem als Barockstadt mit prachtvollen Bauten auf beiden Elbseiten. Der Maler Bernardo Bellotto hielt 1748 die schon damals bestehende Altstadt-Silhouette vonseiten des Elbufers in Öl fest (Abbildung 4). Der Turm der Hofkirche ist noch von einem Gerüst umgeben, was darauf hin-

35 Schott 1999: 107.

36 Siehe dazu auch: Rings 2003.

37 Roch 2003: 191.

38 Vgl. zur Landschaftsstruktur der Elbe u.a. Simon 2004; Walz 2003; Jüngel 1993.

weist, dass diese markante Stadtansicht erst noch im Werden begriffen war. Die Elbe wirkt auf dem Gemälde ruhig und wird von einigen kleineren Booten befahren. Die dargestellte Augustusbrücke weist auf die Verbindung beider Uferseiten hin und strahlt Stabilität aus. Die Perspektive, der sogenannte Canaletto-Blick, nahm die besondere Beziehung zwischen Fluss und Stadt auf und ist bis heute ein wichtiges Argument in städtebaulichen Diskussionen Dresdens. Den Blick des Malers können Interessierte auch selbst erleben. Seit 2008 (mit einer kurzen Unterbrechung) ermöglicht ein großes rotes Metallgestell in Gestalt einer Staffelei, sich zumindest in Gedanken sein eigenes Bild auszumalen.[39]

Abb. 4: Dresden vom rechten Elbufer unterhalb der Augustusbrücke, Bernardo Bellotto (1748)

Die während des 19. Jahrhunderts zunehmenden Gründungen von Fabriken und Firmen gingen mit einem steigenden Platzbedarf einher. Dresden bemühte sich allerdings um eine „geordnete Industrieansiedlung"[40]. Bereits ab Mitte des 19. Jahrhunderts kamen erste kritische Stimmen auf, die vor allem in der besonderen Sozialkonstellation der Residenzstadt begründet lagen. Die optischen Zeichen der Fabriken, wie Schornsteine und Rauch, wurden durchaus als störend im Stadtbild empfunden, welches sich doch durch die Barockbauten im Innenstadtbereich auszeichnete. Die freie Sicht auf das Ensemble konnte so bereits durch die Bauordnung von 1870 geschützt werden, in der die Bebauung der Elbauen explizit geregelt wur-

39 Siehe zum Projekt die Seite der Initiative: SCHEUFLER [2016].
40 STARKE 2006d: 75.

de. Die Begründung folgte dabei allerdings nicht nur einer ästhetischen Motivation, sondern hatte auch entsprechende positive Wirkungen auf den Hochwasserschutz der Stadt: Die natürlichen Retentionsflächen konnten so weitestgehend bestehen bleiben und fielen nicht einer „gefräßigen Stadt“[41] zum Opfer. Die Erhaltung der weiten Wiesenflächen ist ein Merkmal der Stadt Dresden, deren Stadtentwicklung sich bis dahin nicht deutlich von anderen Städten unterschied.[42]

2.4 Zusammenschau

Das Zusammenspiel aus unterschiedlichen und ähnlichen Eigenschaften und Entwicklungen beider Städte empfahl diese als Fallstädte heranzuziehen. Auf diese Weise ist es möglich, den Umgang mit Hochwasserereignissen in Städten zu untersuchen, die zwar beide Großstädte sind, allerdings dennoch erhebliche Unterschiede in der Bevölkerungszahl und -entwicklung aufweisen. So, und hier verliefen die Vorgänge nahezu analog, wuchsen beide Städte während des 19. und 20. Jahrhunderts deutlich in ihrer Fläche. Während des Untersuchungszeitraums waren bereits Infrastruktursysteme vorhanden, die dann in den folgenden Jahrzehnten noch weiter ausgebaut wurden. Unterschiede lassen sich in der Bedeutung der Städte ausmachen: Mannheim hatte bereits an politischer und kultureller Stellung verloren und etablierte sich nun als Industriestadt an Rhein und Neckar. Dresden konnte wiederum die Funktion als Verwaltungs-, Militär-, Kultur- und auch Fabrikstandort sukzessive ausbauen. Die kommunalpolitische Ausrichtung unterschied sich ebenfalls und lässt sich auch auf die jeweiligen Funktionen der Städte zurückführen. Mannheim war, mit Ausnahme der Jahre während des Nationalsozialismus, überwiegend sozialdemokratisch geprägt, wohingegen in Dresden zu Weimarer Zeiten eher konservative Parteien dominierten. In der zweiten Hälfte des 20. Jahrhunderts wurde Dresden bis zur Wende von der SED regiert. Die Gestalt der jeweiligen Flüsse im Stadtgebiet unterscheidet sich vor allem im Grad ihrer Domestizierung. Rhein und Neckar waren um Mannheim weitestgehend kanalisiert und im wahrsten Sinne umgebaut worden. Ursächlich war dafür vor allem die wirtschaftliche Nutzung der Gewässer. Die Elbe im Dresdner Raum war hingegen nur wenigen Eingriffen unterworfen und wurde auch als ästhetisches Element des Stadtbildes begriffen.

41 Helas 2001.
42 Siehe dazu Starke 2018; Laudel 2006.

Hochwasser an Flüssen, Wahrnehmungen und Umgang

3 Wahrnehmungen von Hochwasser

3.1 Hochwasser an Flüssen

Entscheidend für die historische Auseinandersetzung mit Hochwasser ist, dem Impuls, das Ereignis als solches als *(Natur-)Katastrophe* wahrzunehmen, zu widerstehen und die Einschätzung des Ereignisses viel mehr den Zeitgenossen zu überlassen. Diese Perspektive lohnt sich, denn auf diese Weise lassen sich mithilfe der Quellen die Entwicklungen innerhalb der Wahrnehmungen der Natur, aber auch der Materialität der Stadt nachzeichnen. Dazu seien den weiteren Ausführungen einige Bemerkungen vorangestellt:

Wenn ein Hochwasserereignis also nicht direkt als Katastrophe wahrgenommen werden soll, wie ließe es sich dann verorten, ja – was ist ein Hochwasser eigentlich? Eine aktuelle technische Definition liefert die DIN 4049, in der es heißt: „Hochwasser – Zustand in einem oberirdischen Gewässer, bei dem der Wasserstand oder der Durchfluss einen bestimmten Wert (Schwellenwert) erreicht oder überschritten hat."[1] Der Vorteil dieser recht weitgefassten Beschreibung liegt darin, dass der Schwellenwert variabel festgelegt werden kann. So bleibt die Definition selbst „universell anwendbar und gültig"[2] und keinesfalls auf den mitteleuropäischen Raum beschränkt. In diesen Breitengraden ergibt sich der Schwellenwert in der Regel aus einem zuvor festgestellten Mittelwert des Wasserstandes und/oder des Durchflusses. Dafür werden jedoch weitere Informationen benötigt. Im Fall der in dieser Arbeit herangezogenen Flüsse handelt es sich um Gewässer mit permanentem Abfluss. Ein solcher Schwellenwert bemisst sich demnach aus dem beobachteten Durchschnittspegel und dem Wert des mittleren Abflusses. Die Werte, die über dem errechneten Durchschnitt – also einem angenommenen Normal – liegen, sind gleichwohl keineswegs zwangsläufig als außerordentlich anzunehmen. Vielmehr stellt doch dieses Normal eine konstruierte Größe dar, denn Flüsse unterliegen ihrer eigenen Dynamik, sodass An- und Abschwellen des messbaren Pegels als Rhythmik der Natur verstanden werden können. Auslöser eines Hochwassers können Dauerregen, Schneeschmelze und Starkregen (bspw. im Zuge der bereits erwähnten sogenannten Vb-Wetterlagen) sein. Im Hochwasser-Handbuch bietet der Hydrologe Martin Disse folgende Definition der Ursachen, die insbesondere auf Niederschlag abzielt: „Hochwasser entsteht, wenn die Speicherkapazität des Bodens aufgrund langanhaltender Niederschläge erschöpft ist oder wenn die Infiltrationskapazität deutlich geringer als die Niederschlagsintensität ist."[3] Diese beiden genannten Entstehungsursachen können je nach Raum und Zeit unterschiedlich wirken. Wenn sie in größe-

1 DIN 4049-3 10.1994: 25.

2 Herget 2012: 11.

3 Disse 2013: 18.

https://doi.org/10.1515/9783110734676-003

ren Einzugsgebieten auftreten, kann es zu Flusshochwassern kommen, in kleineren Einzugsgebieten hingegen zu konzentrierten Sturzfluten. Die hier gewählten mathematischen Herangehensweisen lassen kaum Raum für eine emotionale Einordnung des Ereignisses, weshalb auf die Anmerkung von Martin SCHMIDT verwiesen werden soll, der für die heutige Zeit feststellt: „Landläufig wird als Hochwasser wohl in der Regel ein Ereignis empfunden, bei dem es Schäden durch Überschwemmungen gegeben hat.“[4] So lässt sich auch erklären, unter welchen Umständen meteorologisch bedingte Hochwasserereignisse – wie es sie „immer gegeben“ hat und „auch weiterhin immer wieder geben“ wird[5] – zu sogenannten Katastrophen heranwachsen können.

Sicherlich sind anthropogene Einflüsse und soziotechnische Eingriffe nicht außer Acht zu lassen. Josef NUSSBAUMER nennt beispielsweise in seiner *Chronik der Naturkatastrophen* die Abholzung und damit einhergehende Verschlechterung des Waldzustandes, aber auch die Flussbegradigungen und die Bebauung von Überschwemmungsflächen sowie die zunehmende Bevölkerungsdichte in hochwassergefährdeten Gebieten als „Mitverursacher von Hochwasserkatastrophen“[6]. Inwiefern jedoch die anthropogenen Maßnahmen tatsächlich ursächlich sind, ist in der Forschung umstritten: Hans Bernd KLEEBERG und Winfried WILLEMS warnen gar davor, „mit ganzen Listen von vermeintlichen und tatsächlichen Ursache-Wirkungs-Zusammenhängen den Verdacht, Hochwasser selbst verschuldet zu haben“[7], zu nähren und somit „Selbsttäuschung“, „mangelndes Realitätsbewusstsein“ und „dieses selektive Wahrnehmungsvermögen“[8] zu erzeugen. Dennoch weisen sie auf hochwasserrelevante Eingriffe durch Menschen hin und gestehen diesen eine gewisse Wirkung zu, um schließlich nicht einen Freispruch von Schuld an extremen Hochwasserereignissen zu legitimieren, sondern vielmehr auf die „große Variabilität“[9] der Einflussfaktoren zur Entstehung natürlicher Hochwasser hinzuweisen.

Gerade in den letzten Jahren rückt die Frage nach den Auswirkungen des Klimawandels vor dem Hintergrund von Extremwetterereignissen stärker in den Fokus der öffentlichen Debatte und der Forschung. Obwohl es derzeit nicht möglich ist, einzelne Ereignisse direkt auf die Klimaveränderung zurückzuführen, zeigen Modellierungen, dass selbst bei der gegenwärtigen Konzentration der Treibhausgase mit zunehmendem Niederschlag in Verbindung mit Vb-Wetterlagen zu rechnen ist, wodurch wiederum die Flüsse und ihre Abflussregime verändert werden und somit ein erhöhtes Hochwasserrisiko besteht.[10] Zuletzt wurden die Ergebnisse des *Pots-*

4 SCHMIDT 2000: 15.

5 Ebd.

6 NUSSBAUMER 1996: 171. Siehe dazu auch: PFISTER, BRÄNDLI 1999.

7 KLEEBERG, WILLEMS 2001: 38.

8 Ebd.: 40.

9 Ebd.: 47.

10 Siehe u.a. RENN, KLINKE 2004: 189, 197.

dam-Instituts für Klimafolgenforschung, die diese These stützen, innerhalb und außerhalb der Fachwissenschaft und in einem breiteren Rahmen wahrgenommen und diskutiert.[11] Dennoch liegen im Moment keine zuverlässigen Klimamodelle mit Prognosen für regionale Gebiete vor, sodass die Benennung spezifischer Auswirkungen derzeit nur bedingt möglich ist.[12] In dieser Arbeit kann nicht explizit auf die klimatischen Veränderungen und ihre Einflüsse auf die Hochwassersituation an den untersuchten Flüssen eingegangen werden, da hierzu noch belastbare Studien fehlen. Es wird sich jedoch der Argumentation von Ortwin RENN und Andreas KLINKE angeschlossen, die festhalten, dass „aufgrund der anthropogenen Einflüsse menschlicher Aktivitäten auf das Klima und die Biosphäre [...] die Rahmenbedingungen für extreme Wetterereignisse immer weniger konstant und damit weniger prognostizierbar [sind].“[13]

Diese Aussage führt zu einem weiteren Aspekt von Hochwasserereignissen: ihre mögliche Vorhersehbarkeit. Hier leistet die Forschung zu historischen Hochwasserereignissen besondere Dienste, auf die im Folgenden eingegangen wird. Eine Vielzahl von Einzelstudien untermauert die These, dass es Ereignisse unterschiedlichen Ausmaßes schon weit vor den Zeiten der Industrialisierung und der somit anthropogen ausgelösten Klimaveränderungen gab. Dass dies den Zeitgenossinnen und Zeitgenossen wohl bewusst war, schildert Christian ROHR in seiner Untersuchung der Überschwemmungen an Salzach und Inn im Spätmittelalter. Er zeigt, dass Hochwasser durchaus zum „Alltag der Menschen“[14] gehört hat, „offensichtlich als völlig normal“[15] angesehen wurde und das „Kriterium der Unerwartetheit“[16] bei Überschwemmungsereignissen, im Gegensatz zu Erdbeben und Vulkanausbrüchen, wenig dominant auftrat. Durch die von Mathias DEUTSCH und Karl Tilman ROST rekonstruierten „schweren Hochwasserereignisse“[17] in Mitteldeutschland zwischen 1500 und 1900 sind reichlich Hinweise auf die jeweiligen meteorologischen Komponenten vorhanden, die zum einen die Entstehung historischer Hochwasser verständlich machen und zum anderen zeigen, dass bereits zu diesen frühen Zeitpunkten eine Verknüpfung zwischen Wettergeschehen und Anstieg des Pegels hergestellt wurde.[18] Diese Untersuchungen bieten wichtige Impulse dafür, mögliche Intervalle in der Intensität der Ereignisse zu erkennen, zugleich weisen sie allerdings auch erhebliche Schwächen auf. Zum einen wird von den Wissenschaftlern selbst vermutet, dass aufgrund der Normalität der Hochwasser keine durchgängige Dokumenta-

---

11 Siehe WILLNER, et al. 2018.

12 Siehe bspw. SARTOR 2012: 248; PODBREGAR 2015: 201–202.

13 RENN, KLINKE 2004: 190.

14 ROHR 2003: 37.

15 Ebd.: 41.

16 Ebd.: 37.

17 DEUTSCH, ROST 2005.

18 Ebd.: insb. 218. u. DEUTSCH 2000: 15.

tion stattgefunden hat.[19] Zum anderen stellen die überlieferten und ausgewerteten Quellen keine zuverlässige Basis für Wahrscheinlichkeitsberechnungen dar, denn gerade für Ereignisse im Mittelalter und der Frühen Neuzeit liegen meist nur Einträge aus Chroniken oder Verwaltungsakten zu den Schadensbildern vor. Pegel- und Durchflussdaten sind nur äußerst selten aufzufinden und dann kaum belastbar. Somit muss auf dieser deskriptiven Grundlage Ablauf und Schwere des Hochwassers modelliert werden – ein heikles Unterfangen, das lediglich Hinweise für spätere Intervallberechnungen liefern kann.[20] Hinzu kommt, dass möglichst lange und verlässliche Jahresreihen vorliegen sollten, mindestens jedoch ein Drittel des Wiederkehrintervalls abgedeckt sein müsste.[21] Zunächst scheint es so, dass mit langsamer Etablierung der Pegellatten in der Frühen Neuzeit die Quellenlage klarer wird und es ab diesem Zeitpunkt leichter möglich ist, sich den tatsächlichen Werten anzunähern. Zugleich wird diese Hoffnung enttäuscht, denn sobald die Berechnung einzig auf Pegeldaten gestützt werden kann, wird sie unscharf.[22] Aufgrund dessen wurde der Weg beschritten, die vorhandenen Daten in komplexen Modellen in Abflusswerte umzurechnen. Die Ergebnisse dieser Methode sind jedoch weiterhin kritisch zu hinterfragen, denn wichtige Informationen zur Beschaffenheit des Flusses sind nicht mehr nachzuvollziehen und die Qualität der Daten, die nach wie vor aus historischen Quellen gewonnen werden, ist selten über einen längeren Zeitraum gesichert.[23]

Diesen Herausforderungen stellte sich Reinhard Pohl, in späteren Studien gemeinsam mit Franziska Kirsch, und lieferte eine reflektierte und kritische Analyse. Mittels der vorgelegten 2D-Modellierung war es ihnen möglich, nachzuweisen, dass für prominente historische Hochwasserereignisse zuvor deutlich zu hohe Abflussscheitelwerte angenommen wurden, die sich nun korrigieren ließen. Durch diese aktualisierten Näherungswerte entsteht eine neue Hochwasserstatistik, die nach Pohl und Kirsch, „Auswirkungen auf Wiederkehrintervalle und Schutzgrade"[24] habe. Die Ergebnisse dieser Untersuchung wirken sich nicht nur auf die Aufgaben des aktuellen Hochwasserschutzes aus, sondern sollten auch im Bewusstsein gehalten werden, wenn die Frage nach Vorhersehbarkeit der historischen Hochwasser gestellt wird. Da die Resultate zum Großteil auf aufwendigen computergestützten und datenreichen Analysen basieren, ist davon auszugehen, dass vergleichbare Erkenntnisse in vorherigen Jahrzehnten und Jahrhunderten nicht vorlagen und somit auch in der Vergangenheit fehlerhafte Intervallrechnungen zugrunde gelegt wurden. Abschließend bleibt festzustellen, dass Hochwasserereignisse zwar in ei-

19 Bspw. Rohr 2003: 40.
20 Zur Problematik der Quellenauswahl und -auswertung u.a. Ebd. u. Deutsch, Rost 2005.
21 Pohl 2008a: 181.
22 Wittenberg 2004.
23 Kirsch, Pohl 2011; Pohl 2000; Pohl 2008b.
24 Kirsch, Pohl 2011: 19.

nem gewissen Maß vorhersehbar waren und sind, insbesondere durch die auslösenden natürlichen Faktoren allerdings ihre Intensität nur annähernd prognostiziert werden konnte und bis heute kann.

3.2 Historisches Bewusstsein und Wahrnehmung

Unabhängig davon, ob den Zeitgenossen die Entstehungsursachen von Naturereignissen bewusst waren, wandten sie sich schon recht früh der Beobachtung dieser Phänomene zu. Linda RICHTER stellte jüngst zum historischen Wetterwissen fest, dass sich „Versuche, das Wetter zu verstehen, aufzuzeichnen und vorherzusagen, [...] fast beliebig weit zurückverfolgen [lassen]."[25] Eine ähnliche Aufmerksamkeit erfuhren der Fluss und seine Hochwasserereignisse. Wie bereits erwähnt, finden sich schon in frühneuzeitlichen Stadtchroniken Hinweise auf außerordentliche Vorkommnisse. Daneben sind allerdings auch alltägliche Flussdaten überliefert, die darauf hinweisen, dass der Fluss und seine schwankenden Pegelstände wachsam beobachtet wurden. Dieses Interesse dürfte nicht nur durch die Angst vor Hochwassergefährdung motiviert gewesen sein, sondern diente ebenso der zunehmenden Nutzung der Flüsse als Wasserstraßen und war somit von hoher wirtschaftlicher Bedeutung.

Regelmäßige und in gewissem Maße standardisierte Pegelmessungen wurden bereits gegen Ende des 18. Jahrhunderts durchgeführt. Die 1775 angebrachte Pegellatte an der Dresdner Augustusbrücke gehörte zu den ersten dieser Einrichtungen. Ihr Initiator, Christian Gottlieb Pötzsch, begann im folgenden Jahr mit dem Ablesen und dokumentierte die Daten. Sein Interesse galt zudem den außerordentlichen Ereignissen, zu denen er historisch arbeitete und seine Einschätzungen in einem mehrbändigen Werk veröffentlichte.[26] Die regelmäßigen Pegelbeobachtungen des Rheins am Standort der Mannheimer Schiffsbrücke erfolgten ab 1801.[27] Dieses gesteigerte wissenschaftliche Interesse am Fluss sorgte dafür, dass die größeren Hochwasserereignisse des 19. Jahrhunderts in Dresden und Mannheim recht gut dokumentiert sind. Für Dresden stellte das Hochwasser im Frühjahr 1845 ein markantes Ereignis dar. Das Stadtgebiet stand großflächig unter Wasser und die Elbe war selbst bis in den Zwinger vorgedrungen. Durch zusätzlich aufgetretene Eisversetzungen geriet die Augustusbrücke unter Druck und wurde schließlich beschä-

---

25 RICHTER 2019: 10.

26 Siehe dazu: PÖTZSCH 1784; PÖTZSCH 1786; PÖTZSCH 1800.

27 Siehe dazu die Pegelhistorie auf der Informationsplattform Undine: BUNDESANSTALT FÜR GEWÄSSERKUNDE [o.J.]a; BUNDESANSTALT FÜR GEWÄSSERKUNDE [o.J.]b.

digt, sodass ein Brückenpfeiler nachgab und das mittig errichtete Kruzifix in die Elbe stürzte.[28]

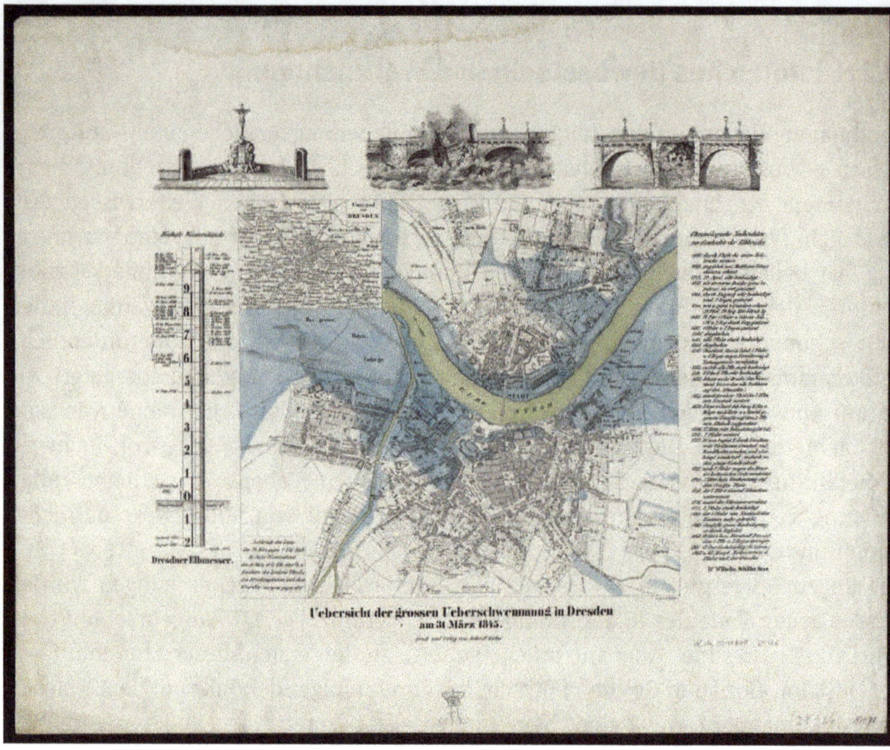

Abb. 5: Einsturz der Augustusbrücke und Übersicht der Überschwemmung in Dresden (1845)

Dieses Hochwasser wurde durch verschiedene Lithografen auf mehreren Karten thematisiert (Abbildung 5 und 6). Sie zeigen die Überschwemmungsfläche, vornehmlich mit dem Schwerpunkt im Raum Dresden. Einige veröffentlichten ihre Übersicht noch im Jahr des Hochwassers 1845, doch selbst einige Jahre später kam es noch zur Auflage weiterer Fassungen. Dabei zeigten sich Unterschiede in der Darstellungsweise und Perspektive. Zwei Veröffentlichungen ergänzen den Stadtplan um weitere Illustrationen der beschädigten und einstürzenden Augustusbrücke sowie um die Angaben zusätzlicher historischer Pegelstände. Einer weiteren Karte liegt ein detaillierter Stadtplan zugrunde und sie zeichnet ziemlich exakt den Verlauf der Überflutungslinie nach. Durch die gewählte Darstellungsform wurde

28 Siehe zu historischen Hochwasserereignissen in Sachsen und Dresden, darunter auch das Hochwasser von 1845: Poliwoda 2007; Fügner 1995.

nachdrücklich sichtbar, wie sich das Elbhochwasser 1845 seinen Weg durch den städtischen Raum bahnen konnte. Für die folgenden Jahre stellten diese Veranschaulichungen eine nützliche Unterstützung im praktischen Hochwasserschutz dar und auch noch Jahrzehnte später ließen sich diese Dokumente als Grundlagen für aktualisierte Analysen heranziehen.

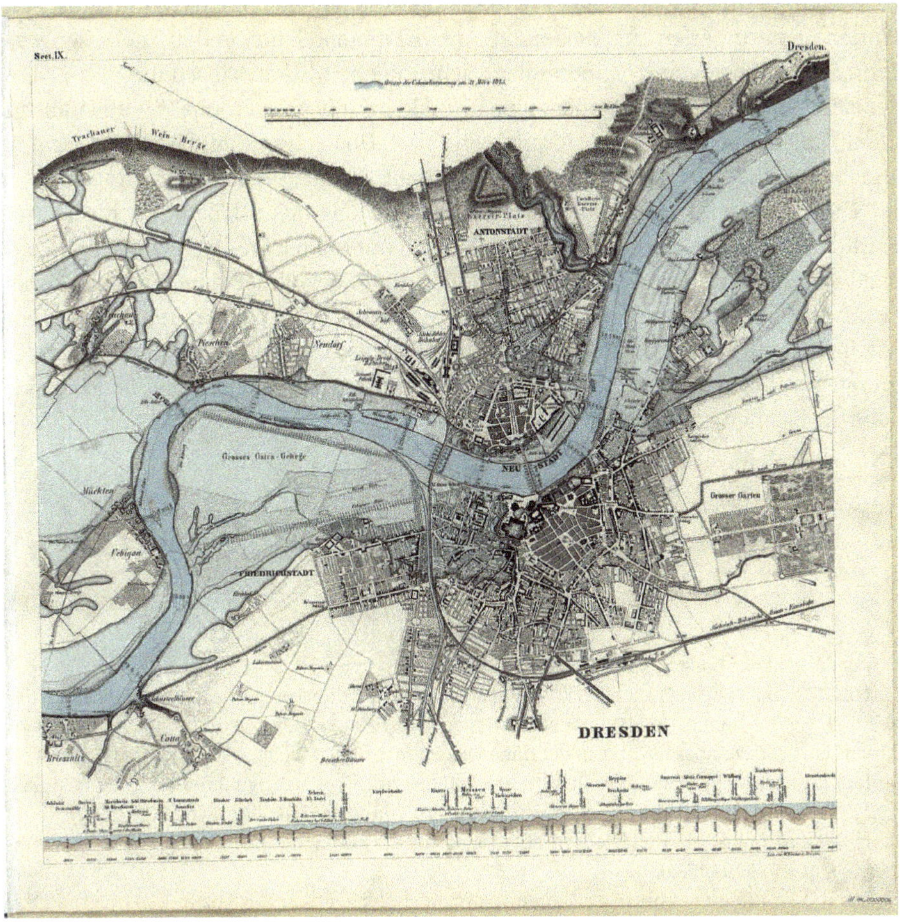

Abb. 6: Überschwemmungsgebiet der Elbe im Raum Dresden am 31. März 1845 (um 1850/55)

Für Mannheim bildete das Hochwasser von 1882/83 lange Zeit den Referenzpunkt. Im Winter 1882 wuchsen Rhein, Neckar und Main durch langanhaltende Regenfälle deutlich an. Zum Jahresende spitzte sich die Lage in Mannheim zu, denn beide Flussläufe waren fortwährend im Steigen begriffen. Schließlich brach ein Neckardamm und sorgte für weitreichende Überflutungen. In der Nachbarstadt Ludwigshafen brach ein Rheindamm bei Oppau, wodurch es ebenfalls zu Überschwemmungen und Schäden kam.[29] Das Ereignis wurde in den folgenden Jahren zudem wissenschaftlich, künstlerisch und journalistisch aufgearbeitet.

Für die Presse im betroffenen Rhein-Neckar-Raum bildete vor allem dieses Hochwasser Anlass für immer wiederkehrende Berichterstattung. Vornehmlich zu den entsprechenden Jahrestagen häuften sich die Artikel. Bis zur Mitte des 20. Jahrhunderts umschrieben diese meist das geschehene Ereignis in dramatischen Worten und erinnerten zugleich an die Auswirkungen. Schon in den Titelzeilen war von „Schreckenstage[n]“[30] und einem „schreckliche[n] Jahresabschluss“[31] 1882 die Rede. Einen durchgängig genutzten Begriff bildete „die Katastrophe“[32] – ebenfalls in ihren unterschiedlichen Ausformungen als „Überschwemmungskatastrophe“[33], „Hochwasserkatastrophe“[34], „Wasserkatastrophe“[35] und „Unwetterkatastrophe“[36].

Hochwasserereignisse wurden allerdings nicht immer als bedrohlich oder gefährlich angesehen. Insbesondere wenn es sich nur um leichte Überschwemmungen handelte, konnten die Stadtbewohnerinnen und -bewohner dem Ereignis etwas Positives abgewinnen. So waren Wochenendausflüge an die Dämme von ganzen Familien keine Seltenheit und selbst wenn das Wasser bereits in die Straßen vorgedrungen war und diese überschwemmt hatte, nutzten vor allem Kinder und Jugendliche die Flächen zum Spielen.

---

29 Zum Ablauf des Ereignisses siehe: Masius 2013.

30 ebo., Wir blättern im Lebensbuch unserer Stadt: Eine Erinnerung an die Schreckenstage der Hochflut vor 60 Jahren. In: Mannheimer Morgen (30.12.1942); [o.V.], Wasserkatastrophe vor 70 Jahren: Am 28. Dezember 1882 brach der Hammelsdamm. In: Allgemeine Zeitung (27.12.1952).

31 [o.V.], Unsere schwerste Überschwemmungs-Katastrophe vor siebzig Jahren. In: Die Rheinpfalz (29.12.1952); [o.V.], Die Hochwasser-Katastrophe vor 70 Jahren! In: Lokal Anzeiger (31.12.1952).

32 md, Katastrophe forderte viele Menschenleben: Als die Flut über Oppau hereinbrach. In: Mannheimer Morgen (02.12.1982).

33 eknarf., „An Rettung auser den Thoren war nicht zu denken“. In: Amtsblatt (05.12.1952); [o.V.], Unsere schwerste Überschwemmungs-Katastrophe vor siebzig Jahren. In: Die Rheinpfalz (29.12.1952).

34 VS, Und Oppau lag plötzlich linksrheinisch... In: Hakenkreuzbanner (16.02.1944); [o.V.], Die Hochwasser-Katastrophe vor 70 Jahren! In: Lokal Anzeiger (31.12.1952); [o.V.], Am Tag als der Rheindamm brach ... In: Allgemeine Zeitung (22.12.1962); kli, Historische Zeugnisse vorgelegt. In: Mannheimer Morgen (11.12.1982); Weckesser, Erinnerung an Hochwasserkatastrophen. In: Mannheimer Morgen (26.07.1997).

35 [o.V.], Wasserkatastrophe vor 70 Jahren: Am 28. Dezember 1882 brach der Hammelsdamm. In: Allgemeine Zeitung (27.12.1952).

36 o, Bü, Vor hundert Jahren: Tapfere Männer verloren ihr Leben. In: Mannheimer Morgen (04.11.1982).

Abb. 7: Temporärer Spielplatz am Blockhausgäßchen (1926)

Eine Aufnahme des Dresdner Fotografen Walter Hahn aus dem Jahr 1926 zeigt dieses recht entspannte Verhältnis der Kinder zum über die Ufer getretenen Fluss (Abbildung 7). Auf dem Bild ist ein gutes Dutzend Kinder zu sehen, die mit hochgekrempelten Hosen im oder am Wasser stehen und einen vergnüglichen Eindruck machen. Bei dem neuen Spielplatz handelte es sich um das Blockhausgäßchen in der Dresdner Neustadt. Die Straße gehörte regelmäßig zu den ersten überfluteten Abschnitten am rechten Elbufer. Wie auf der Fotografie ebenfalls zu erkennen ist, wurden bereits temporäre Stege zu den ufernahen Wohnhäusern errichtet und zudem eine Absperrung für den Verkehr an der Straßenmündung aufgestellt.

Ein Jahr später kamen die Mannheimer Kinder gleichermaßen auf ihre Kosten. Wie die *Neue Mannheimer Zeitung* berichtet, bereitete es auch ihnen „ein besonderes Vergnügen, in den Wellen herumzuwaten“[37]. Im Laufe des Jahrhunderts verlor das Hochwasser nichts an seiner Anziehungskraft als „beliebtes Ausflugsziel“[38]. Auf den überschwemmten Straßen „versuchten sich Kinder im Wasser-Radfahren“[39] oder „schleppten Schiffe bei, um sie in den Fluten am Stephanieufer vom Stapel zu lassen.“[40]

---

37 [o.V.], Besichtigung des Hochwassers. In: Neue Mannheimer Zeitung (30.08.1927).

38 boo, Hochwasserwelle erreichte Höhepunkt. In: Rhein-Neckar-Zeitung (28.03.1988).

39 SIEGELMANN, Jetzt geht's ans Aufräumen: Hochwasser weicht nur langsam Schäden noch nicht abschätzbar. In: Mannheimer Morgen (27.05.1978).

40 RÄUCHLE, KLINNERT, Alle Mann ran in Mannheim und Ludwigshafen: Hochwasser schwappt über die Ufer. In: Mannheimer Morgen (28.03.1988).

4 Zyklus im Umgang mit Hochwasserereignissen

Der Blick in die Quellen der beiden Untersuchungsstädte hat gezeigt, dass über den gesamten Zeitraum ein Bewusstsein für die exponierte Lage am Fluss und somit auch für die Gefährdung durch Hochwasser bestand. Aus diesem Bewusstsein leiteten die Verantwortlichen gewisse Maßnahmen ab, die sich schematisch in einen Zyklus einordnen lassen. So sind drei unterschiedliche Phasen zu identifizieren, die sich über die Art der ergriffenen oder geplanten Maßnahmen und zugleich durch ihr zeitliches Verhältnis zum Hochwasserereignis definieren lassen. Differenziert wird zwischen

- *Preparedness & Prevention-Strategien* im Vorfeld (diese beziehen sich vor allem auf die Maßnahmen, die in Hinblick auf ein möglicherweise eintretendes Hochwasserereignis getroffen wurden),
- *der aktiven Hochwasserabwehr* (darunter werden Maßnahmen während des konkreten Ereignisses subsumiert und somit Ad-hoc-Entscheidungen eingeschlossen) sowie
- der Phase der *Bestandsaufnahme, Analyse und Reflexion* (hier stehen die Nachbereitung des Geschehenen und die daraus abzuleitenden Optimierungsvorschläge im Mittelpunkt).

Da sich diese Phasen jeweils um die Hochwasserereignisse bilden und diese zwar regelmäßig, aber dennoch nur kurzfristig vorhersehbar entstehen, war die Länge der einzelnen Handlungsabschnitte für die zeitgenössischen Akteurinnen und Akteure nicht absehbar.

Anhand der überlieferten Monatswerte (siehe Abbildung 8 und 9) lassen sich allerdings heute die Pegelhöchststände für den Untersuchungszeitraum aufzeigen. Dabei wird deutlich, dass es innerhalb des Jahres Schwankungen gibt: Die höchsten Werte wurden am Elbpegel Dresden beispielsweise vor allem in den Monaten Januar bis April gemessen, wohingegen die Monate August bis November eher niedrigere Wasserstände aufwiesen. Dass diese vermeintliche Regel jedoch ihre Ausnahmen kennt, bewies nicht zuletzt das bereits erwähnte Hochwasser im August 2002. In Mannheim kam es zwischen Dezember und Februar vermehrt zu Maximalwerten, wogegen die Pegelstände für Oktober und November in der Regel geringer ausfielen. Schlussendlich zeigt die Darstellung allerdings, dass während des ganzen Untersuchungszeitraums immer wieder hohe oder sehr hohe Pegelstände verzeichnet wurden. Dies weist darauf hin, dass ein stetiger Anlass zur Auseinandersetzung mit Hochwasser geboten war.

https://doi.org/10.1515/9783110734676-004

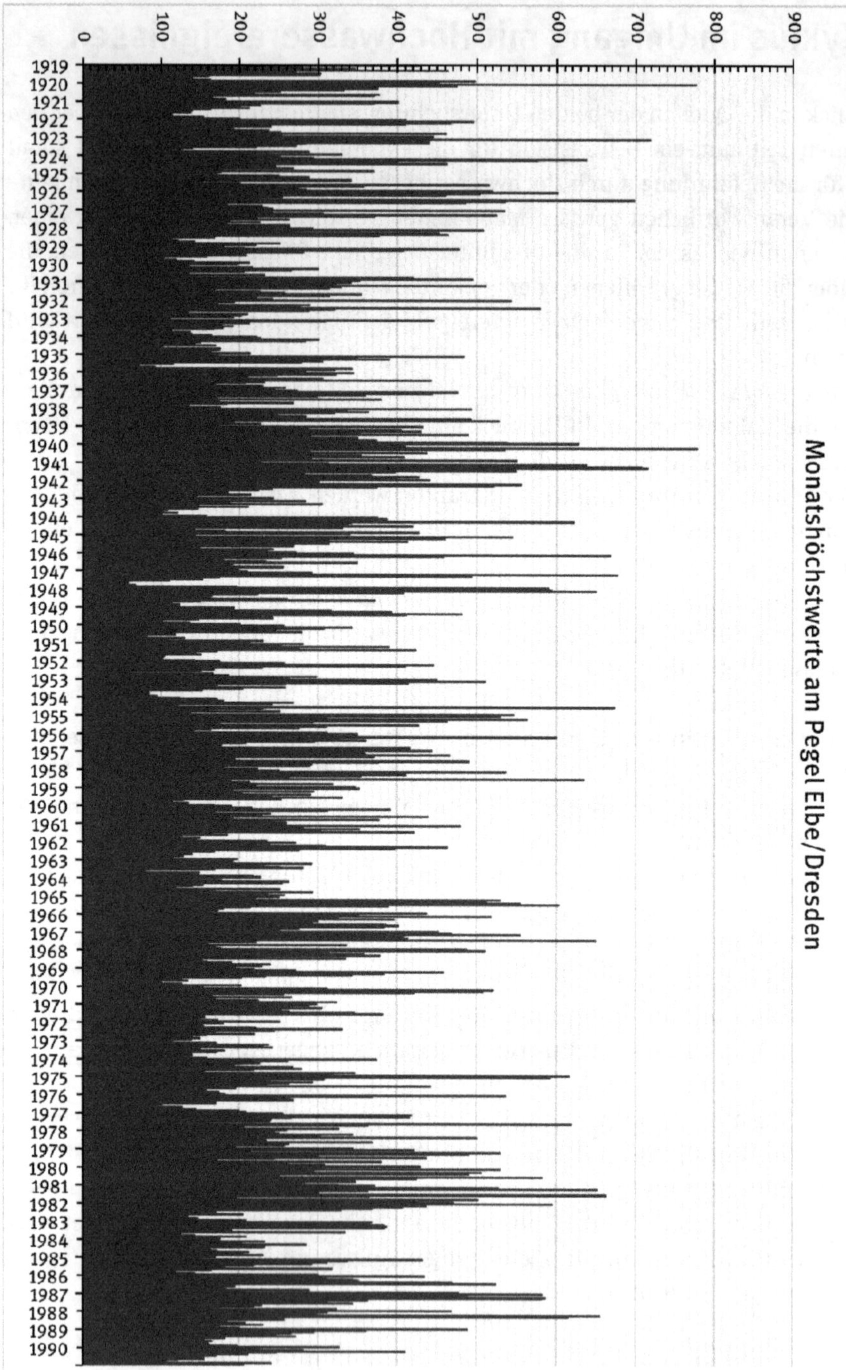

Abb. 8: Monatshöchstwerte in cm am Pegel Elbe/Dresden (1919–1990)

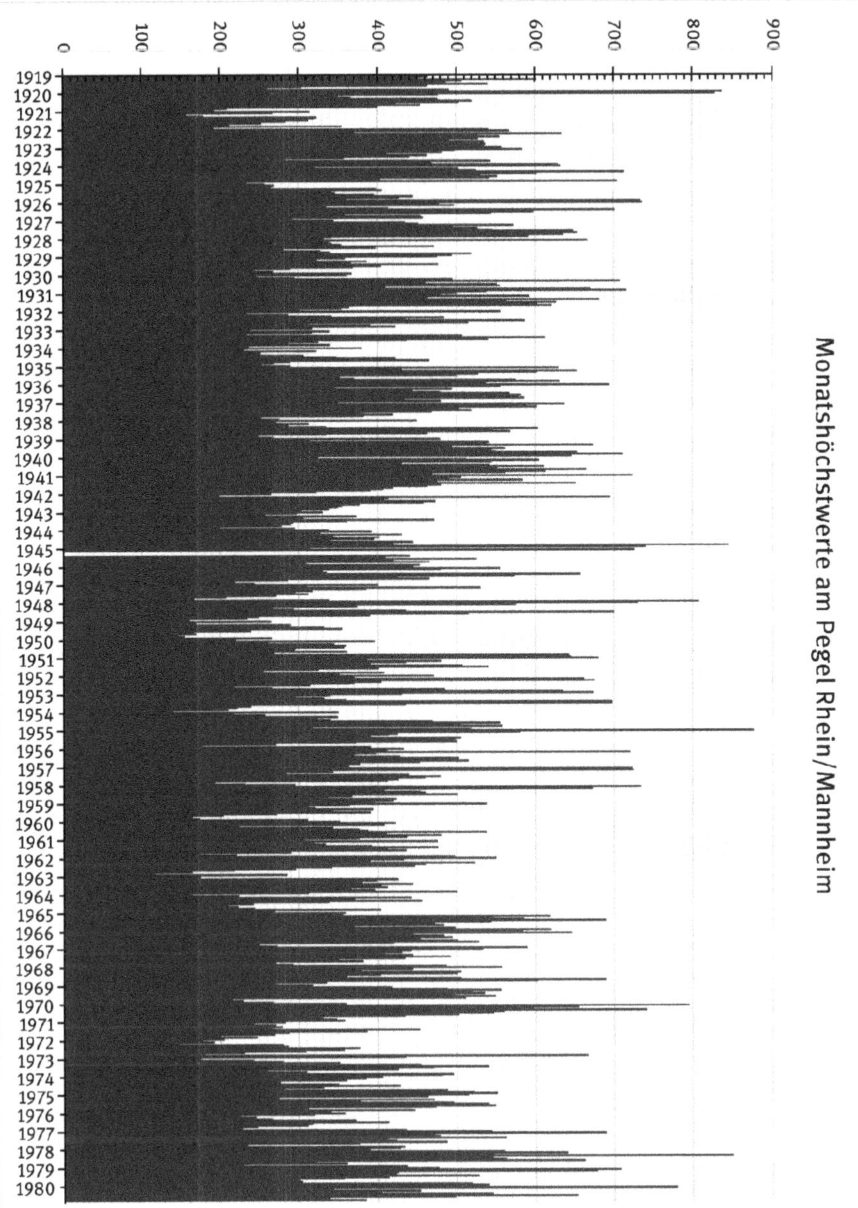

Abb. 9: Monatshöchstwerte in cm am Pegel Rhein/Mannheim (1919–1980)

In der Retrospektive wird deutlich, dass eine enge Aufeinanderfolge der Hochwasserereignisse dafür sorgte, dass bestimmte Phasen der Vor- und Nachbereitung dementsprechend kürzer ausfielen oder durch das Ereignis unterbrochen wurden.

So erlebten die Dresdnerinnen und Dresdner beispielsweise 1926 ein sehr wasserintensives Jahr. Nachdem die Elbe bereits im Januar und Februar über die Ufer getreten war, kam es von Juni bis August abermals zu Überschwemmungen. Die *Dresdner Neusten Nachrichten* schrieben treffend von einer „Hochwassergefahr ohne Ende“[1], denn mehrfach wurden in diesen Wochen Pegelhöchststände und anschließendes Fallen verkündet, um wenige Tage später bereits vor dem nächsten Hochwasser warnen zu müssen.[2] In anderen Zeitabschnitten kam es hingegen selten zu erhöhten Pegelständen, sodass hier den Verantwortlichen mehr Zeit blieb, die jeweiligen Maßnahmen anzustoßen und umzusetzen.

Wenngleich sich die einzelnen Phasen grob voneinander abgrenzen lassen, gilt es zu betonen, dass es zu Schnittmengen kommen kann. Zudem ist ein klarer Start- und Endpunkt schwer zu definieren. Aus den Quellen wird etwa deutlich, dass bereits die für Mannheim erstmalige Organisation der Wasserwehr im Jahr 1826 als Reaktion auf den Umgang mit dem Hochwasser des Jahres 1824 zu verstehen ist.[3] So ist überliefert, dass das zwar unkoordinierte, aber „harmonische Zusammenwirken von Behörden, Militär und Bürgerschaft ermöglichte, das Ausmaß der Überschwemmung und die Schäden in Grenzen zu halten.“[4] Ein Umstand, der im Nachgang des Ereignisses offenbar positiv evaluiert wurde und zur Bildung der Wasserwehr beitrug. Es handelte sich somit um einen Vorgang, bei dem Ad-hoc-Entscheidungen während der akuten Phase durch Reflexion in die Phase der Vorbereitung mündeten. Außerdem ist hervorzuheben, dass die Phasen, die im Folgenden vorgestellt werden, während des ganzen Untersuchungszeitraums mit einer gewissen Konstanz wiederkehrten. Das heißt jedoch nicht, dass sie erstmals im 20. Jahrhundert auftraten, viel mehr waren einzelne Maßnahmen oder Vorgehensweisen bereits zuvor bekannt und vollzogen worden. Für die Hochwasserereignisse an der sächsischen Elbe zwischen 1784 und 1845 benennt Guido Nicolaus Poliwoda beispielsweise eine Vielzahl an Vorbereitungsmaßnahmen, die im Anschluss an eine Lernphase optimiert werden konnten.[5]

1 [o.V.], Hochwassergefahr ohne Ende. In: Dresdner Neuste Nachrichten (17.06.1926).

2 Siehe dazu bspw. [o.V.], Vom Hochwasser der Elbe und Weißeritz. In: Dresdner Nachrichten (20.06.1926); [o.V.], Die Elbe steigt erneut. In: Sächsische Volkszeitung (22.06.1926).

3 Vgl. bspw. F.W., Die große Wassernot im Jahre 1824. In: Neue Mannheimer Zeitung (09.11.1924).

4 phi, Blick in die Geschichte: Immer wieder Opfer von Überschwemmungen. In: Rhein-Neckar-Zeitung (29.05.1978).

5 Poliwoda 2007.

4.1 „Das nächste Hochwasser kommt bestimmt" Preparedness & Prevention-Strategien

In der Vorbereitungsphase waren sich die Akteure der möglichen wiederkehrenden Gefährdung durch Hochwasser bewusst und wandten verschiedene Strategien an, die zum einen präventiv wirken sollten und zum anderen im Ereignisfall Voraussetzung für eine aktive und organisierte Hochwasserabwehr waren. Im Folgenden wird auf die Maßnahmen eingegangen, die bereits vor dem Hochwasserereignis getroffen wurden, wobei insbesondere die Gefahrenanalyse, der präventive bauliche Schutz und die Organisation der Wasserwehr diskutiert werden.

4.1.1 Gefahrenkarten und Vulnerability-Mapping

Am Anfang jeglicher Art der Vorbereitung steht die auf den ersten Blick banale, aber dennoch zentrale Frage, worauf sich eigentlich vorbereitet werden soll. Zunächst wurden daher die zuvor gesammelten Flussdaten herangezogen. Zu Beginn des Untersuchungszeitraums handelte es sich dabei häufig lediglich um die Pegelstände, später wurden diese um weitere hydrologische Daten, beispielsweise zum Abfluss, ergänzt. Besonderes Augenmerk wurde auf die Pegelstände während der vergangenen Hochwasserereignisse gelegt. Hier konnten die Zeitgenossinnen und Zeitgenossen nicht nur auf ihre eigenen Aufzeichnungen zurückgreifen, sondern ihnen lagen zusätzlich Datenblätter, Hochwassertagebücher und Hochwassermarkierungen an Gebäuden und Brücken vor. Ziel dieser ersten Phase war es vor allem, zu ermitteln, wie sich der Fluss bei welchem Pegelstand im Stadtgebiet verhält und wo die Gefahrenpunkte liegen. Dafür reichten die hydrologischen Daten allein jedoch nicht aus, sie mussten in Verhältnis zur Topografie und der gebauten Struktur der Stadt gesetzt werden. Dies gelang zum einen durch die Beobachtung und Auswertung vergangener Hochwasser, zum anderen durch Berechnung. Ergebnisse dieser Analysen konnten sowohl umfangreiche Beschreibungen in schriftlicher Form als auch visuelle Darstellungen in Gefahrenkarten sein.

Exemplarisch lässt sich das Vorgehen für Mannheim anhand der anlaufenden Diskussion um weitere Staustufen am Rhein nachzeichnen. Der entsprechende Staatsvertrag wurde im Jahr 1969 zwischen Deutschland und Frankreich geschlossen, doch bereits 1967 stellte die Stadt Mannheim Untersuchungen an. In einem Erläuterungsbericht mit beiliegendem großformatigem Plan (siehe Abbildung 11) wird verdeutlicht, welche Auswirkungen durch die so veränderten Rheinabflüsse zu erwarten seien. Im Plan wurden an jedem Rhein-Kilometer nicht nur die Wasserstände des letzten größeren Ereignisses im Jahr 1955, sondern auch die des Jahres 1882/83 als Bezugsgrößen angegeben. Weiter hieß es zur Erklärung:

> „Außerdem sind die Flächen durch volles Anlegen mit Farbe kenntlich gemacht, die beim Hochwasser 1955 [im Plan gelb, NaT] überflutet waren und die Flächen, die überflutet würden, wenn Hochwasserstände eintreten würden, die jeweils um 0,50 [im Plan blau, NaT] und 1,00 m [im Plan rot, NaT] höher wären als 1955.“[6]

Es waren demnach nicht nur bereits abgelaufene Hochwasser verzeichnet, sondern eine zusätzliche zweistufige Skalierung für künftig zu erwartende Pegelstände gegeben.

Weiterhin hoben Nummern einzelne Flächen hervor, denen eine besondere Kritikalität zugeschrieben wurde (siehe dazu Abbildung 10). Mit 1) waren Hafen- und Industrieanlagen markiert. Hierzu hieß es, dass sich der Schutz aufgrund der vor Ort verbauten Gleisanlagen, Straßen und Umschlagseinrichtungen nur schwer realisieren lasse. Im Überschwemmungsfall wären somit „unübersehbare Produktionsausfälle zu erwarten.“[7] Unter 2) wies der Plan bewohnte Flächen aus: Während der Bereich nördlich des Neckars zwar mit „sehr erheblichen Schwierigkeiten der Verkehrsführung“[8] zu sichern sei, könne das Gebiet am linken Neckarufer „durch irgendwelche Absperrmaßnahmen gegen Überflutungen nicht gesichert werden.“[9] Mit 3) waren Verkehrs- und Grünflächen gekennzeichnet. Im vorliegenden Szenario betraf es insbesondere die Rheinbrücke als Verbindung zwischen Ludwigshafen und Mannheim. Diese wäre dann „durch Überflutung unterbrochen“[10], da das Auf- und Abfahren nicht mehr möglich gewesen wäre. Im Abschlussstatement trat noch eine weitere Problematik zutage:

> „Außerdem ist für die Gemarkung Mannheim zu beachten, daß die kritischen Hochwasserhöhen in Mannheim unterhalb der Neckarmündung beim Zusammentreffen von Rhein- und Neckarhochwasser entstehen. [...] Bei Beschleunigung des Ablaufes des Rheinhochwassers erhöht sich die Gefahr eines Zusammentreffens mit dem Neckarhochwasser erheblich. Dadurch entsteht die Gefahr, daß unterhalb der Neckarmündung die Wasserstände noch höher werden als im Plan, der auf die Hochwasserhöhen 1955 abgestimmt ist, angegeben und zwar jeweils um ca. 0,30 m.“[11]

6 Erläuterungsbericht der Stadt Mannheim, Dez. VII, betr. Überflutungsgebiet des Rheins Gemarkung Mannheim (26.07.1967). In: Marchivum | Bestand HR 42/1975 Akte Nr. 619: o.P.

7 Ebd.: o.P.

8 Ebd.: o.P.

9 Ebd.: o.P.

10 Ebd.: o.P.

11 Ebd.: o.P.

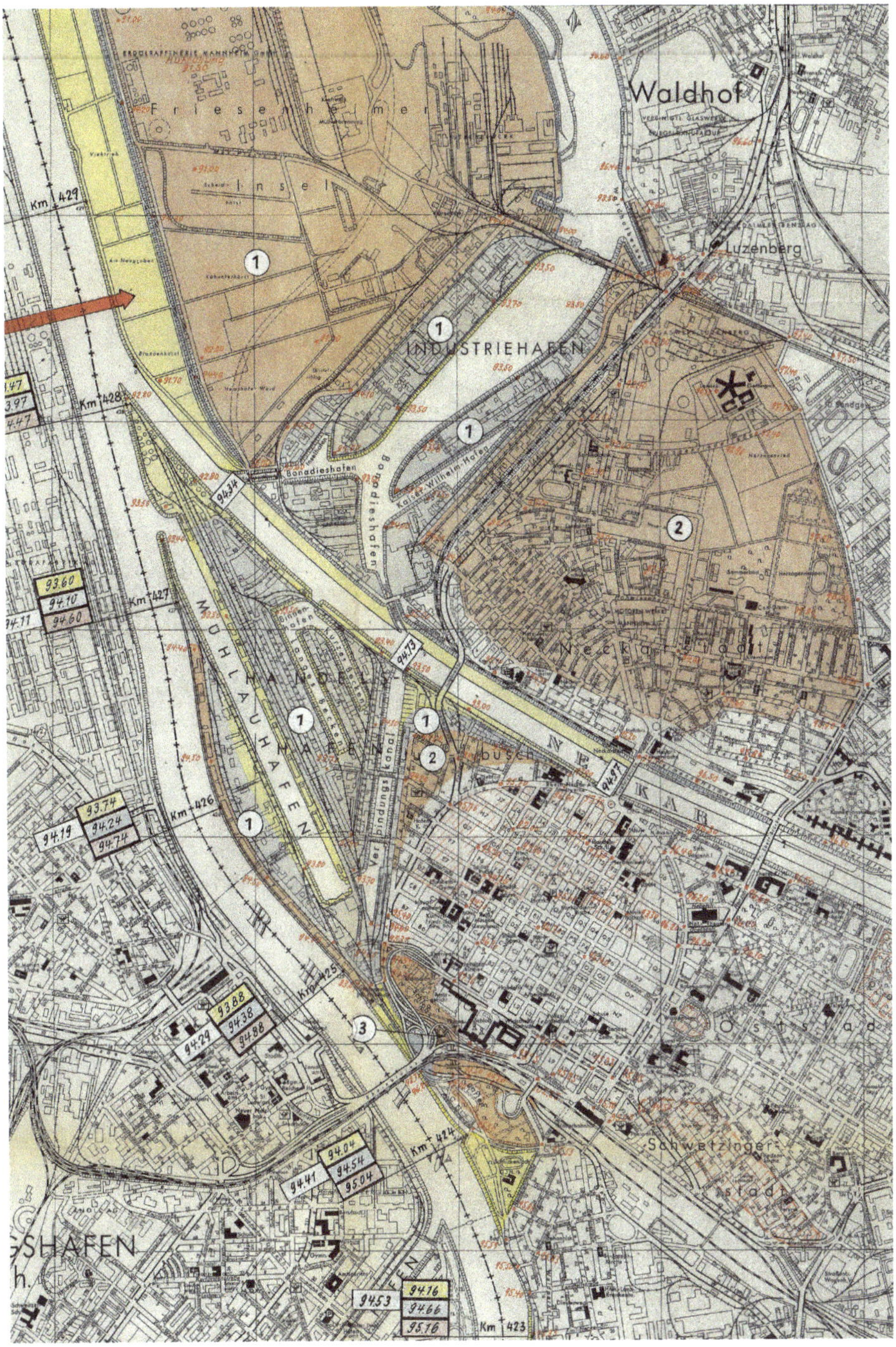

Abb. 10: Überflutungsgebiet auf der Gemarkung Mannheim (1967), Ausschnitt

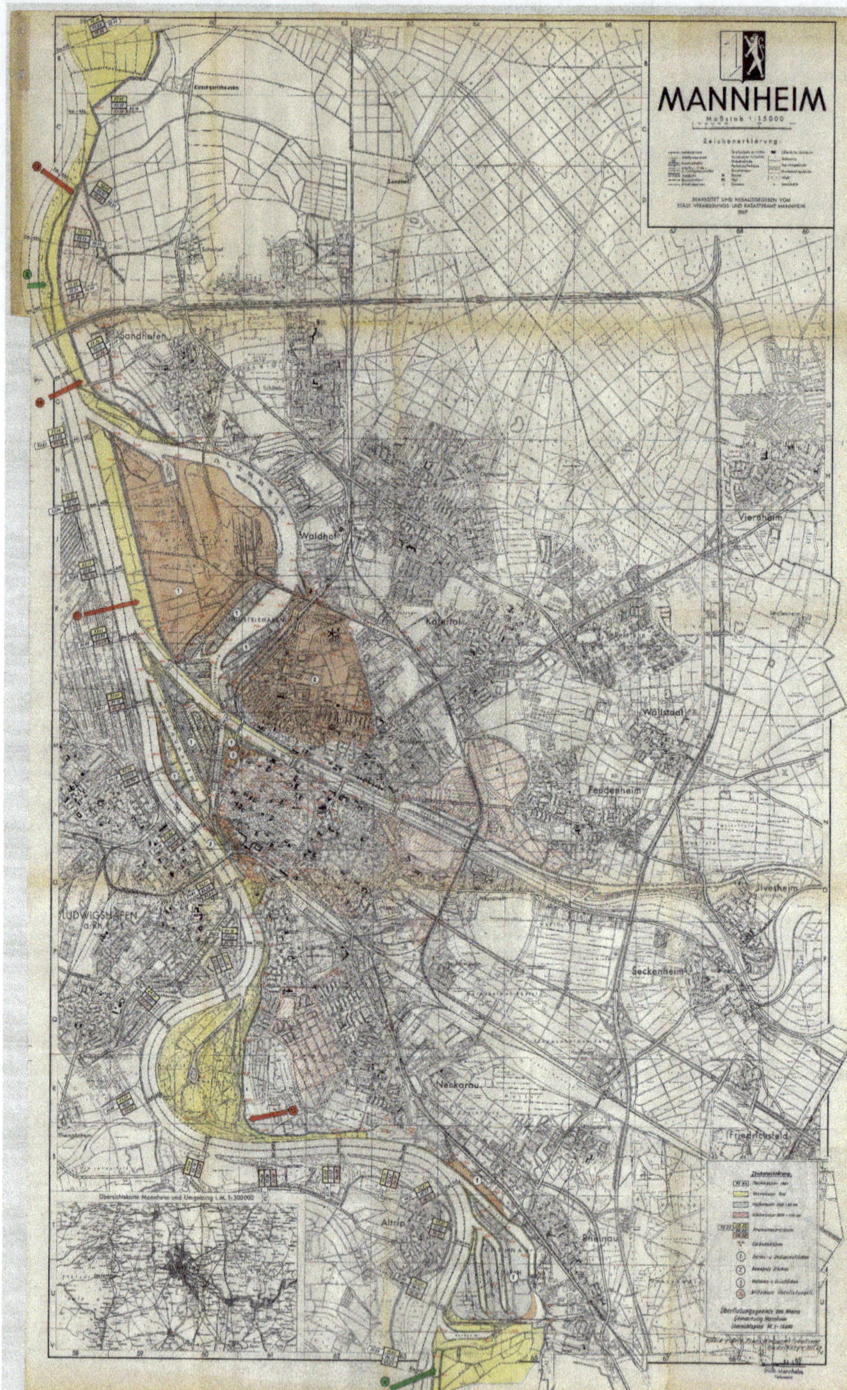

Abb. 11: Überflutungsgebiet auf der Gemarkung Mannheim (1967)

Die befürchtete erhöhte Abflussgeschwindigkeit ließ sich direkt auf den Ausbau der Staustufen zurückführen, sodass die lokalen Auswirkungen dieses transnationalen Projekts deutlich wurden. Des Weiteren unterstrich der Kommentar die Schwierigkeiten einer exakten Vorhersage, da noch von einigen Unwägbarkeiten ausgegangen werden musste. Die Stadt Mannheim legte mit ihrem Bericht und vor allem mit der Visualisierung der Ergebnisse eine Form des Vulnerabilitäts-Mappings vor, in dem verschiedene, teilweise in ihrer Funktion geclusterte Bereiche und ihre Verwundbarkeit gegenüber unterschiedlichen Wasserständen sichtbar wurden. Festzuhalten ist jedoch, dass in diesem Stadium noch keine Preparedness & Prevention-Strategien diskutiert wurden.

Diese Praxis der Hochwasserkarten stellte jedoch keine Neuerung des 20. Jahrhunderts dar. Wie bereits gezeigt, wurde schon das Elbhochwasser von 1845 für den Dresdner Raum mehrfach kartografisch aufgearbeitet (siehe Abbildung 5 und 6). Bis heute bildet die Erstellung solcher thematischer Gefahrenkarten einen Baustein im Hochwasserrisikomanagement. Mittlerweile ist sie zudem gesetzlich verankert und wird nun mittels neuer Techniken, beispielsweise durch 3D-Darstellungen, modifiziert.[12] Trotz dieser vorangeschrittenen Etablierung scheint allerdings selbst im neuen Jahrtausend noch „ein dringender Bedarf an flächendeckenden Hochwassergefahrenkarten“[13] zu bestehen, sodass sich 2004 Wissenschaftlerinnen und Wissenschaftler hydrologischer Disziplinen zum Austausch trafen. Die Debattenbeiträge rund um das Thema Hochwassergefahrenkarten wurden schließlich im *Forum für Hydrologie und Wasserbewirtschaftung* abgedruckt.[14] Hervorzuheben ist, dass die Beitragenden insbesondere für die Integration der historischen Hochwasserdaten plädieren und die Karten nicht nur für den operativen Einsatz nutzbar machen wollen, sondern darin auch die Möglichkeit sehen, ein nachhaltiges Hochwassergefahrenbewusstsein aufzubauen.[15]

4.1.2 Raumplanerischer und baulicher Schutz

Welche Erkenntnisse können und konnten nun allerdings anhand der Beschreibungen und Grafiken gewonnen und welche Maßnahmen davon abgeleitet werden? Deutlich wurde, welche Räume und Flächen durch Hochwasser gefährdet sind, da sie bei vergangenen Ereignissen bereits überschwemmt worden waren. Dieses Wissen konnte als Grundlage für raumplanerische Entscheidungen dienen, indem beispielsweise Hochwasser-Linien etabliert wurden. Diese zeigten an, welche Gebiete

12 Fröhlich 2013: 613–615.
13 Reich 2005: 33.
14 Kleeberg 2005.
15 Ruiz Rodriguez 2005; Beyene 2005.

hochwassergefährdet waren und ermöglichten, dort bestimmte Auflagen durchzusetzen. So konnte auf diesen identifizierten Flächen ein Bebauungsverbot ausgesprochen werden, ein verschärftes Baurecht zum Tragen kommen oder die Eigentümer zu bestimmten Maßnahmen verpflichtet werden. Für gewöhnlich hatten diese auf Anordnung dafür zu sorgen, dass im Falle eines Hochwassers der Abfluss nicht behindert würde und die betroffene Fläche als Retentionsraum zur Verfügung stünde.

Die Dresdner Elbauen bilden hier ein gutes Beispiel: Am linken Ufer, östlich der Innenstadt, erstrecken sich bis heute weite Wiesenflächen, die durchaus als attraktives Bauland galten. Allerdings zeigte die Auswertung vergangener Hochwasser, dass diese Räume immer wieder als Überflutungsflächen dienten, und zwar bevor die Hochwasserwelle die Stadt erreichen konnte. Durch ihr Bestehen entschärften diese freigehaltenen Flächen also auch die Auswirkungen im innerstädtischen Bereich. Die Elbauen verfügten demnach über eine abmildernde Funktion im städtischen Hochwasserschutz. Außerdem – dieser Faktor ist mit Verweis auf die Debatte[16] rund um die Waldschlößchenbrücke und den (verlorenen) Status der Elbtal-Landschaft als UNESCO-Weltkulturerbe nicht zu unterschätzen – blieben durch die unbebauten Uferflächen die Sichtbeziehungen zwischen dem Dresdner Stadtpanorama und den Elbhängen bestehen.[17]

Retentionsräume können jedoch nicht nur als raumplanerische Unterstützung im Hochwasserschutz angesehen werden, denn sie sind eben auch Gefahrengebiet. Das Schadensausmaß eines Hochwasserereignisses lässt sich deshalb zusätzlich reduzieren, wenn gerade in solchen Gefahrengebieten nicht das Risiko einer dauerhaften Bebauung eingegangen wird. Obwohl diese Argumentation bereits in den 1920er Jahren vertreten wurde, scheint der Drang nach Bebauung dieser flussnahen Gebiete dennoch gleichermaßen hoch. Folglich wird dieser Ansatz bis heute immer wieder neu in die Hochwasserschutz-Diskussionen eingebracht. Baurat Soldan äußerte sich in dieser Form beispielsweise 1927 im *Zentralblatt der Bauverwaltung* zum Zusammenhang zwischen Schaden, Gefahr und Risiko und bezog sich dabei auf zeitgenössische Urbanisierungsprozesse:

> „Wenn die Hochwässer der letzten Jahre besonders schwer empfunden worden sind, so liegt dies nicht nur an ihrer ungewöhnlichen Größe, sondern auch daran, daß in unseren Flußtälern viel größere Werte aufgespeichert sind als früher. Die Städte sind gewachsen."[18]

Ausgewiesene Hochwassergebiete wirken also zum einen abmildernd als Retentionsraum und verringern zum anderen durch dort erlassene Bauverbote mögliche

16 Lehrstuhl und Institut für Städtebau und Landesplanung RWTH Aachen 2006.

17 Korndörfer 2001; Korndörfer 2003.

18 Soldan, Die großen Schadenhochwässer der letzten Jahre und ihre Ursachen. In: Zentralblatt für Bauverwaltung (1927): 237.

Wertschäden. Allerdings waren die Gebiete am Ufer ebenso nützliche Ablagerungsorte oder dienten zur Errichtung temporärer Bauten. Von 1874 bis 1939 (und dann noch mal in den Jahren zwischen 1992 und 2003) fand beispielsweise das traditionsreiche Dresdner Volksfest *Dresdner Vogelwiese* auf dem gleichnamigen Gebiet am linken Elbufer statt. In den Festjahren 1897, 1926 und 1930 war der laufende Festbetrieb von Elbhochwasser betroffen.[19]

Abb. 12: Postkartengruß von der überschwemmten Vogelwiese (1897)

Obwohl es diese zur Erinnerung angefertigte Abbildung nicht direkt vermuten lässt, stellte die Überschwemmung der Vogelwiese während des Volksfests eine besondere Gefahr dar. Die durch das hohe Elbwasser mitgerissenen Schaubuden und Gegenstände hätten sich in den Brückenbögen der innerstädtischen Überquerungen ansammeln und dort für zusätzliche Aufstauungen sorgen können. Dies war ein weiterer Grund für die Erlassung besonderer Bestimmungen für die durch Hochwasser gefährdeten Gebiete. Sie galten auch und besonders dann, wenn nur temporäre Bauten errichtet wurden.

Die Analyse von über 20 Anfragen von privater, gewerblicher und städtischer Seite zur dauerhaften oder auch nur vorübergehenden Errichtung von Bauten innerhalb der Hochwasserlinie im Dresdner Stadtgebiet unterstreicht diesen Befund.

19 Naumann 2017: 80–81.

Im untersuchten Konvolut aus den Jahren 1930 bis 1932 genehmigten die Amtshauptmannschaft Dresden als Elbstromamt und das Finanzministerium in der Regel die Vorhaben oder schrieben geringfügige Änderungen vor. In vielen Fällen wurden der Genehmigung allerdings, in Abstimmung mit dem Bauamt, Auflagen beigefügt, die direkt auf das mögliche Eintreten eines Hochwassers Bezug nahmen. Einige von ihnen traten bereits während der Bauphase in Kraft, so wurde beispielsweise gefordert, Baumaterialien „abzufahren und außerhalb des Überschwemmungsgebiets abzulagern"[20].

Dabei handelte es sich um kein Dresdner Spezifikum, denn in Mannheim gestaltete sich die Lage für zukünftige Bauherren nicht minder aufwendig. Veranschaulichen lässt sich dies am Baugesuch der Firma *Gebrüder Minthe & Co.* Aus den Unterlagen geht hervor, dass die Firma vorsah, einen „fahrbaren Drehkran"[21] am rechten Neckarufer in der Nähe der Friedrichsbrücke zu errichten. Das Badische Rheinbauamt wandte sich deshalb an das Badische Bezirksamt in Mannheim und wies auf die Problematik des Vorhabens hin:

> „Hierbei handelt es sich um die Errichtung einer dauernden Anlage im Hochwasserbereich eines öffentlichen Gewässers, durch die unter Umständen nachteilige Einwirkungen auf den Hochwasserabfluss hervorgerufen werden können. Das Vorhaben bedarf daher der wasserpolizeilichen Genehmigung nach § 99 Wassergesetz."[22]

Bis allerdings diese gewünschte Genehmigung durch das Badische Bezirksamt ergehen konnte, vergingen vier weitere Monate. Zudem wurde mitgeteilt, dass sie „jederzeit im öffentlichen Interesse ohne Entschädigung widerrufen werden"[23] könne. Anschließend wurden der Firma noch die erlassenen Bedingungen eröffnet, die zum Teil abermals einen direkten Bezug zur exponierten Lage im Hochwassergebiet hatten:

> „2.) In der Zeit vom 1. Dezember bis 31. März sowie bei drohendem Hochwasser muß der Kran aus dem Hochwasserdurchflußquerschnitt des Neckars völlig entfernt werden. [...]

---

20 Exemplarisch: Sächsisches Finanzministerium, Abt. II, Dresden an Amtshauptmannschaft Dresden, Aktz. 826 WP (29.04.1931). In: Sächsisches Staatsarchiv, Hauptstaatsarchiv Dresden | Bestand 10851 Akte Nr. 13540: o.P.

21 Badisches Rheinbauamt, Mannheim an Badisches Bezirksamt, Abt. IV, Mannheim, betr. Das Baugesuch der Firma Gebr. Minthe & Co. Aufstellung eines Krans auf dem rechten Neckarufer, am weissen Sand (04.10.1928). In: Landesarchiv Baden-Württemberg, Generallandesarchiv Karlsruhe | Bestand 426 Zugang 1986-45 Akte Nr. 81: o.P.

22 Ebd.: o.P.

23 Badisches Bezirksamt, Abt. IV, Mannheim an Badisches Rheinbauamt, Mannheim, betr. Baugesuch der Firma Minthe & Co. Aufstellung eines Krans auf dem rechten Neckarufer am weißen Sand km 3,550 (21.02.1929). In: Landesarchiv Baden-Württemberg, Generallandesarchiv Karlsruhe | Bestand 426 Zugang 1986-45 Akte Nr. 81: o.P.

4.) Es darf nur soviel Kies auf dem Neckarvorland gelagert werden, als bei drohendem Hochwasser an einem Tag entfernt werden kann."[24]

Bemerkenswert ist, dass sich die Behörden bei ihrer Genehmigung nicht auf konkrete Pegelwerte bezogen, sondern viel mehr den Faktor Zeit in doppelter Hinsicht als Grundlage beanspruchten. Zum einen rechneten sie wohl aufgrund der vorhergehenden Hochwasserbeobachtungen zwischen Dezember und März mit erhöhter Hochwassergefahr, sodass sie die Aufstellung für diesen Zeitraum ablehnten. Zum anderen wurde die Menge an Kies, die gelagert werden durfte, nicht in einer üblichen Größe angegeben, sondern darüber definiert, dass sie innerhalb eines Tages entfernt werden könne. Wenn das Neckarvorland bei Mannheim auch nicht so eine identitätsstiftende Funktion für die Stadt hatte, wie es für die Elbauen in Dresden gilt, so sollte es dennoch im Sinne des Hochwasserschutzes freigehalten werden.

Als weiterer Befund lässt sich festhalten, dass Hochwasserlinien und die dadurch bestimmten Gebiete nicht dauerhaft statisch festgelegt waren. Unter Rücksichtnahme der Veränderungen im Flussbett und neuer Berechnungsmethoden kam es im Untersuchungszeitraum gelegentlich zu Neufestsetzungen der Hochwasserlinien. Dies geschah etwa, wenn durch bauliche Maßnahmen Flächen geschützt werden konnten. Die raumplanerische Perspektive im Hochwasserschutz bestand nicht nur darin, einen möglichst hindernisfreien Abfluss im Überschwemmungsgebiet zu gewährleisten. Gerade zugunsten der wachsenden Städte wurde die Errichtung von Schutzbauten verfolgt, wodurch weitere Bau- und Ackerflächen nutzbar gemacht werden konnten. Diese Schutzstrategie benötigte allerdings in ihrer Vorbereitung deutlich mehr Zeit, bis sie die erhofften Zwecke erfüllte. Langjährige Planungs- und Bauprozesse konnten nicht immer innerhalb der hochwasserfreien Phasen umgesetzt werden, sodass sich die Realisierung zusätzlich erschwerte. Schon vor Beginn des Untersuchungszeitraumes waren in beiden Städten Dämme zum Schutz errichtet worden, sodass es während der Zeit nicht dazu kam, dass ganze Deichsysteme neu konzipiert wurden. Vielmehr handelte es sich bei den Baumaßnahmen um die Integration oder Erweiterung einzelner Dammstrecken. Als Bemessungsgrundlage für die benötigte Höhe dienten wiederum die bereits vorliegenden Hochwasseranalysen und Pegelbeobachtungen vergangener Jahre. Die bestehenden und nun neu zu integrierenden Schutzbauten wirkten sich jedoch nicht nur auf die vermeintliche Sicherheit in den so zu schützenden Gebieten aus, sie hatten auch einen Effekt auf den Fluss. So stellten sie doch zugleich ein Hindernis im Abflussgebiet dar. Zum Planungsprozess gehörte deshalb gleichermaßen, zu berechnen, wie sich der Damm

24 Badisches Bezirksamt, Abt. IV, Mannheim an Badisches Rheinbauamt, Mannheim, betr. Baugesuch der Firma Minthe & Co. Aufstellung eines Krans auf dem rechten Neckarufer am weißen Sand km 3,550 (21.02.1929). In: Landesarchiv Baden-Württemberg, Generallandesarchiv Karlsruhe | Bestand 426 Zugang 1986-45 Akte Nr. 81: o.P.

auf die Hochwasserwelle auswirken könnte und welche Folgen flussabwärts zu erwarten waren.

Das Stadtgebiet durch Hochwasserdämme zu schützen, stellte jedoch lediglich eine Möglichkeit der Präventivmaßnahmen dar. Im Mannheimer Rathaus ging man beispielsweise Mitte der 1920er Jahre einen anderen Weg: Für einen Teil des Jungbusch-Gebiets am linken Neckarufer sollte der Hochwasserschutz durch „Erstellung einer wasserdichten Schutzmauer“[25] erfolgen. Da die Stadt Mannheim eine Mitverantwortung beim Badischen Bauamt sah, sind ausführliche Begründungen, Berechnungsgrundlagen und Pläne zu dem Vorhaben überliefert, sodass sich die Argumentation und Planungsweise von Seiten der Stadt gut nachvollziehen lässt. Zur Notwendigkeit des Vorhabens führte das Tiefbauamt Folgendes aus:

> „Das Gebiet der Neckarvorlandstrasse, der Grabenstrasse und der Holzstrasse liegt z.Zt. noch im Überschwemmungsgebiet des Neckars und zwar werden die tiefgelegenen Teile der Neckarvorlandstrasse schon bei Wasserständen des Neckars, die + 8,10 m a.P. übersteigen, überflutet. Bei steigendem Wasserstand breitet sich das Wasser alsdann zunächst über die ganze Neckarvorlandstrasse bis zu der auf die hochwasserfreie Seilerstrasse führende Rampe aus, um schließlich auch die angrenzende Grabenstrasse und die Holzstrasse zu überfluten. Bei dem für den Schutz in Betracht kommenden höchsten Wasserstand, der entsprechend dem Hochwasser vom Jahre 1882 auf 94,82 m + N.N. angenommen ist, steht das Wasser in der Grabenstrasse bis zur Grundstücksgrenze zwischen den Häusern Grabenstrasse No 1 und No 3 und in der Holzstrasse bis zur Ecke bei der Einmündung der Schanzenstrasse.“[26]

Das Gebiet sei seit dem Jahr 1882 an insgesamt 25 Tagen „in Mitleidenschaft gezogen“[27] worden, während des Hochwassers 1882/83 allein 12 Tage am Stück und in der jüngeren Vergangenheit hätten die Überschwemmungen um Weihnachten 1919 größeren Schaden erzeugt. Die weiteren Planungen durch das Tiefbauamt erfolgten jedoch auf Grundlage der Werte des 1882er Hochwassers. Die schriftlichen Ausführungen wurden durch Pläne und Längsschnitte der betroffenen Straßen visuell unterstützt. So zeigt der beigelegte Stadtplan (Abbildung 13) zum einen das mögliche Überschwemmungsgebiet für ein Hochwasserereignis mit den Werten von 1882 (blau) sowie davon ausgehend für die Pegelwerte 9,20 m (grün) und 8,70 m (gelb). In Rot ist schließlich die Lage der geplanten Mauer gekennzeichnet.

---

25 Bericht des Tiefbauamtes, Mannheim, betr. Schutz des unter dem Einfluss des Neckars liegenden Teiles des Jungbuschgebietes gegen Hochwasser ([08.09.1926]). In: Marchivum | Bestand III 37/1971 Akte Nr. 521: o.P.

26 Ebd.: o.P.

27 Oberbürgermeister, Mannheim an Badisches Bauamt, betr. Eindeichung des Jungbuschgebietes (Neckarvorland-, Graben- und Holzstrasse) zum Schutze gegen Hochwasser (08.09.1926). In: Marchivum | Bestand III 37/1971 Akte Nr. 521: o.P.

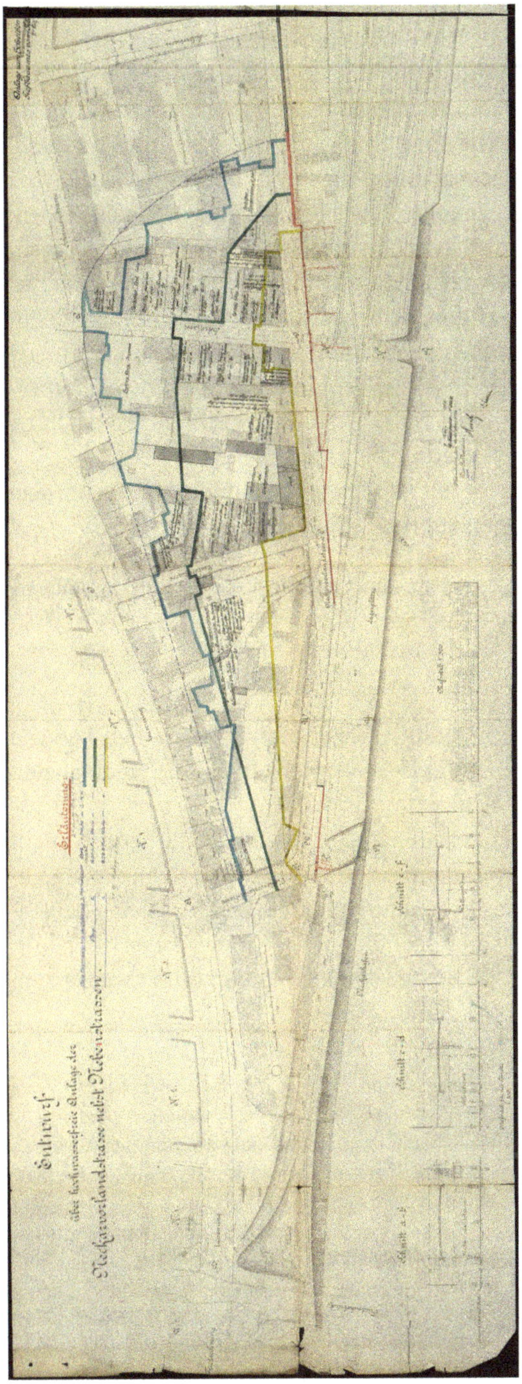

Abb. 13: Entwurf über Hochwasserschutzmaßnahmen im Jungbusch (1926)

Auf dieser planerischen Darstellung wurde ebenfalls der bereits vorhandene „bauliche Zustand des gefährdeten Gebietes“[28] deutlich und darauf fußte die Begründung, weshalb der Schutz durch einen gewöhnlichen Erddamm nicht möglich sei. Dieser Einschätzung folgte die Badische Wasser- und Straßenbaudirektion und da durch die Mauer der Flussquerschnitt des Neckars nicht eingeschränkt werde, seien „vom Standpunkt des Hochwasserschutzes keine technischen Bedenken“[29] zu erheben. Die Bereitschaft des badischen Staates, sich am finanziellen Aufwand zu beteiligen, hielt sich dennoch in Grenzen. Die Wasser- und Straßenbaudirektion lieferte hierfür gegenüber dem Rheinbauamt eine aus dem Blickwinkel des vorsorgenden Hochwasserschutzes recht schlüssige Argumentationsstütze: Da „die hier in Rede stehenden Gebäude von ihren Erbauern mit Bewusstsein in das Ueberschwemmungsgebiet gestellt wurden, [könne] aus diesem Grunde der Staat nicht zur Herstellung des Hochwasserschutzes dieser Gebäude verpflichtet sein [...]“[30].

Das Rheinbauamt hatte bereits zuvor mit mäßigem Verständnis auf die Anfrage aus Mannheim reagiert und bezog in spitzem Ton Stellung:

> „Genügt der bestehende ~~u.E. ausreichende~~ Dammschutz neuerdings den gesteigerten Anforderungen der Stadt Mannheim nicht mehr, und will diese die Verhältnisse, die in ähnlicher Weise in den tiefgelegenen Teilen fast aller an Flüssen gelegenen Städte auftreten, verbessert wissen, so soll einem solchen Vorhaben ~~gewiss~~ nichts im Wege stehen [...].“[31]

Letzteres bezog sich allerdings lediglich darauf, dass das Rheinbauamt, ebenso wie die anderen badischen Behörden, keine technischen Bedenken hatte. Eine finanzielle Verantwortung erkannten auch sie nicht.

Die Errichtung der baulichen Schutzmaßnahmen allein reichte jedoch nicht aus: Die erwünschte Wirkung konnte nur dann eintreten, wenn die Schutzbauten in gutem Zustand waren. Für die Hochwasserdämme bedeutete dies, dass eine Delegation aus Angehörigen der Stadt- und Landesbehörden diese in der Regel bei jährlichen Begehungen kontrollierte. Über die so gewonnenen Erkenntnisse wurde zum

---

28 Oberbürgermeister, Mannheim an Badisches Bauamt, betr. Eindeichung des Jungbuschgebietes (Neckarvorland-, Graben- und Holzstrasse) zum Schutze gegen Hochwasser (08.09.1926). In: Marchivum | Bestand III 37/1971 Akte Nr. 521: o.P.

29 Badische Wasser- und Straßenbaudirektion, Karlsruhe an Badisches Rheinbauamt, Mannheim, betr. Eindeichung des Jungbuschgebietes Neckarvorlandstrasse, Graben- und Holzstrasse zum Schutze gegen Hochwasser (18.02.1927). In: Landesarchiv Baden-Württemberg, Generallandesarchiv Karlsruhe | Bestand 426 Zugang 1980-44 Akte Nr. 323: o.P.

30 Ebd.: o.P.

31 Badischen Rheinbauamt, Mannheim an Direktion, Eindeichung des Jungbuschgebietes Neckarvorlandstrasse, Graben- und Holzstrasse zum Schutze gegen Hochwasser. [Entwurf] (25.10.1926). In: Landesarchiv Baden-Württemberg, Generallandesarchiv Karlsruhe | Bestand 426 Zugang 1980-44 Akte Nr. 323: o.P. [Hervorhebung im Original]

einen intern Bericht abgelegt, zum anderen auch in der Tagespresse informiert.[32] Der *Mannheimer Morgen* erläuterte beispielsweise 1973 nicht nur den Ablauf der Deichschau und den Zustand der Dämme, sondern berichtete weiterhin, dass tierische Hilfe im Einsatz gewesen sei:

> „Der Dackel ‚Seppele‘ steter Begleiter von Dr. Spindler [von der Oberfinanzdirektion Karlsruhe, NaT], wird ‚ganz narrisch‘, wenn er auf der Deichkrone einen Karnickelbau oder ein Rattenloch findet. Wird der Befall mit Nagern zu groß, muß Gift gelegt werden.“[33]

4.1.3 Organisation der Wasserwehr

Die vorgestellten baulichen Maßnahmen sollten vor allem der Prävention von Überschwemmungen im Stadtgebiet und daraus resultierenden Schäden dienen. Eine andere, parallel verfolgte Strategie war es, sich auf die akute Hochwasserabwehr vorzubereiten. Dieses Konzept der Wasserwehr bestand in beiden Städten schon weit vor dem Untersuchungszeitraum. Für Mannheim lässt sich die erste organisierte Wasserwehr im 19. Jahrhundert nachweisen. In einem Zeitungsartikel der 1920er Jahre wird als Gründungsmotivation das Hochwasser im Jahr 1824 genannt:

> „Außer Verstärkung und Erhöhung der Dämme gehörte zu den Vorkehrungsmaßnahmen die Begründung einer Wasserwehr. Noch im November 1824 erhielt die Stadtverwaltung den Auftrag, ein Verzeichnis der tauglichsten Grundarbeiter (d.h. Vorarbeiter) fertigen zu lassen und aus diesen 3 Kompagnien Notarbeiter für die Wassergefahr zu bilden; für jede Kompagnie sei ein verlässiger Anführer und für jede Rotte zu 20 Mann ein tüchtiger Obmann zu bestimmen. [...] Die ganze Einrichtung müsse so gemacht werden, daß sie gleich der Feuerordnung jährlich erneuert werde.“[34]

Im untersuchten Quellenkorpus finden sich für den beobachteten Zeitraum 20 ähnlich strukturierte Organisationspläne für die Stadt Mannheim. In einigen Dekaden sind die jährlichen Pläne nahezu lückenlos überliefert, andere konnten nicht vollständig eingesehen werden. Auffällig sind jedoch die grundsätzlichen Gemeinsamkeiten der Pläne in ihrem Aufbau. Stets beinhalten die Dokumente Angaben zur Einsatzleitung, wie die Namen, Verantwortungsbereiche und Kontaktdaten. Schließlich erfolgt die Auflistung der Dammwachen sowie eine Aufteilung in die verschiedenen Dammstrecken, denen wiederum Wachgruppen-Obmänner und Wachabschnittsleiter zugewiesen wurden. Zusätzlich gibt es Angaben zum vorhandenen Material,

---

32 Tiefbauamt, Mannheim an Oberbürgermeister, Mannheim, betr. Hochwasserdienst (28.11.1952). In: Marchivum | Bestand HR 42/1975 Akte Nr. 619: Bl. 89.

33 SIEGELMANN, Behörden-Delegation auf „Deichschau“: Die Dämme rings um die Stadt zeigen dem Hochwasser die Zähne. In: Mannheimer Morgen (05.11.1973).

34 F.W., Die große Wassernot im Jahre 1824. In: Neue Mannheimer Zeitung (09.11.1924).

entweder über den jeweiligen Lagerungsort oder welche Ausrüstung und Kfz den jeweiligen Abschnittsgruppen bereits zur Verfügung standen. Vereinzelt liegen noch weitere Personal- und Materialaufstellungen vor, die nicht direkt im Wasserwehrplan Niederschlag gefunden hatten. Darin wurden in erster Linie die Kapazitäten von Polizei, Feuerwehr, THW und Rotem Kreuz vermerkt.[35] Auffällig ist nicht nur die Kontinuität im Aufbau, sondern ebenso, dass teilweise wortgleiche Dienstanweisungen über längere Zeiträume galten, wie beispielsweise von 1931 bis 1942 oder 1955 bis 1968.[36] In diesen Fällen wurden lediglich Veränderungen an den Personalien in Form von Aktualisierungen vorgenommen. Im Anschluss an die Aufstellung der Hochwassereinsatzpläne wurden zudem Belehrungen mit allen beteiligten Personen – „[von den] für den Wasserwehrdienst eingeteilten Führungskräfte[n] bis zu den Wachgruppenobmännern einschl."[37] – abgehalten. Die lokalen Zeitgenossinnen und Zeitgenossen hatten allerdings offenbar ein Verständnis dafür entwickelt, dass eine ausführliche formale Vorbereitung allein nicht ausreichend sein könnte. Vielmehr galt es, die Expertise der einzelnen Beteiligten und ihr gemeinsam angesammeltes Erfahrungswissen auszuschöpfen.

---

35 Siehe dazu Plan des Tiefbauamtes, Mannheim, betr. Zusammenstellung der Hilfsmittel, die im Katastrophenfall von Behörden im Raume Mannheim eingesetzt werden können (20.11.1964). In: Marchivum | Bestand VI 39/1970 Akte Nr. 753: o.P.

36 Siehe dazu Plan zur Organisation der Wasserwehr (1931). In: Marchivum | Bestand VI 54/1969 Akte Nr. 672: o.P.; Plan zur Organisation der Wasserwehr (1933). In: Marchivum | Bestand VI 54/1969 Akte Nr. 672: o.P.; Plan zur Organisation der Wasserwehr (1934). In: Marchivum | Bestand VI 54/1969 Akte Nr. 672: o.P.; Plan zur Organisation der Wasserwehr (1936). In: Marchivum | Bestand VI 54/1969 Akte Nr. 672: o.P.; Plan zur Organisation der Wasserwehr (1939). In: Marchivum | Bestand VI 54/1969 Akte Nr. 672: o.P.; Plan zur Organisation der Wasserwehr (1940). In: Marchivum | Bestand VI 54/1969 Akte Nr. 672: o.P.; Plan zur Organisation der Wasserwehr (1941). In: Marchivum | Bestand VI 54/1969 Akte Nr. 672: o.P.; Plan zur Organisation der Wasserwehr (1942). In: Marchivum | Bestand VI 54/1969 Akte Nr. 672: o.P.; Plan zur Organisation der Wasserwehr (1955). In: Marchivum | Bestand VI 39/1970 Akte Nr. 752: o.P.; Plan zur Organisation der Wasserwehr (1957). In: Marchivum | Bestand VI 39/1970 Akte Nr. 752: o.P.; Plan zur Organisation der Wasserwehr (1962). In: Marchivum | Bestand VI 39/1970 Akte Nr. 753: o.P.; Plan zur Organisation der Wasserwehr (1963). In: Marchivum | Bestand VI 39/1970 Akte Nr. 753: o.P.; Plan zur Organisation der Wasserwehr (1964). In: Marchivum | Bestand VI 39/1970 Akte Nr. 753: o.P.; Plan zur Organisation der Wasserwehr (1965). In: Marchivum | Bestand VI 39/1970 Akte Nr. 753: o.P.; Plan zur Organisation der Wasserwehr (1966). In: Marchivum | Bestand VI 3/1974 Akte Nr. 573: o.P.; Plan zur Organisation der Wasserwehr (1967). In: Marchivum | Bestand VI 3/1974 Akte Nr. 573: o.P.; Plan zur Organisation der Wasserwehr (1968). In: Marchivum | Bestand VI 2/1975 Akte Nr. 1928: o.P.

37 Vermerk des Tiefbauamtes, Mannheim (06.12.1955). In: Marchivum | Bestand VI 39/1970 Akte Nr. 752: o.P.

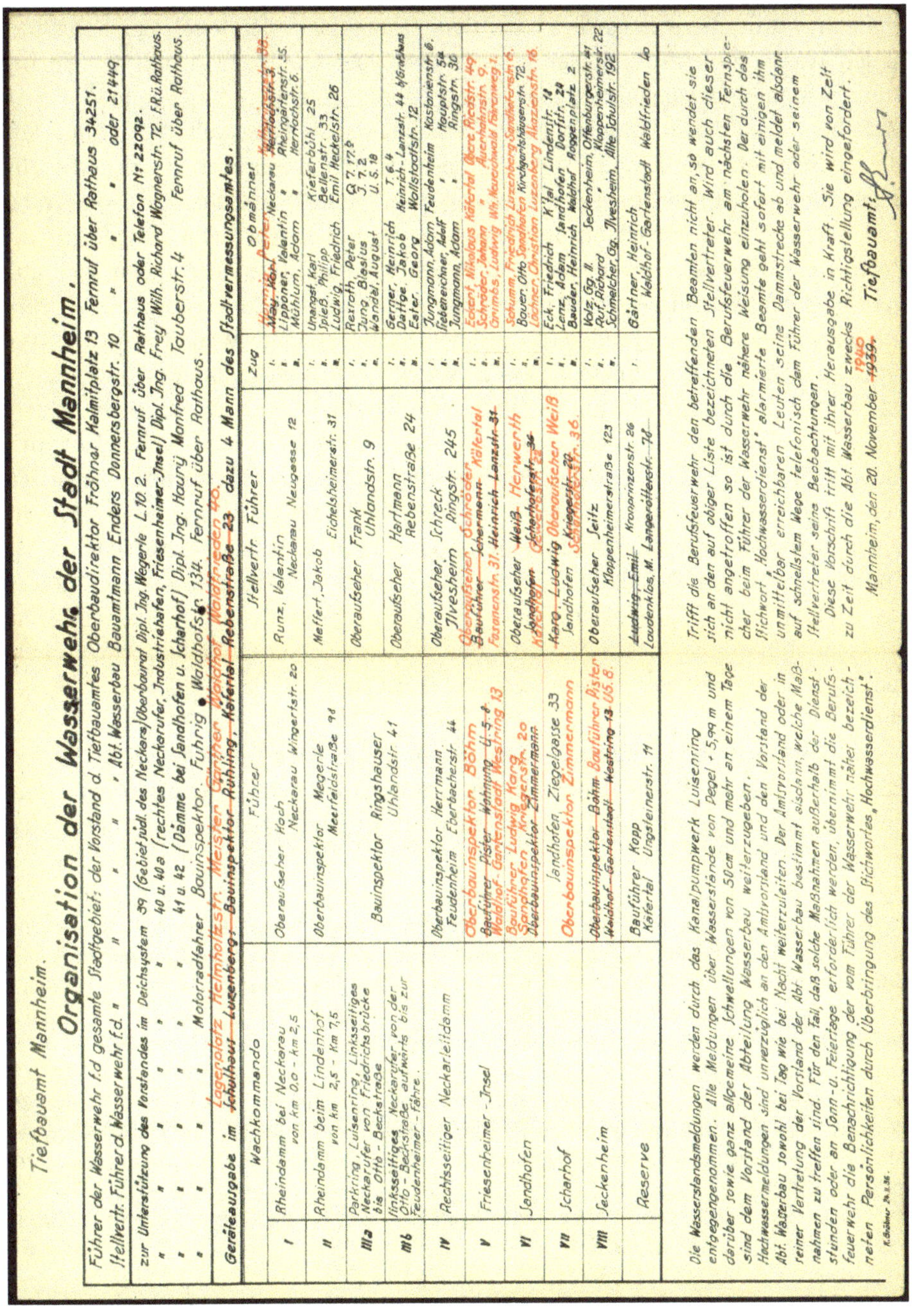

Tiefbauamt Mannheim.

Organisation der Wasserwehr der Stadt Mannheim.

Führer der Wasserwehr f.d. gesamte Stadtgebiet: der Vorstand d. Tiefbauamtes Oberbaudirektor Fröhner Kalmitplatz 13 Fernruf über Rathaus 34251.
Stellvertr. Führer d. Wasserwehr f.d. " " " , Abt. Wasserbau Bauamtmann Enders Donnersbergstr. 10 " " " oder 21449

zur Unterstützung des Vorstandes im Deichsystem 39 (Gebiet südl. des Neckars) Oberbaurat Dipl. Ing. Wegerle L.10.2. Fernruf über Rathaus oder Telefon Nr 22092.
" 40 u. 40a (rechtes Neckarufer, Industriehafen, Friesenheimer-Insel) Dipl. Ing. Frey Wilh. Richard Wagnerstr. 72. F.R.ü. Rathaus.
" 41 u. 42 (Dämme bei Sandhofen u. Scharhof) Dipl. Ing. Haunj Manfred Tauberstr. 4 Fernruf über Rathaus.
Motorradfahrer Bauinspektor Fuhrig, Waldhofstr. 134. Fernruf über Rathaus.
Lagerplatz Helmholtzstr. Meister Günther Waldhof Waldfrieden 40.
Geräteausgabe im Schulhaus Luzenberg: Bauinspektor Ruhling, Käfertal Rebenstraße 23 dazu 4 Mann des Stadtvermessungsamtes.

	Wachkommando	Führer	Stellvertr. Führer	Zug	Obmänner
I	Rheindamm bei Neckarau von km 0,0 - km 2,5	Oberaufseher Hoch Neckarau Wingertstr. 20	Runz, Valentin Neckarau Neugasse 12	I. II. III.	Hennig, Peter; Mey, Karl Neckarau Herrlachstr. 3; Lipponer, Valentin Rheingärtenstr. 35; Mühlum, Adam Herrlachstr. 6
II	Rheindamm beim Lindenhof von km 2,5 - km 7,5	Oberbauinspektor Megerle Meerfeldstraße 94	Meffert, Jakob Eichelsheimerstr. 31	I. II. III.	Uhangst, Karl Kiefernbühl 25; Spieß, Philipp Bellenstr. 33; Ludwig, Friedrich Emil Heckelstr. 26
IIIa	Parkring, Luisenring, Linksseitiges Neckarufer von Friedrichsbrücke bis Otto-Beckstraße	Bauinspektor Ringshauser Uhlandstr. 41	Oberaufseher Frank Uhlandstr. 9	I. II. III.	Rexroth, Peter Q 7. 17b; Jung, Blasius J. 7. 2; Wendel, August U. 5. 18
IIIb	linksseitiges Neckarufer von der Otto-Beckstraße aufwärts bis zur Feudenheimer-Fähre		Oberaufseher Hartmann Rebenstraße 24	I. II. III.	Gerner, Heinrich T. 6. 4; Dattge, Jakob Heinrich-Lanzstr. 44; Ester, Georg Wollstadtstr. 12
IV	Rechtsseitiger Neckarleitdamm	Oberbauinspektor Herrmann Feudenheim Eberbacherstr. 44	Oberaufseher Schreck Ilvesheim Ringstr. 245	I. II. III.	Jungmann, Adam Feudenheim Kastanienstr. 6; Fiebereichner, Adolf Hauptstr. 54; Jungmann, Adam Ringstr. 30
V	Friesenheimer-Insel	Oberbauinspektor Böhm; Bauführer Pister Wohnung U.5.6; Waldhof-Gartenstadt Westring 13	Oberaufseher Schröder Käfertal; Bauführer Schermann Heinrich Lanzstr. 31; Fasanenstr. 31	I. II. III.	Eckert, Nikolaus Käfertal Obere Riedstr. 49; Schröder, Johann Auerhahnstr. 9; Grimbs, Ludwig Wh. Neuerwald Föhrenweg
VI	Sandhofen	Bauführer Ludwig Kang Sandhofen Kriegerstr. 20; Oberbauinspektor Zimmermann	Oberaufseher Weiß Herwerth Sandhofen Gaswerkstr.	I. II. III.	Schumm, Friedrich Sandhofen; Bauer, Otto Sandhofen Kirchgartshäuserstr. 72; Löchner, Christian Luzenberg
VII	Scharhof	Sandhofen Ziegelgasse 33; Oberbauinspektor Zimmermann	Karg Ludwig; Oberaufseher Weiß Sandhofen Kriegerstr. 36	I. II. III.	Eck, Friedrich K'tal Lindenstr. 14; Lenz, Adam Sandhofen Dorfstr. 24; Bauder, Heinrich Waldhof Roggenplatz 2
VIII	Seckenheim	Oberbauinspektor Böhm Waldhof Gartenstadt Westring 13; Bauführer Pister U.5.8	Oberaufseher Seitz Kloppenheimerstraße 123	I. II. III.	Volz, Gg. II Seckenheim Offenburgerstr. 41; Rut, Richard Kloppenheimerstr. 22; Schmelcher, Gg. Ilvesheim Alte Schulstr. 192
	Reserve	Bauführer Kopp Käfertal Ungsteinerstr. 11	Ludwig, Emil Kronprinzenstr. 26; Laudenklos, M. Langerötterstr. 78	I.	Gärtner, Heinrich Waldhof-Gartenstadt Waldfrieden 40

Die Wasserstandsmeldungen werden durch das Kanalpumpwerk Luisenring entgegengenommen. Alle Meldungen über Wasserstände von Pegel + 5,99 m und darüber sowie ganz allgemeine Schwellungen von 50 cm und mehr an einem Tage sind dem Vorstand der Abteilung Wasserbau weiterzugeben. Hochwassermeldungen sind unverzüglich an den Amtsvorstand und den Vorstand der Abt. Wasserbau sowohl bei Tag wie bei Nacht weiterzuleiten. Der Amtsvorstand oder in seiner Vertretung der Vorstand der Abt. Wasserbau bestimmt alsdann, welche Maßnahmen zu treffen sind. Für den Fall, daß solche Maßnahmen außerhalb der Dienststunden oder an Sonn- u. Feiertage erforderlich werden, übernimmt die Berufsfeuerwehr die Benachrichtigung der vom Führer der Wasserwehr näher bezeichneten Persönlichkeiten durch Überbringung des Stichwortes „Hochwasserdienst".

Trifft die Berufsfeuerwehr den betreffenden Beamten nicht an, so wendet sie sich an den auf obiger Liste bezeichneten Stellvertreter. Wird auch dieser nicht angetroffen so ist durch die Berufsfeuerwehr am nächsten Fernsprecher beim Führer der Wasserwehr nähere Weisung einzuholen. Der durch das Stichwort „Hochwasserdienst" alarmierte Beamte geht sofort mit einigen ihm unmittelbar erreichbaren Leuten seine Dammstrecke ab und meldet alsdann auf schnellstem Wege telefonisch dem Führer der Wasserwehr oder seinem Stellvertreter seine Beobachtungen.

Diese Vorschrift tritt mit ihrer Herausgabe in Kraft. Sie wird von Zeit zu Zeit durch die Abt. Wasserbau zwecks Richtigstellung eingefordert.

Mannheim, den 20. November ~~1939~~ 1940

Tiefbauamt:

Abb. 14: Überarbeiteter Plan zur Organisation der Wasserwehr in Mannheim (1940)

Sichtbar wurde diese Einstellung vor dem Hintergrund der Verabschiedung des neuen Wassergesetzes für Baden-Württemberg vom 1. März 1960; mit seinem Inkrafttreten hatten „die bisherigen Wasserwehren aufgehört zu bestehen."[38] Für Mannheim hieß das, dass anstelle des Tiefbauamtes die Feuerwehr die Leitung der Hochwasserwehr übernehmen sollte. Die neue Situation führte zu „Unsicherheit in bezug auf die Durchführung der Wasserwehraufgaben"[39] aufseiten der Feuerwehr und zu kritischen Stimmen aus dem Rathaus. Gegenüber dem Tiefbauamt zeigte das Referat VII offen sein Unverständnis und resümierte: „Ob es aber im Hinblick auf die Sicherheit der Bürgerschaft richtig sei, eine eingespielte Organisation zu zerschlagen und eine neue Leitung, die mit den Einzelheiten nicht so vertraut sei, verantwortlich zu machen, müsse bezweifelt werden."[40] Die geäußerten Befürchtungen traten jedoch nicht ein, die nun rechtlich verantwortliche Branddirektion wollte den Transformationsprozess in enger Absprache mit dem Tiefbauamt vollziehen und nicht „das sach- und ortskundige Personal des Tiefbauamtes durch Angehörige der Feuerwehr [...] ersetzen"[41]. Im Ernstfall sollten die Führungskräfte „auf das Engste zusammenarbeiten und jede Kompetenzstreitigkeit von Anfang an ausschalten"[42]. Für den ersten Winter nach Inkrafttreten des Gesetzes änderte sich faktisch nichts: Das Tiefbauamt entschied sich mangels Ausführungsanweisungen und um „kein Vakuum eintreten zu lassen"[43] dazu, „die bisherige Organisation aufrechtzuerhalten"[44]. Der routiniert aktualisierte Organisationsplan wurde im Dezember 1960 versandt.

In den folgenden Jahren wurde im Austausch zwischen den Beteiligten erkannt, dass die vorherige Wasserwehr in ihrem Grundaufbau bereits den Anforderungen des Gesetzes entsprochen hatte und deshalb nur geringfügige Anpassungen nötig

38 Regierungspräsidium Nordbaden an u.a. Landratsämter, Bürgermeisterämter, Wasserwirtschaftsämter, hier: Bürgermeisteramt Mannheim, betr. Katastrophenschutz, bzgl. Übernahme der bisherigen Aufgaben der Wasserwehr durch die Feuerwehr (01.12.1960). In: Marchivum | Bestand HR 20/1995 Akte Nr. 200: o.P. [Hervorhebung händisch im Original]

39 Branddirektion, Mannheim an Tiefbauamt, Mannheim, betr. Wasserwehr (29.07.1960). In: Marchivum | Bestand VI 39/1970 Akte Nr. 752: o.P.

40 Stadt Mannheim, Ref. VII an Tiefbauamt, Mannheim, betr. Aufgaben der Feuerwehr nach §85 des Wassergesetzes für Baden-Württemberg vom 25.02.1960 bzgl. Schreiben des Polizeipräsidiums Abt II vom 9.11.1960 an den Herrn Polizeipräsidenten ([27.11.]1960). In: Marchivum | Bestand VI 39/1970 Akte Nr. 752: o.P.

41 Dienstanweisung der Branddirektion, Mannheim, betr. Wasserwehr (08.01.1963). In: Marchivum | Bestand VI 39/1970 Akte Nr. 753: o.P.

42 Ebd.: o.P.

43 Stadt Mannheim, Abt. VII an Polizeipräsidium, Mannheim, betr. Aufgaben der Feuerwehr nach §85 des Wassergesetzes für Baden-Württemberg vom 25.02.1960 (14.12.1960). In: Marchivum | Bestand VI 39/1970 Akte Nr. 752: o.P.

44 Tiefbauamt, Mannheim an Stadt Mannheim, Ref. VII, betr. Aufgaben der Feuerwehr nach §85 des Wassergesetzes für Baden-Württemberg vom 25.02.1960 (01.12.1960). In: Marchivum | Bestand VI 39/1970 Akte Nr. 752: o.P.

waren.[45] Umso bemerkenswerter ist, dass das Tiefbauamt selbst 1970 die Starre der eigenen Dienstanweisung reflektierte und feststellte, dass diese „sehr stark voraus[setzte], daß an entscheidenden Stellen sachkundige Mitarbeiter tätig sind und schnell disponieren können.“[46] Durch den Personalwechsel der vergangenen Jahre, der bereits im Dezember 1965 durch das Tiefbauamt problematisiert wurde,[47] sei es jedoch nötig, die Voraussetzungen dafür zu schaffen, kurzfristige Aufgaben in der aktiven Hochwasserabwehr auch an Organe mit Bereitschaftsdienst abtreten zu können. So sollte sichergestellt werden, dass die Abwehr im Ernstfall weiter handlungsfähig bleiben konnte.

Schließlich wurde ab 1970 ein wesentlich detaillierterer Hochwasserplan erarbeitet, da das letzte Ereignis gezeigt habe, „daß es zweckmäßig ist, die bei Hochwasser notwendigen Einzelmaßnahmen genauer als bisher festzulegen.“[48] Der Entwurf entstand im Herbst abermals unter der Regie des Tiefbauamtes. Im beigelegten Plan (Abbildung 15) vermerkten die Ausstellenden nicht nur die Gefahrenstellen, sondern auch die jeweils zuständigen Abteilungen. In beigefügten Listen wurden überdies Anweisungen für einzelne Pegelstände gegeben. Die ersten Maßnahmen hatten ab einem Stand von jeweils 4,50 m zu erfolgen. Am Rhein galt es zunächst den Weg zur Reißinsel zu sperren (Nr. 17), am Neckar den Wörthfeldweg (Nr. 31). Im innerstädtischen Bereich waren die ersten Straßensperren am Rhein (Nr. 18–22) bei Pegelständen zwischen 7,20 und 7,50 m vorgesehen. Am innerstädtischen Neckarufer waren Absperrungen bereits ab 6 m (Nr. 40, 51, 52–55), ab 7 m das Absperren (Nr. 56–57) und Bereitstellen von Sandsäcken (Nr. 50) eingeplant. Mit zunehmendem Wasserstand sollten die weiteren Maßnahmen folgen.[49]

45 Tiefbauamt, Mannheim an div. Ämter, betr. Wasserwehr (21.12.1962). In: Marchivum | Bestand VI 39/1970 Akte Nr. 753: o.P.

46 Tiefbauamt, Mannheim an Stadt Mannheim, Dez. VII, betr. Hochwasserschutzmaßnahmen (24.03.1970). In: Marchivum | Bestand HR 42/1975 Akte Nr. 619: o.P.

47 Tiefbauamt, Mannheim an Polizeipräsidium, Mannheim, betr. Katastrophenschutz (28.12.1965). In: Marchivum | Bestand VI 39/1970 Akte Nr. 753: o.P.

48 Tiefbauamt, Mannheim an div. Ämter, betr. Wasserwehr (23.11.1970). In: Marchivum | Bestand VI 2/1975 Akte Nr. 1929: o.P.

49 Stadt Mannheim, Aufstellung der bei großem Hochwasser durchzuführenden Maßnahmen und der dafür eingeteilten Personen (Wasserwehr gem. Hochwasserdienstanweisung Ziff. 3.1.). 1. Ausgabe (22.11.1970). In: Marchivum | Bestand VI 2/1975 Akte Nr. 1929: o.P.

Abb. 15: Aufstellung und Zuständigkeiten der gefährdeten Objekte im Hochwasserfall (1970)

Für Dresden lassen sich aufgrund der Quellenlage nicht solch lange Kontinuitätslinien in der formalen Organisation darstellen. Allerdings war während des ganzen Untersuchungszeitraums auch hier eine Hochwasserabwehr im Voraus formal organisiert worden. Von den 1920er bis zu den 1940er Jahren scheint insbesondere die Verwaltungspolizei federführend tätig gewesen zu sein. Hervorzuheben ist, dass hier, ähnlich wie in Mannheim, schon früh der Wert des persönlichen Erfahrungswissens anerkannt wurde. In einem Bericht aus dem Jahr 1922, der von den Aufgaben während eines Hochwassers handelt, betont der Kommissar gleich zu Beginn:

> „Kein anderer Dienstzweig der Wohlfahrtspolizei erfordert vielleicht eine so fortgesetzte Umstellung der getroffenen Maßnahmen und Anpassung an die oft stündlich wechselnden Verhältnisse wie der Hochwasserdienst: seine Erledigung ist in hohem Maße von Erfahrungen und persönlich Erlebtem abhängig."[50]

Auffällig ist, insbesondere gegenüber der Mannheimer Organisation, dass die Aufgaben der Dresdner Wasserwehr weniger auf den Erhalt von Dämmen fokussiert waren. Vielmehr bereiteten sich die Beteiligten darauf vor, Notstegereien, Kähne und Absperrungen einzusetzen.[51] Dies scheint ein Resultat der zuvor raumplanerisch getroffenen Entscheidungen zu sein, die keine Dämme im inneren Stadtbereich vorsahen, sondern die Elbauen als Retentionsraum zu nutzen versuchten.

Da allerdings auch diese geplanten Maßnahmen einer Vorbereitung bedurften, wurden die nötigen Parameter direkt in den gefährdeten Stadtbezirken abgefragt. So hatten beispielsweise 14 der 26 Stadtbezirke im Frühsommer 1940 der Verwaltungspolizeidirektion die Bestände „des bei einzelnen Stadtbezirken vorhandenen und noch verwendungsfähigen Hochflutgerätes"[52] mitzuteilen, sowie ab welchem Pegelstand und an welcher Stelle Absperrungen und Stege notwendig seien. Als dann in der Folgezeit Lagerung und Aufbau der Geräte an das Tiefbauamt übergingen,[53] erreichten die „Hochwasserbezirke"[54] jährlich wiederkehrende ähnliche Anfragen. Die Bezirke nahmen in ihren Antworten Bezug auf die jeweiligen Pegelhöhen und konnten so das voraussichtlich benötigte Material in Metern angeben.[55] Diese und

---

50 Bericht des Wohlfahrtspolizei-Kommissariats, Dresden, betr. Die Aufgaben der Wohlfahrtspolizei bei Eintritt von Elbhochwasser (18.03.1922). In: Stadtarchiv Dresden | Bestand 4.1.5 Akte Nr. 179: Bl. 106.

51 Ebd.: Bl. 108–110.

52 Verwaltungspolizeidirektion, Dresden an Stadtbezirke, Dresden, betr. Beschluss des Verw.Pol-A vom 20.05.1940 (31.05.1940). In: Stadtarchiv Dresden | Bestand 4.1.5 Akte Nr. 179: Bl. 65.

53 Verwaltungspolizeidirektion, Dresden an Stadtbezirke, Dresden, betr. Aufstellen von Notstegen und Absperrungen bei Hochwasser werden künftig vom Tiefbauamt durchgeführt (06.11.1940). In: Stadtarchiv Dresden | Bestand 4.1.5 Akte Nr. 179: Bl. 251.

54 Verwaltungspolizeidirektion, Dresden an Stadtbezirke, Dresden, betr. Hochwasserdienst (21.03.1941). In: Stadtarchiv Dresden | Bestand 4.1.5 Akte Nr. 179: Bl. 254.

55 Bspw. 26. Stadtbezirk, Dresden an Verwaltungspolizeidirektion, Dresden, betr. Überflutung von Grundstücken bei Hochwasser (04.06.1940). In: Stadtarchiv Dresden | Bestand 4.1.5 Akte Nr. 179: Bl.

weitere durch Abfragen bei den Bezirken erhaltenen Informationen flossen in sogenannte Hochwassertabellen ein. In den vorliegenden Ausgaben aus dem Jahr 1948 sind die unterschiedlichsten Maßnahmen wie beispielsweise das Schließen der Schieber, die Errichtung von Absperrungen und der Aufbau der Stege verzeichnet. Anhand der Pegelwerte zwischen 300 und 877 cm wurde exakt angegeben, wann die jeweiligen Ausführungen erfolgen sollten. Zudem waren die Pegelstände und Flussdaten vergangener Hochwasser vermerkt, ein Indiz dafür, dass die Erkenntnisse historischer Ereignisse ebenfalls in die Vorbereitungen einflossen.[56]

Spätestens ab den 1950er Jahren existierten Einsatzpläne für die jeweiligen Stadtbezirke, in denen das Personal der Kolonnen, ihre Kolonnenführer, verfügbare Fahrzeuge und Geräte verzeichnet waren. Diese Pläne wurden während Besprechungen[57] der Beteiligten auf eben dieser Bezirksebene erstellt und in der Folge regelmäßig aktualisiert und geprüft. Den möglichen Gefahrenstellen wurde dabei in einer sehr kleinteiligen Aufstellung besondere Beachtung geschenkt.[58] Der aus dieser Zeit überlieferte *Organisations- und Einsatzplan der Katastrophenkommission des Stadtbezirkes West*[59] umfasst über 30 Blatt und galt für Hochwasserereignisse der Elbe sowie der Gewässer Weißeritz, Weidigt- und Gorbitzbach. Neben allgemeineren Hinweisen zum Umgang mit Katastrophen und der Darstellung der Meldewege enthalten die Unterlagen sehr detaillierte Informationen zu einzelnen Uferabschnitten. Anhand des Gebiets um das Ostragehege lässt sich die Komplexität der Vorbereitungen erkennen (Abbildung 16, 17 und 18). Die überschaubare und nicht sehr dicht bebaute, allerdings häufig von Hochwasser bedrohte Fläche war in vier Abschnitte aufgeteilt worden.

Die Aufgaben der jeweiligen Abschnittsbevollmächtigten bezogen sich vor allem auf die Beobachtung der möglichen Überschwemmungsgebiete und die Einrichtung von Meldestellen. Mithilfe einfacher Zeichnungen wurden Gefahrenstellen, darunter Infrastrukturelemente wie Brücken, Straßen, Schienen, aber auch Lagerplätze, Betriebe und Wohnhäuser, ausgewiesen. Je nach Abschnitt wurden nur die spezifisch zu beachtenden Gefahrenstellen hervorgehoben. Die Einzeichnung des

66; 26. Stadtbezirk, Dresden an Verwaltungspolizeidirektion, Dresden, betr. Überflutung von Grundstücken bei Hochwasser (14.01.1942). In: Stadtarchiv | Bestand 4.1.5 Akte Nr. 179: Bl. 136.

56 Siehe dazu: Hochwassertabelle Dresden-Neustadt. Ergänzt und berichtigt (04.02.1948). In: Stadtarchiv Dresden | Bestand 4.1.9 Akte Nr. 61: Bl. 25. Hochwassertabelle Dresden-Altstadt (14. 02.1948). In: Stadtarchiv Dresden | Bestand 4.1.9 Akte Nr. 61: Bl. 23.

57 Siehe dazu bspw. Rat des 2. Stadtbezirks, Dresden an div. Einzelpersonen und Betriebe, betr. Katastropheneinsatz im Stadtbezirk (24.01.1952). In: Stadtarchiv Dresden | Bestand 4.1.5 Akte Nr. 179: Bl. 7.

58 Bspw. Katastropheneinsatzplan des 2. Volkspolizeireviers, Dresden (07.02.1952). In: Stadtarchiv Dresden | Bestand 4.1.5 Akte Nr. 179: Bl. 4–5.

59 Organisations- und Einsatzplan der Katastrophenkommission des Stadtbezirks West, Dresden ([1953-1960]). In: Stadtarchiv Dresden | Bestand 5.3.4 Akte Nr. 271: Bl. 1–30.

Elbhafens diente vermutlich der Orientierung, sein expliziter Schutz war nämlich nicht in den Auflistungen vorgesehen.

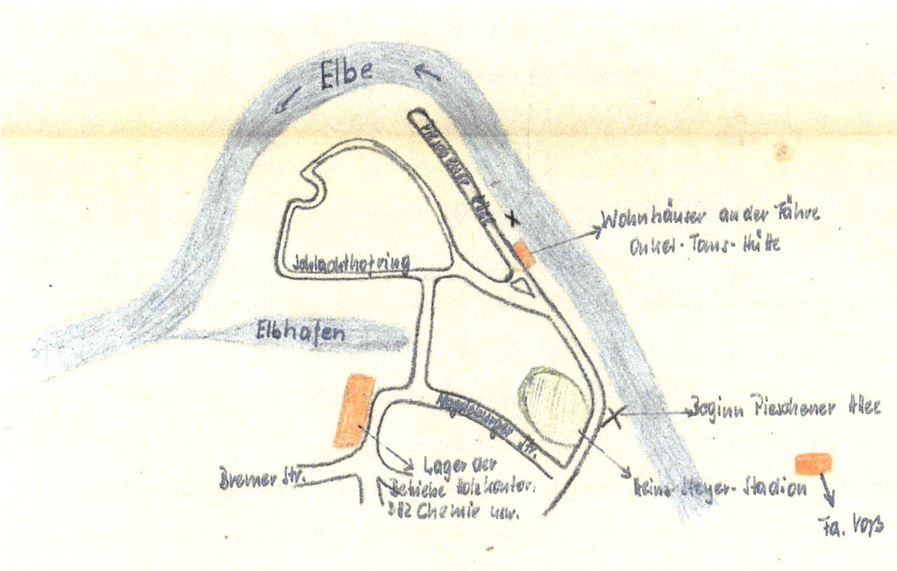

Abb. 16: Organisations- und Einsatzplan Ostragehege, Abschnitt 6 (1953/60), Ausschnitt

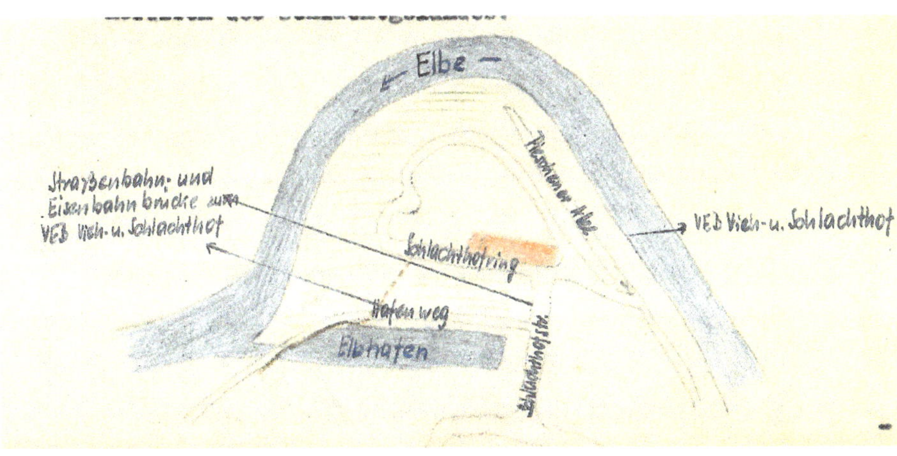

Abb. 17: Organisations- und Einsatzplan Ostragehege, Abschnitt 7 (1953/60), Ausschnitt

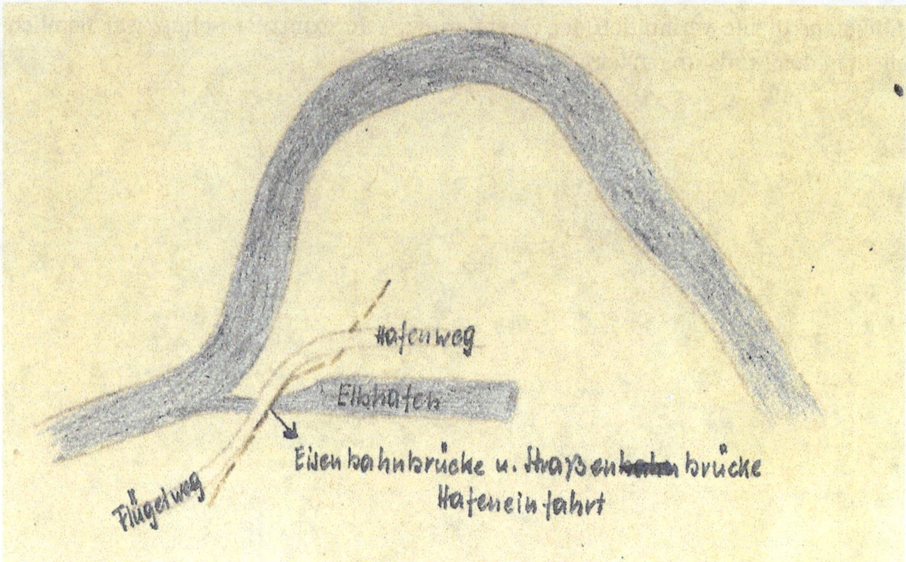

Abb. 18: Organisations- und Einsatzplan Ostragehege, Abschnitt 8 (1953/60), Ausschnitt

Den beigefügten Tabellen lassen sich zudem für jede dieser Gefahrenstellen die vorgesehenen Maßnahmen entnehmen. Die so abgedeckten Fragen waren nach Pegelstand gegliedert und lauteten: „Was wird darauf veranlaßt und durch wen? Wo werden die Personen/das Mobil. untergeb.? Wo wird das Vieh untergebracht? Werden Kfz zur Räumung benöt. Anzahl/Art? Wie viel Einsatzkräfte werden dazu benötigt?“[60] Ergänzt wurden die Anweisungen noch durch einen „Arbeitskräfteplan“[61], auf dem die Anzahl und Kontaktmöglichkeiten der verfügbaren Einsatzkräfte verzeichnet waren. So sollten durch die verschiedenen Betriebe Tag und Nacht bis zu 145 Arbeitskräfte mobilisiert werden können. Zudem lag ein „Kraftfahrzeugplan“[62] bei, darauf sind Angaben aller auf Abruf einsatzbereiter Fahrzeuge angegeben. Schließlich konnten die Verantwortlichen über den „Geräteplan“[63] erfahren, wo und in welcher Anzahl Maschinen und der Materialien gelagert wurden.

Für beide Städte lassen sich demnach stetige Vorbereitungsmaßnahmen in baulicher und organisatorischer Weise belegen, denen eine Gefahrenanalyse vorausging. Die Entwicklung der Strategien, auch wenn sie auf bereits bestehenden aufbauen

---

60 Organisations- und Einsatzplan der Katastrophenkommission des Stadtbezirks West, Dresden ([1953–1960]). In: Stadtarchiv Dresden | Bestand 5.3.4 Akte Nr. 271: Bl. 22–24.

61 Ebd.: Bl. 26–27.

62 Ebd.: Bl. 29.

63 Ebd.: Bl. 30.

konnte, muss einen hohen Zeitaufwand mit sich gebracht haben und dennoch kamen die Verantwortlichen in beiden Städten zu der Ansicht, dass ihre Vorbereitungen stets defizitär bleiben (müssten). Bereits 1922 hieß es im Dresdner Organisationsplan, die Aufgaben im Hochwasserfall vorab zu benennen „[müße] auf alle Fälle eine unvollständige Sache bleiben, da die entfesselten Naturgewalten nicht selten die sorgfältigsten Vorausberechnungen und die hieraus gezogenen Schlüsse umwerfen, so daß erst die Stunde der Gefahr lehrt, was nottut."[64] Von der gleichen Erkenntnis geleitet, wenn auch etwas pragmatischer formuliert, und vor dem Hintergrund der zeitgenössisch laufenden Debatte über die Hamburger Sturmflut 1962 hieß es bei den Mannheimer Kollegen 40 Jahre später: „Die beste vorbereitete Organisation kann nie perfekt werden, denn eine Katastrophe läuft stets anders an, als im Katastrophenkalender geplant."[65] Als es dann abermals eine gute Dekade später zur Überarbeitung der Mannheimer Wasserwehr kam, gab das Tiefbauamt an, sich an die „Hamburger Erkenntnisse"[66] halten zu wollen, die folgendermaßen zitiert wurden:

> „‚Je perfekter ein System ist, desto anfälliger ist es bei nicht vorgesehenen Entwicklungen. Deshalb muß es Raum für Improvisationen bewußt vorsehen .... In perfekten Systemen sind die Rollen der Handelnden fixiert. Das ist aber gerade bei Katastrophen gefährlich.'"[67]

4.2 Wenn die Pegel steigen
Maßnahmen während eines Hochwassers

Wie die Zeitgenossen bereits angemerkt hatten, entschied sich erst im Ereignisfall, also während des Hochwassers selbst, welche Wirkung die Vorbereitungen erzielen konnten. In der nun vorzustellenden Phase wird deshalb insbesondere das anschließende Vorgehen aufgegriffen: Sobald es zu steigenden Pegelwerten kam, musste zunächst die Situation analysiert und bewertet werden. Aus diesem Ergebnis leiteten sich die Auslösung der Wasserwehr und der Umfang des Einsatzes ab. Eine besondere Herausforderung stellten in diesen Tagen die unvorhersehbaren und/oder unerwarteten Ereignisse dar, auf die während der akuten Phase flexibel reagiert werden musste.

---

64 Bericht des Wohlfahrtspolizei-Kommissariats, Dresden, betr. Die Aufgaben der Wohlfahrtspolizei bei Eintritt von Elbhochwasser (18.03.1922). In: Stadtarchiv Dresden | Bestand 4.1.5 Akte Nr. 179: Bl. 106.

65 Aktennotiz der Stadt Mannheim, Örtliche Luftschutzleitung, betr. Vorträge über Flutkatastrophe in Hamburg anläßlich der Tagung in der Hochschule für Verw.Wissenschaften in Speyer am 15.02. 1963. Aktz. 451 Kr/B (20.02.1963). In: Marchivum | Bestand HR 20/1995 Akte Nr. 200: o.P.

66 Tiefbauamt, Mannheim an Stadt Mannheim, Dez. VII, betr. Hochwasserschutz (22.07.1976). In: Marchivum | Bestand HR 20/1995 Akte Nr. 200: o.P.

67 Ebd.: o.P.

4.2.1 Pegelbeobachtungen und -einschätzungen

„Alle Jahre wieder blickt Günther Bickelhaupt in der Frühlingszeit öfter als sonst aus seinem Fenster im vierten Obergeschoß des Collini-Centers. Der Leiter der Abteilung Entwurf im Tiefbauamt schaut nach dem Wasserstand, um bei Hochwasser sofort die notwendigen Alarmierungsmaßnahmen durchführen zu können.“[68]

Diese Praxis der Pegelbeobachtung schilderte die *Rhein-Neckar-Zeitung* ihren Leserinnen und Lesern im Jahr 1979. Zwei Jahre später folgten eine ähnliche Beschreibung und der Hinweis, die Abteilungsleiter des Tiefbauamtes hätten von ihren Bürofenstern aus Sicht auf den Neckar: „So sehen sie jeden Tag, ob das Wasser steigt oder fällt, ob wieder einmal Hochwasser droht.“[69]

Die beschriebenen Szenen sorgten zwar für die dramatische Note in den Reportagen, stellten allerdings keineswegs die tatsächlichen Methoden bei der Pegelmessung und dem Meldesystem dar. Der Blick aus dem Fenster mag lediglich eine zusätzliche Vergewisserung für die Verantwortlichen gewesen sein, denn Pegelablesungen erfolgten stets direkt an den vorgesehenen Stellen am Fluss. Ergänzt wurden die eigenen Messungen durch Meldungen von Stationen flussaufwärts. Wie bereits gezeigt werden konnte, kann die Pegelbeobachtung auf eine längere Historie zurückblicken und auch das Meldewesen hatte sich im Untersuchungszeitraum bereits etabliert. Allerdings wurden nun die Alarmstufen nicht mehr mittels Schusssignalen[70] weitergetragen, sondern mithilfe von Telegrammen, Telegrafen und Telefonen. In Verbindung mit ausgewerteten meteorologischen Daten ließen sich auf diese Weise Voraussagen treffen, die wiederum die Grundlage für mögliche Maßnahmen bildeten. Dieses Vorgehen lässt sich in beiden Städten und für den gesamten Untersuchungszeitraum nachweisen, sodass eine Entscheidung auf reiner Basis eines Fensterblicks ausgeschlossen werden kann. Sehr ausführlich sind beispielsweise die mehrmals täglich eintreffenden Pegelmeldungen für das Elbe-Hochwasser im Frühjahr 1947 überliefert.[71]

Die jeweiligen Stadtbevölkerungen erfuhren in der Regel aus der Zeitung von der Höhe des aktuellen Pegelstandes. Bei einer größeren oder raschen Veränderung wurden diese hydrologischen Meldungen in Artikeln aufgearbeitet und in Kontext zu vergangenen Wasserständen gesetzt. Für die Untersuchung konnten über 200 dieser Artikel aus der Mannheimer und Dresdner Tagespresse analysiert werden.

68 E., Schutz gegen Hochwasser kostet das Land Millionen. In: Rhein-Neckar-Zeitung (27.10.1979).

69 Egermann, „Jahrhunderthochwasser“ drohen schon alle 50 Jahre. In: Rhein-Neckar-Zeitung (22.07.1981).

70 Vgl. Signalordnung (1876). In: Sächsisches Staatsarchiv, Hauptstaatsarchiv Dresden | Bestand 10851 Akte Nr. 13441: Bl. 1.

71 Siehe dazu Meldungen. In: Stadtarchiv Dresden | Bestand 5.1.1 Akte Nr. 20; Meldungen. In: Stadtarchiv Dresden | Bestand 5.1.3 Akte Nr. 19; Meldungen. In: Stadtarchiv Dresden | Bestand 5.1.4 Akte Nr. 29.

Gelegentlich fanden sich darin konkretere Bewertungen, die entweder beruhigend wirken oder die Anwohnerinnen und Anwohner zur Vorsorge animieren sollten. Die entwarnenden Aussagen decken wiederum ein recht breites Spektrum ab: In einigen Berichten wurde eine Hochwassergefahr „ausgeschlossen“[72] beziehungsweise mitgeteilt, „die Befürchtungen [seien] grundlos geworden, daß es irgendwie zu einer Katastrophe kommen könnte.“[73] Oder es konnte keine bestehende Gefahr am Oberrhein generell[74] oder im Speziellen für die Städte Mannheim[75] und Dresden[76] erkannt werden. In anderen Meldungen wurden die Aussagen etwas vager getroffen, demnach bestünde „bis jetzt“[77], „zunächst“[78], „vorerst“[79] oder „augenblicklich“[80] noch keine Bedrohung durch die zunehmenden Wasserstände. Sollte es dennoch zu einem weiteren Ansteigen und erhöhter Gefahr kommen, wurde in einigen Artikeln darauf hingewiesen, dass es sich um keine „ernste“[81], „unmittelbare“[82] oder „akute“[83] Gefährdung handele oder nicht mit dieser zu rechnen sei.

Häufig erst Stunden und Tage nach den Veröffentlichungen entschied sich, wie sich die Pegelstände weiter verhalten würden und ob es zu einem potenziellen *critical event* kommen könnte. Viele dieser Meldungen behielten jedoch Recht und es entwickelte sich kein Hochwasserereignis, dem mit aktiver Hochwasserabwehr begegnet werden musste. In diesen Fällen beschränkten sich die Maßnahmen auf Beobachtung, Aufzeichnung und Meldewesen. Diese Ereignisse wurden, abgesehen von der Dokumentation des Pegelstandes, nicht weiter behördlich aufgearbeitet. Jedoch gab es auch Lagen, die zunächst als gefahrlos eingeschätzt wurden und sich dann doch stärker als erwartet entwickelten. Außerdem konnte gelegentlich eine potenziell bedrohliche Situation rasch als solche identifiziert werden. Dies war insbesondere der Fall, wenn sie durch Starkregen oder plötzlich einsetzendes Tauwet-

72 [o.V.], Der Wasserstand der Elbe. In: Dresdner Nachrichten (09.12.1919).

73 [o.V.], Vom Elbhochwasser. In: Dresdner Nachrichten (28.08.1925).

74 [o.V.], Keine Hochwassergefahr. In: Badische Presse (20.01.1939).

75 gö, Hochwasser überflutet Neckarwiesen. In: Die Rheinpfalz (21.02.1978).

76 [o.V.], Keine Hochwassergefahr. In: Dresdner Nachrichten (29.12.1925).

77 [o.V.], Das Hochwasser der Elbe. In: Dresdner Nachrichten (31.12.1925); [o.V.], Das Hochwasser der Elbe. In: Dresdner Nachrichten (03.01.1926).

78 [o.V.], Der Wasserstand der Elbe. In: Sächsische Volkszeitung (21.08.1930).

79 [o.V.], Steigende Fluten. In: Sächsische Volkszeitung (29.10.1930).

80 bus, trix, „Land unter“ an den Neckarwiesen? In: Mannheimer Morgen (16.01.1968).

81 [o.V.], Die Elbe fällt. In: Dresdner Nachrichten (31.03.1924); [o.V.], Weitere Unwetternachrichten aus Sachsen. In: Dresdner Nachrichten (15.06.1926); [o.V.], Das Hochwasser der Elbe. In: Dresdner Nachrichten (26.11.1930).

82 [o.V.], Schwere Unwetter im sächsischen Gebirge. In: Dresdner Neuste Nachrichten (08.06.1926); [o.V.], Die Elbwässer steigen an! In: Arbeiterstimme (11.10.1930).

83 bus, trix, „Land unter“ an den Neckarwiesen? In: Mannheimer Morgen (16.01.1968); se, Stärkste Flutwelle seit 1955. In: Rhein-Neckar-Zeitung (24.09.1968).

ter entstand. Unter Umständen stiegen die Pegel dann „fast über Nacht“[84] und das in „atemberaubender Geschwindigkeit“[85].

4.2.2 Umsetzung der geplanten Maßnahmen

Die genannte Praxis der Beobachtungen sorgte dafür, dass die Verantwortlichen der Wasserwehr „auf der Hut“[86] waren und „Sandsack bei Fuß“[87] standen. Nun galt es, die vorsorglich vorbereiteten Maßnahmen auszuführen, also die Wasserwehrorganisation in Bereitschaft zu versetzen und zu koordinieren, die Materialien bereitzustellen sowie mit der Überwachung der Schutzbauten zu beginnen. Zu diesem Zeitpunkt war es nicht mehr möglich, in größerem Maßstab neue Schutzstrategien zu entwickeln und zu diskutieren. Die Wasserwehrgruppen sammelten sich und befolgten im Idealfall ihre planmäßigen Anweisungen. Dazu zählte der Meldedienst, die Information der Bevölkerung und, je nach Pegellage, das Aufbauen portabler Stege und Sandsackwälle sowie das Abdichten und Sichern der zuvor errichteten Schutzbauten.[88] In einem gewissen Rahmen ließen sich bei allen untersuchten Hochwasserereignissen die vorgesehenen Maßnahmen anwenden und umsetzen.

Situationsbedingt konnte es im Zuge des Hochwassers zu Infrastrukturausfällen kommen. Besonders betroffen in den Fallstädten Dresden und Mannheim waren die Sektoren Verkehr, Kommunikation und Energie. Diese Störungen beeinträchtigten allerdings nicht nur die Bevölkerung, sondern konnten ebenso Auswirkungen auf den eigentlichen Hochwassereinsatz haben. Obwohl sich die Einsatzkräfte bemühten, solche Ausfälle zu verhindern, traten sie bei nahezu jedem Ereignis – wenn auch in unterschiedlicher Intensität – auf.

Am häufigsten waren Einschränkungen des Verkehrs, da einige Straßen schon bei geringen Pegelständen unter Wasser standen. Handelte es sich um bereits zuvor

84 [o.V.], Wolkenbruch in Dresdens Umgebung. In: Dresdner Nachrichten (14.06.1926); LEUSCHNER, Schneeschmelze „verwässert“ den Neckar. In: Mannheimer Morgen (05.02.1970).

85 SIEGELMANN, Noch keine Katastrophe, aber: Der „Große Regen“ bricht Rekorde. Wohnwagen in Boote verwandelt. In: Mannheimer Morgen (24.05.1978).

86 dt, Bei Wassernot: Park- und Luisenring sind Hochwasserdämme. In: Badische Volkszeitung (28.01.1959).

87 PAULSHOFEN, Feuerwehr steht „Sandsack bei Fuß“. In: Rhein-Neckar-Zeitung (10.02.1979).

88 Siehe beispielsweise: [o.V.], Hochwasser. In: Neue Mannheimer Zeitung (30.12.1925); ch., Hochwasser (31.12.1925); [o.V.], Fortdauernde Regengüsse. In: Badischer Beobachter (28.04.1935); gnw, Was tun gegen Hochwasser? In: Rhein-Neckar-Zeitung (08.01.1968); BS, Gestern auf Rhein und Neckar: Wasserstände noch nicht bedrohlich. In: Mannheimer Morgen (10.02.1978); [o.V.], Dank guter Vorsorge an einer Katastrophe vorbei. In: Rhein-Neckar-Zeitung (26.05.1978); PAULSHOFEN, Feuerwehr steht „Sandsack bei Fuß“. In: Rhein-Neckar-Zeitung (10.02.1979); KÖHLE, PREUSS, Hochwasser auf Rhein und Neckar steigt stündlich weiter an. In: Mannheimer Morgen (27.05.1983).

bekannte Stellen, die mittels Vulnerability-Mapping identifiziert worden waren, konnten Maßnahmen „wie [...] im Hochwasserplan vorgesehen“[89] ergriffen werden. Diese bestanden in der Regel darin, dass überschwemmte Straßen und Wege abgesperrt und Stege errichtet wurden, um zumindest den Fußgängerverkehr dennoch zu ermöglichen. Während des Hochwassers im Januar 1920 in Dresden wurden beispielsweise 200 Straßen und Plätze mit Absperrungen versehen und in 18 Straßen insgesamt 1.326 Meter Notstege aufgestellt. Die Länge der einzelnen Stegereien unterschied sich allerdings deutlich. Während am Markt nur sechs Meter überbrückt werden mussten, wurden am Terrassenufer bereits 240 Meter und in der Wehlener Straße 350 Meter auf diese Weise begehbar gemacht.[90] In Mannheim gehörte das Errichten von Stegen ebenfalls zum Standardrepertoire der Maßnahmen, in „fast routinemäßige[r] Geschäftigkeit“[91] wurden sie aufgestellt und so die Verbindung zu einzelnen Häusern oder ganzen Straßenzügen gesichert. Besonders häufig betroffen und damit „ein kritischer Punkt“[92] im Mannheimer Straßennetz war die Neckarvorlandstraße, die oft als eine der ersten unpassierbar wurde. Waren Notstege nicht möglich oder reichten nicht aus, griffen die Betroffenen zu Alternativen, dann hatten beispielsweise „Boote auf der Straße Vorfahrt.“[93] In einigen Fällen wurden ganze Stadtteile „durch überflutete Wegestrecken von der Verbindung mit der Stadt abgeschnitten“[94] und „zu Inseln verwandelt.“[95] Um dennoch „den Verkehr [...] aufrecht zu erhalten“[96], nutzten die Einsatzkräfte Fähren, die regelmäßig zwischen den Bezirken und der Stadt verkehrten. Von geringeren Überschwemmungen oder Unterspülungen konnten ebenso Straßenbahntrassen und Bahngleise betroffen sein. In diesen Fällen wurden kurzfristige „Linien-Unterbrechungen und Linien-Umleitungen“[97] vorbereitet und für einzelne Verbindungen umgesetzt.[98] Gelegentlich fanden die Bürgerinnen und Bürger selbst recht kreative Lösungen, um überflutete

---

89 Protokoll der 8. öffentlichen Sitzung der Stadtverordnetenversammlung Dresden (22.07.1954). In: Stadtarchiv Dresden | Bestand 4.2.1 Akte Nr. 23: Bl. 4.

90 Bericht, betr. die Hochflut im Januar 1920 (30.01.1920). In: Stadtarchiv Dresden | Bestand 4.1.5 Akte Nr. 179: Bl. 237--238.

91 [o.V.], Dank guter Vorsorge an einer Katastrophe vorbei. In: Rhein-Neckar-Zeitung (26.05.1978).

92 Siegelmann, Sandsäcke vor der Jugendherberge: Hochwasser auf Rhein und Neckar stieg auch gestern weiter an. In: Mannheimer Morgen (08.02.1980).

93 Ebd.

94 Bericht, betr. die Hochflut im Januar 1920 (30.01.1920). In: Stadtarchiv Dresden | Bestand 4.1.5 Akte Nr. 179: Bl. 236.

95 Ebd.: Bl. 236.

96 [o.V.], Hochwasser und Reichswehr. In: Dresdner Anzeiger (18.01.1920).

97 Dresdner Verkehrsgesellschaft AG, Dresden an Stadt Dresden, Dez. Technik und kommunale Betriebe, betr.: Vorkehrungs- und Sicherheitsmassnahmen für Hochwassergefahr, bzgl. Ihr Schreiben vom 6.3.47 (07.03.1947). In: Stadtarchiv Dresden | Bestand 4.1.7 Akte Nr. 12: Bl. 144.

98 Niederschrift über die 25. Ratssitzung, Dresden (10.07.1954). In: Stadtarchiv Dresden | Bestand 5.2.2 Akte Nr. 5: Bl. 29.

Strecken zu überwinden. Zwei Mannheimer Restaurants boten ihren Gästen beispielsweise eine besondere Art der Beförderung an: Ein auf ca. 20 Meter überschwemmter Streckenabschnitt auf dem Weg zu den Gasthäusern konnte im September 1931 entweder trockenen Fußes in einem Handkarren oder etwas nobler in einer Opel-Limousine überbrückt werden.[99]

Im Sektor Kommunikation waren zunehmend die Fernsprechverbindungen betroffen. Ursächlich für die Ausfälle war das Eindringen von Wasser in Kabelschächte oder -stränge. Durch die Störungen waren gelegentlich ganze Stadtteile, beispielsweise die Leipziger Vorstadt während des Hochwassers 1926,[100] nicht mehr an das Netz angebunden. Bisweilen traf es auch nur einzelne Anschlüsse wie im Juni 1978 in Mannheim, als „namentlich die mit ‚4' beginnenden Rufnummern"[101] nicht erreichbar waren. Die Bevölkerung war davon in unterschiedlichem Maße betroffen. Während zu Beginn des Untersuchungszeitraums das Telefon noch nicht zur Standardausstattung eines Haushalts gehörte, nahm die Verbreitung und damit auch die Zahl der potenziell betroffenen Apparate in den kommenden Jahrzehnten deutlich zu.

Der Hochwasserdienst selbst wurde allerdings auch schon in den frühen Jahren dadurch beeinträchtigt, gehörte doch das Telefon zum qua Einsatzplan vorgesehenen Kommunikationsmittel. In der Hochwassersaison 1947/48 kam es zum Beispiel zu Unterbrechungen in der Übermittlung von Hochwasserwarnungen, die „hauptsächlich auf Versagen der Fernsprechleitungen"[102] zurückzuführen waren. Die zuständigen Fernmelde- und -sprechämter sowie die Post bemühten sich gewiss „die Störungen mit möglichster Beschleunigung zu beseitigen"[103]. Da dafür jedoch teilweise das Neuverlegen oder Austauschen von Kabeln notwendig wurde, konnten diese Arbeiten nicht immer während der Überschwemmungssituation durchgeführt werden.[104] Am praktikabelsten war es daher, wenn es den Einsatzkräften bereits im Vorfeld gelang, eine Unterbrechung zu verhindern, indem sie umgehend mit der Sicherung der Leitungen und dem Auspumpen der betroffenen Kabelschächte begannen.[105] Trat dennoch eine Störung auf, kam es zum Einsatz von provisorischen

---

99 [o.V.], Rückgang des Hochwassers. In: Neue Mannheimer Zeitung (10.09.1931).

100 [o.V.], Rückgang des Elbhochwassers in Aussicht. In: Dresdner Nachrichten (19.06.1926).

101 Siegelmann, Noch keine Katastrophe, aber: Der „Große Regen" bricht Rekorde. Wohnwagen in Boote verwandelt. In: Mannheimer Morgen (24.05.1978).

102 Landesbezirk Baden, Abt. Landwirtschaft und Ernährung, Wasserwirtschaftsverwaltung an Tiefbauamt, Mannheim, betr. Hochwassernachrichtendienst am Neckar. Nr. W25 (29.01.1948). In: Marchivum | Bestand VI 54/1969 Akte Nr. 672: o.P.

103 [o.V.], Rückgang des Elbhochwassers in Aussicht. In: Dresdner Nachrichten (19.06.1926).

104 Siegelmann, Noch keine Katastrophe, aber: Der „Große Regen" bricht Rekorde. Wohnwagen in Boote verwandelt. In: Mannheimer Morgen (24.05.1978).

105 wth., 3000 Sandsäcke verhindern Dammbruch. In: Allgemeine Zeitung (19.01.1955) u. Sawatzki, Dramatischer Anstieg innerhalb von drei Tagen: Hochwasser auf Rhein und Neckar kam gestern mittag zum Stillstand. In: Mannheimer Morgen (12.04.1983).

Maßnahmen. Während des Hochwassers 1955 setzte die Mannheimer Polizei beispielsweise Funkstreifen und Reiterstaffeln zur Nachrichtenübertragung ein. Zudem errichtete sie eine behelfsmäßige Telefonleitung, die über drei Tage eine Kommunikationsverbindung zwischen den Einsatzkräften vor Ort und der Einsatzleitung ermöglichte.[106] In einem anderen Jahr boten einige Amateurfunker ihre Dienste an und bezogen Wachposten.[107]

Als mindestens ebenso kritisch wie die Kommunikation wurde die Versorgung mit Energie angesehen, sodass ihr ebenfalls erhöhte Aufmerksamkeit entgegengebracht wurde. Als beispielsweise die Mannheimer Feuerwehr 1955 aufgrund des „geringe[n] Mannschaftsstand[s]"[108] eine Priorisierung der Einsätze vornehmen musste, wies sie der „Aufrechterhaltung der Energieversorgung"[109] die Dringlichkeitsstufe 2 zu – als vorrangig war lediglich die Rettung von Menschenleben anzusehen. Die getroffenen Maßnahmen in diesem Bereich waren in beiden Städten vielfältig. Zum einen wurden Versuche unternommen, die benötigten Brennmaterialien vor dem Wasser zu schützen. Da etwa die Kohlelager in Dresden nah am Ufer lagen, waren hier schon bei recht niedrigen Hochwasserständen Maßnahmen notwendig. Im Jahr 1923 gab die Stadtverwaltung deshalb für einige Tage die Bestände gegen Kohlekarten frei, um somit eine „schnelle Räumung [...] der Kohlenlager"[110] zu ermöglichen. Zusätzlich kam es zu organisierten Bergungen an den Lagerplätzen, die von Freiwilligen und Einsatzkräften ausgeführt wurden.[111] Zum anderen waren Einsätze in den Kraftwerken und direkt am Energienetz erforderlich, um die Versorgung zu gewährleisten. Die Leitung des örtlichen Fernheizkraftwerkes hatte beispielsweise in einer Hochwassernacht des Jahres 1920 um Hilfe gebeten. In einem mehrstündigen Einsatz führten daraufhin Angehörige der *Technischen Nothilfe* sowie Studierende und Beamte der Technischen Hochschule Dresden Sicherungsmaßnahmen im Kraftwerk durch.[112] Weitere Vorkehrungen wurden direkt am Ener-

106 Tiefbauamt, Mannheim an Oberbürgermeister, Ref. VII, Mannheim, betr. Hochwasser (21.01.1955). In: Marchivum | Bestand HR 42/1975 Akte Nr. 620: o.P. Polizeileitung, Mannheim an Oberbürgermeister, Ref. VII, Mannheim, betr. Maßnahmen und Einsatz der Schutzpolizei anläßlich der Hochwasserkatastrophe (21.01.1955). In: Marchivum | Bestand HR 42/1975 Akte Nr. 620: o.P.

107 SIEGELMANN, Straßen, Parks und Felder unter Wasser: Nach dem Regen kam die Flut Rhein und Neckar in „Hochform". In: Mannheimer Morgen (26.05.1978); sto, Dank an Hochwasser-Helfer. In: Mannheimer Morgen (01.06.1978).

108 Kurzbericht der Branddirektion, Mannheim, betr. Einsatz der Berufsfeuerwehr anlässlich der Hochwasserkatastrophe (22.01.1955). In: Marchivum | Bestand HR 42/1975 Akte Nr. 620: o.P.

109 Ebd.: o.P.

110 [o.V.], Die Elbe schwillt! In: Dresdner Neuste Nachrichten (04.02.1923) und zum Ende der Freizügigkeit: [o.V.], Kohlenkarten und Hochwasser. In: Dresdner Nachrichten (09.02.1923).

111 [o.V.], Das Hochwasser der Elbe. In: Dresdner Nachrichten (05.02.1923); [o.V.], Das Hochwasser der Elbe. In: Dresdner Nachrichten (03.01.1926).

112 [o.V.], Das Hochwasser der Elbe. In: Sächsische Volkszeitung (15.01.1920); [o.V.], Das Hochwasser. In: Dresdner Nachrichten (15.01.1920).

gienetz getroffen. Hier gestaltete sich die Arbeit allerdings deutlich kleinteiliger, da die gefährdeten Stellen und Knotenpunkte, wie Transformatorenstationen, Verteiler und Kabelkanäle, über das Stadtgebiet verstreut lagen. Auch diese Arbeiten wurden zunächst in den Gebieten durchgeführt, „welche zuerst durch Hochwasser gefährdet werden."[113]

Einerseits wurden vorsorgliche Sicherungen vorgenommen, so berichteten die Stadtwerke Mannheim 1955 von einem erfolgreichen Einsatz am Neckarvorland:

> „An unserer 4kV-Transformatorenstation am stadtseitigen Brückenkopf der Kurpfalzbrücke wurden zwischen die Türpfeiler doppelte Holzbohlen eingebaut und die Zwischenräume mit Sandsäcken abgedichtet. Die Station konnte bis heute in Betrieb bleiben."[114]

Andererseits folgten Maßnahmen, nachdem bereits Wasser in die Anlagen eingedrungen war. Diese bestanden dann häufig in „ununterbrochene[m] Auspumpen"[115] und mündeten bei Misserfolg darin, dass die betroffenen Knotenpunkte abgeschaltet und vom Netz genommen werden mussten.[116] Trotz der Bemühungen konnte es, wie beispielsweise 1958 in Dresden, zu einem „vorübergehenden Ausfall des Elektrizitätswerkes"[117] kommen. In diesem Fall bemühten sich die Helfenden darum, die technische Anlage vor dem Wasser zu retten, um dann alsbald die Stromversorgung wieder, wenn auch nur provisorisch, herstellen zu können: „Sofort begann man mit dem Ausbau der Geräte und Maschinenteile, entschlammte diese und brachte sie in Trockenkammern, so dass mit der Montage sehr schnell wieder begonnen werden konnte."[118]

Die Energie wurde nicht nur von der Bevölkerung benötigt, sondern war teilweise Voraussetzung für einen erfolgreichen Hochwassereinsatz. Diese Abhängigkeit war den Zeitgenossen durchaus bewusst, wie ein Hinweis während der direkten Vorbereitung der Hochwasserabwehr im Jahr 1947, ebenfalls in Dresden, zeigt:

---

113 Stadtwerke Mannheim an Oberbürgermeister, Ref. VII, Mannheim, betr. Maßnahmen der Stadtwerke zur Verhinderung von Hochwasserschäden anläßlich des Hochwassers am 17.1.55 (22.01.1955). In: Marchivum | Bestand HR 42/1975 Akte Nr. 620: o.P.

114 Ebd.: o.P.

115 Ebd.: o.P.

116 Siegelmann, Noch keine Katastrophe, aber: Der „Große Regen" bricht Rekorde. Wohnwagen in Boote verwandelt. In: Mannheimer Morgen (24.05.1978); Bericht der Stadt Mannheim, betr. Verlauf und die Bekämpfung von Hochwasser im Mai 1978 (09.1978). In: Marchivum | Bestand V 6/2001 Akte Nr. 45: o.P.; Stadtwerke Mannheim an Oberbürgermeister, Ref. VII, Mannheim, betr. Maßnahmen der Stadtwerke zur Verhinderung von Hochwasserschäden anläßlich des Hochwassers am 17.1.55 (22.01.1955). In: Marchivum | Bestand HR 42/1975 Akte Nr. 620: o.P.

117 [o.V.], Hochwasser geht in südlichen Bezirken zurück. In: Berliner Zeitung (08.07.1958).

118 Niederschrift über die 11. (19.) öffentliche Sitzung der Stadtverordnetenversammlung Dresden (30.06.1959). In: Stadtarchiv Dresden | Bestand 4.2.1 Akte Nr. 84: Bl. 146.

> „Da sämtliche an den [...] genannten Stellen eingesetzten Pumpen elektromotorisch angetrieben werden, setzt die Inbetriebnahme und Inbetriebhaltung der Hochwasserpumpen eine ununterbrochene Stromzuführung voraus. Es ist deshalb bei der Drewag und ggf. beim Lastverteiler unbedingt darauf hinzuwirken, dass die genannten Betriebe und Anlagen während der Gafahrenzeit [sic] n i c h t a b g e s c h a l t e t werden.“[119]

Zugleich benötigten die Einsatzkräfte vor Ort Strom für den Betrieb der „stationäre[n] elektrische[n] Beleuchtungsanlagen“[120]. In diesen Fällen mussten Notstromaggregate zum Einsatz kommen.[121]

4.2.3 Unvorhersehbares und Nebenschauplätze

In der Vorbereitungsphase war bereits erkannt worden, dass jedem dieser Ereignisse auch etwas Unvorhersehbares anhaftet und die vorsorglich organisierten Maßnahmen dann an ihre Grenzen stoßen könnten. Ebenso waren mögliche Zufälle und auch das teilweise unkooperative Verhalten der Anwohnerinnen und Anwohner nicht zu unterschätzen. Bei nahezu jedem der Hochwasserereignisse sahen sich die gerade im Hochwassereinsatz tätigen Personen mit Gruppen von „Schaulustige[n] in Gummistiefeln und Ostfriesennerzen“[122] konfrontiert. Manche dieser „Hochwasserbummler“[123] genossen den Anblick des über die Ufer getretenen Flusses, war er doch „kostenlos und mit dem angenehmen Grusel des Zuschauens verbunden“[124], und verbrachten „mit Kind und Kegel“[125] ihre Feierabende und Wochenenden im Überschwemmungsgebiet.

Der Presse war weiterhin zu entnehmen, dass es nicht immer bei einem Spaziergang blieb, sondern „leider auch [...] einige unvernünftige Zeitgenossen“[126] unterwegs waren. Die zum Schutz errichteten Absperrungen „hatten vielfach rein symbolischen Charakter“[127], Straßen und Wege, die auch von Einsatzkräften genutzt

---

119 Abt. Maschinenamt, Dresden an Dez. Technik und kommunale Betriebe, Dresden, betr. Verkehrs- und Sicherungsmassnahmen zur Hochwassergefahr, bzgl. Ihr Schreiben vom 6. März 1947 (07.03.1947). In: Stadtarchiv Dresden | Bestand 4.1.7 Akte Nr. 12: Bl. 143r. [Hervorhebung im Original].

120 Tiefbauamt, Mannheim an Oberbürgermeister, Ref. VII, Mannheim, betr. Hochwasser (21.01.1955). In: Marchivum | Bestand HR 42/1975 Akte Nr. 620: o.P.

121 [o.V.], OV Mannheim rettete Lebensmittel und Güter. In: Das Technische Hilfswerk (1955).

122 Räuchle, Klinnert, Alle Mann ran in Mannheim und Ludwigshafen: Hochwasser schwappt über die Ufer. In: Mannheimer Morgen (28.03.1988).

123 [o.V.], Das Hochwasser der Elbe. In: Dresdner Nachrichten (03.01.1926).

124 [o.V.], Höchststand überschritten. In: Dresdner Neuste Nachrichten (17.01.1938).

125 [o.V.], Die Hochwassernot im Waldpark. In: Neue Neckarauer Zeitung (21.01.1955).

126 boo, Hochwasserwelle erreichte Höhepunkt. In: Rhein-Neckar-Zeitung (28.03.1988).

127 Siegelmann, Straßen, Parks und Felder unter Wasser: Nach dem Regen kam die Flut Rhein und Neckar in „Hochform“. In: Mannheimer Morgen (26.05.1978).

werden mussten, wurden „rücksichtslos“[128] versperrt und die Wasserwehrarbeiten somit behindert. Um eine bessere Sicht zu erhalten, bestiegen die Passantinnen und Passanten die Dämme und mussten „mit sanftem Druck“[129] durch die Polizei heruntergeholt werden.[130] Diese versuchte zudem mit Lautsprecheransagen dafür zu sorgen, dass die Schaulustigen weder den Hochwassereinsatz noch sich selbst gefährdeten.[131] Unterdessen fehlten die so gebundenen Einheiten nun in der aktiven Hochwasserabwehr. Gleiches galt, wenn aufgrund von Zufällen mehrere andere Ereignisse parallel zum Hochwasser auftraten. Die Mannheimer Feuerwehr erlebte im Januar 1955 eine solche Situation: „In die Zeit dieser Hochwassereinsätze fielen zwei Grossbrände und ein Massenzusammenstoss auf der Autobahn, ferner eine Anzahl von Verkehrsunfällen und Verkehrsstörungen, bei denen eingegriffen werden musste.“[132] Wann und wie viele Personen aufgrund anderer Vorkommnisse nicht für den Hochwassereinsatz verfügbar wären, zeigte sich jedoch erst in der Lage selbst und war zuvor nicht berechenbar.

Eine weitere Herausforderung stellte die Verteidigung der Dämme dar. Mit Beginn des Hochwasserdienstes kamen die Dammwachen zum Einsatz. Ihre Tätigkeiten bestanden vor allem darin, die Durchlässigkeit der Schutzwälle zu beobachten und bei Bedarf mögliche Sickerstellen durch Planen und Sandsäcke abzudichten. Für diese Sicherungsarbeiten waren in der Vorbereitungsphase bereits Maßnahmen getroffen worden, indem die Dienste eingeteilt und Materialien organisiert wurden. Je länger das Hochwasser anhielt, umso kritischer konnte die Beschaffenheit der Dämme werden, selbst wenn diese zuvor in einwandfreiem Zustand waren. Die Überwachung der „stark beanspruchten, durchfeuchteten Deiche“[133] wurde dann besonders akribisch geführt, „um Schadstellen rechtzeitig zu erkennen und zu beseitigen.“[134] Während dieser Stunden entschied sich oft, ob der Damm zu halten war oder nicht. Dabei war nicht nur der Einsatz der Hochwasserwehr allein entscheidend, sondern auch die Eigenschaften des Hochwassers wie Fließgeschwindigkeit und Abflussmenge. Die meteorologische Lage und mögliches Treibgut, das den Damm zusätzlich beschädigen konnte, spielten ebenso eine Rolle.

---

128 BS, Grundwasserpegel stieg kräftig an: Die „Seen-Platten“ werden abgepumpt. In: Mannheimer Morgen (29.05.1978).

129 Siegelmann, Straßen, Parks und Felder unter Wasser: Nach dem Regen kam die Flut Rhein und Neckar in „Hochform“. In: Mannheimer Morgen (26.05.1978).

130 lv, Flur- und Straßenschäden für über 700 000 Mark. In: Rhein-Neckar-Zeitung (20.06.1978).

131 qu, Die Jahrhundertflut 1978 – und vor 95 Jahren. In: Lokal-Anzeiger Sandhofen (30.05.1978); boo, Hochwasserwelle erreichte Höhepunkt. In: Rhein-Neckar-Zeitung (28.03.1988).

132 Kurzbericht der Branddirektion, Mannheim, betr. Einsatz der Berufsfeuerwehr anlässlich der Hochwasserkatastrophe (22.01.1955). In: Marchivum | Bestand HR 42/1975 Akte Nr. 620: o.P.

133 [o.V.], Elbe-Hochwasser steigt weiter. In: Neue Zeit (30.03.1988).

134 Ebd.

Die zeitgenössische Einschätzung war ebenfalls „kritisch"[135]. Dies zeigt sich unter anderem im Spiegel der Lokalpresse nach erfolgreicher Dammverteidigung. Dann wurde erleichtert festgestellt, die Stadt sei „mit einem ‚blauen Auge'"[136], „gerade noch"[137] oder „wieder einmal davongekommen"[138]. Wenn dies allerdings nicht gelang, kam es mitunter zu dramatischen Szenen. Auf welch schmalem Grat die Betroffenen wanderten, wurde besonders deutlich während des Hochwassers im Januar 1955: In diesen Tagen lagen nur Stunden zwischen Dammbrüchen und erfolgreichen Verteidigungen – zwischen „Katastrophe"[139], „Gefahr"[140] und Erleichterung. Eindrücklich schilderten Einsatzkräfte nachträglich die Stunden um den Dammbruch auf der Friesenheimer Insel:

> „Die Beobachtung der beiden Dämme auf der Friesenheimer Insel (Hauptdamm am Rhein und Rückstaudamm am Altrhein) und der großen Dammsysteme nördlich Sandhofen zeigte am 17.1 zunächst kleine Sickerstellen am Rheindamm der Friesenheimer Insel. Diese Stellen wurden mit Sandsäcken abgedeckt. Um den Antransport der Sandsäcke beschleunigen zu können, wurden am 17.1. gegen Abend 3 Lastzüge Sand und Verstärkungs-Lkw zur Friesenheimer Insel beordert. Diese Verstärkungseinheiten trafen ab 20 Uhr ein. Inzwischen waren am Sommerdamm zwei kleine Sickerstellen festgestellt worden, und zwar an Stellen, die mit Fahrzeugen nicht erreichbar waren. Als ein Trupp zur Abdichtung dieser Stellen in Marsch gesetzt wurde, brach gegen 21 Uhr der Altrheindamm etwa 650 m südostwärts der Gastwirtschaft Dehus. Die Bruchstelle war sofort so breit und tief, daß Schutzmaßnahmen unmöglich waren. Gegen 24 Uhr war die Insel vollständig mit etwa 5,2 Millionen cbm Wasser überflutet."[141]

Die rasche Überschwemmung des Gebiets hatte ebenfalls zur Folge, dass die drei genannten und durch Tiefbauamt-Leiter Pappel persönlich beorderten LKWs vom Wasser eingeschlossen wurden und nicht mehr zu retten waren. Erst Tage später gelang eine Bergung. Aufgrund der entstandenen Schäden musste die Firma *Schweikert*, als Eigentümerin, monatelange Ausfälle hinnehmen.[142] Neben den Fahr-

135 SIEGELMANN, Straßen, Parks und Felder unter Wasser: Nach dem Regen kam die Flut Rhein und Neckar in „Hochform". In: Mannheimer Morgen (26.05.1978); wth., 3000 Sandsäcke verhindern Dammbruch. In: Allgemeine Zeitung (19.01.1955).

136 lv, Flur- und Straßenschäden für über 700 000 Mark. In: Rhein-Neckar-Zeitung (20.06.1978).

137 qu, Die Jahrhundertflut 1978 – und vor 95 Jahren. In: Lokal-Anzeiger Sandhofen (30.05.1978).

138 SCHMITT, Vater Rhein schwoll bedrohlich an: Hochwasser geht zurück. Gefahr vorerst gebannt. In: Mannheimer Morgen (29.04.1969).

139 [o.V.], Hochwasserkatastrophe wurde gebannt. In: Amtsblatt (21.01.1955).

140 b.t., kloth, Gefahr gebannt – Pegelstände sinken. In: Mannheimer Morgen (19.01.1955).

141 Tiefbauamt, Mannheim an Oberbürgermeister, Ref. VII, Mannheim, betr. Hochwasser (25.01.1955). In: Marchivum | Bestand VI 54/1969 Akte Nr. 670: o.P.

142 Tiefbauamt, Mannheim an Stadt Mannheim, Ref. VI, betr. Hochwasserkatastrophe (22.01.1955). In: Marchivum | Bestand VI 54/1969 Akte Nr. 670: o.P.; Firma Schweikert, Mannheim an Tiefbauamt, Mannheim, betr. Hochwasserschäden (28.01.1955). In: Marchivum | Bestand VI 54/1969 Akte Nr. 670: o.P.; Firma Schweikert, Mannheim an Tiefbauamt, Mannheim, betr. Hochwasserschaden auf der Friesenheimer Insel an meinen Lastkraftwagen, mein Schr. V. 26.7.1955 (06.09.1955). In: Mar-

zeugen war allerdings auch ihre Ladung von 37 cbm Sand verloren, sodass spontan eine veränderte Strategie nötig wurde. Dafür baten die Einsatzkräfte zwei vor Ort liegende Fähren der *Rhine River Patrol* um Hilfe. Ihre Besatzungen waren zuvor nicht in der Hochwasserabwehr eingesetzt, allerdings wurde „im Laufe des Tages Verbindung aufgenommen, sodass der Hilfeeinsatz in der Nacht vom 17./18.1.55 [...] durch persönlichen Kontakt bereits vorbereitet war."[143] Der folgende Einsatz durch die US-Navy war offenkundig ohne größere Planungen begonnen worden. Das Tiefbauamt berichtete später von einem durchaus als waghalsig zu bezeichnenden Manöver:

> „Insbesondere fuhr die Fähre des Lt. Hansen zur Einbruchstelle und versuchte sich quer davor zu legen, was jedoch wegen der davorstehenden Bäume und wegen der Breite des Bruches aussichtslos war. Unter diesen Umständen konnte auch von dem Angebot der Fährbesatzung, Sandsäcke und sonstiges Dichtungsmaterial an die Bruchstelle zu transportieren, Gebrauch nicht gemacht werden."[144]

Das gescheiterte Vorhaben ist ein Hinweis auf die verzweifelte Lage, der die Einsatzkräfte gegenüberstanden. Hinzu kam, dass die Friesenheimer Insel nur ein Einsatzort war, parallel zum dortigen Dammbruch spitzte sich nämlich die Lage in Kirschgartshausen zu: Die Nachtwache „erlebte eine große Ueberraschung, als beim Begehen des Damms ein mächtiger Wasserstrahl entdeckt wurde, der sich unter dem Damm einen Ausgang ins Gelände gesucht hatte."[145] Umgehend begannen die Abdichtungsarbeiten. Dabei wurden „neben dem programmgemäß eingesetzten Personal des Tiefbauamtes"[146] auch Mitarbeitende diverser Firmen, weitere Angehörige des US-Militärs und die verbliebenen Einsatzkräfte auf der Friesenheimer Insel herangezogen, um „zur Abwendung der Dammbruchgefahr"[147] beizutragen. Der Einsatz der *US-Engineer-Einheit* kam jedoch nicht aufgrund der persönlichen Verbindung zustande, sondern wurde nach Anfrage durch die vorgesetzten Stellen organisiert. Die Einheit unterstützte die Sicherungsarbeiten vor allem dadurch, dass sie selbstständig und „pausenlos"[148] Sandsäcke befüllte und diese an die gefährdete Stelle beförderte. Trotz dieser Eigenständigkeit bemerkte die Einsatzleitung positiv,

---

chivum | Bestand VI 54/1969 Akte Nr. 670: o.P.; b.t., kloth, Gefahr gebannt – Pegelstände sinken. In: Mannheimer Morgen (19.01.1955).

143 Tiefbauamt, Mannheim an Beigeordneten Riedel, betr. Hochwassereinsatz (31.01.1955). In: Marchivum | Bestand VI 54/1969 Akte Nr. 670: o.P.

144 Ebd.: o.P.

145 wth., 3000 Sandsäcke verhindern Dammbruch. In: Allgemeine Zeitung (19.01.1955).

146 Tiefbauamt, Mannheim an Oberbürgermeister, Ref. VII, Mannheim, betr. Hochwasser (21.01. 1955). In: Marchivum | Bestand VI 54/1969 Akte Nr. 670: o.P.

147 Oberbürgermeister, Mannheim an div. Firmen, Mannheim, betr. Hochwassereinsatz (25.01. 1955). In: Marchivum | Bestand VI 54/1969 Akte Nr. 670: o.P.

148 Tiefbauamt, Mannheim an Beigeordneten Riedel, betr. Hochwassereinsatz (31.01.1955). In: Marchivum | Bestand VI 54/1969 Akte Nr. 670: o.P.

dass die Militärangehörigen entsprechend den Gegebenheiten „ihren Einsatz den deutschen Bedürfnissen in vollkommener weise [sic] an[passten].“[149] Obwohl diese gemeinschaftlich durchgeführten Maßnahmen weder geplant noch zuvor geübt werden konnten, finden sich keine Anzeichen für Kompetenzstreitigkeiten oder andere Unstimmigkeiten. Die ebenfalls hinzugezogenen zivilen Helfenden handelten zwar unter „fachmännischer Anleitung“[150], allerdings nicht minder engagiert. Teilweise wurden auch hier riskante Maßnahmen ergriffen, als

> „die Lkw-Fahrer 6 km auf dem schmalen Hochwasserdamm entlang fahren mußten, da dieser schmale Damm auf der ganzen Strecke keine Zu- und Abfahrtsmöglichkeiten hat. Die Dammhöhe über Gelände beträgt bis zu 5 m. Stellenweise stand beiderseits des Dammes Wasser auf der ganzen Strecke, überall ca 1 m unter der Dammkrone der Rhein. Zu beachten ist dabei, dass von der 6 km langen Fahrstrecke nur 2,5 km feldwegmäßig befestigt sind, während die übrige Dammkrone nur mit Gras bewachsen ist und demgemäß glatt und schlüpfrig wird. Es sei auch hervorgehoben, dass die Einsatzmannschaften unmittelbar über der gefährlichen Stelle arbeiteten und im Falle eines Bruches an dieser Stelle kaum die Möglichkeit gehabt hätten sich zu retten.“[151]

Dabei handelte es sich um ein Vorhaben, das, zumindest in der Rückschau, als lebensgefährlich gewertet wurde. Ob dieses Risiko tatsächlich zugunsten der erfolgreichen Dammverteidigung eingegangen werden musste, lässt sich nicht mehr rekonstruieren. Über das ganze Hochwasserereignis hinweg wurde allerdings ein enormer Aufwand betrieben. Ein Jahr später bilanzierte die Einsatzleitung: „über 30.000 Sandsäcke in allen Größen aufgeschichtet, 1.114 Tagewerke, 136 Kraftfahrzeugtagewerke waren nötig.“[152]

4.3 „Nach der großen Flut“ Bestandsaufnahme, Analyse, Reflexion

Sobald sich die Flüsse wieder zurückgezogen hatten, begann eine Phase der Nachbereitung. Sie steht in einer ähnlichen Kontinuität wie die dargestellten Vorbereitungsarbeiten und äußerte sich nicht nur in der medialen Nachberichterstattung, sondern auch in internen behördlichen Dokumentationen. Diese wurden häufig unmittelbar nach Rückgang des Wassers angefertigt. Den Dresdner Stadtbezirken

149 Tiefbauamt, Mannheim an Beigeordneten Riedel, betr. Hochwassereinsatz (31.01.1955). In: Marchivum | Bestand VI 54/1969 Akte Nr. 670: o.P.

150 wth., 3000 Sandsäcke verhindern Dammbruch. In: Allgemeine Zeitung (19.01.1955).

151 Tiefbauamt, Mannheim an Oberbürgermeister, Ref. VII, Mannheim, betr. Hochwasser (25.01.1955). In: Marchivum | Bestand VI 54/1969 Akte Nr. 670: o.P.

152 b.t., Ein paar Zentimeter mehr und es wäre geschehen gewesen: Nur knapp an einer Katastrophe vorbei ... In: Mannheimer Morgen (26.01.1956).

wurden nach dem Hochwasser im Frühjahr 1940 beispielsweise nur fünf Tage Bearbeitungszeit zur Abfassung der Berichte eingeräumt.[153]

Für den Untersuchungszeitraum liegen für mehr als zehn Hochwasserereignisse solche Analysen vor. Die Auswertung ergibt, dass sich diese vor allem in ihrem Aufbau ähneln, so enthalten sie nicht nur Informationen zur Entstehung und dem Ablauf des jeweiligen Ereignisses, sondern auch zu den ergriffenen Maßnahmen und den entstandenen Schäden. Bemerkenswert ist, dass die zeitgenössischen Akteurinnen und Akteure die vergangenen Ereignisse und eingetretenen Schadensfälle auch als Chance zur Reflexion begriffen. So wurden die Einsatzleitungen explizit nach Gefahrenpunkten sowie nach positiven und negativen Erfahrungen während der Hochwasserabwehr gefragt. Dies geschah durchaus mit der Absicht, daraus weitere Maßnahmen abzuleiten, Anpassungen vorzunehmen und zu lernen. Die Berichte sollten ermöglichen, die während des Einsatzes „gemachten Erfahrungen auswerten und für die Katastropheneinsatzplanung nutzbar machen zu können."[154] Bei dieser Form der Analyse handelte es sich jedoch nicht um eine Neuerung des 20. Jahrhunderts. Für Dresden liegt zum Beispiel ein sechsseitiger Bericht des Wohlfahrtspolizei-Kommissars für die Hochwasserereignisse im Sommer 1897 vor, bei denen es zu Überflutungen durch Weißeritz und Elbe kam. Darin wird eine Darstellung über den Ablauf der Überschwemmungen und der ergriffenen Maßnahmen gegeben. Ähnlich wie in den noch folgenden Berichten resümierte der Autor bereits zu diesem Zeitpunkt über zuvor gesammelte Erfahrungen und gab zugleich Hinweise für zukünftige Handlungen.[155]

Die teilweise umfangreichen Beschreibungen und Auflistungen der Schäden sowie die angestellten meteorologischen Beobachtungen sollen hier nicht weiter Gegenstand sein, wenngleich anzumerken ist, dass diese in abstrahierter Form in das Vulnerability-Mapping und die Praxis der Pegelbewertung während der Vorbereitungsphasen einflossen. Vielmehr soll nachvollzogen werden, in welchem Umfang die Erfahrungen abgefragt und durch die Akteurinnen und Akteure ausgewertet und interpretiert wurden. Es bildeten sich zwei Berichtsschwerpunkte. Zum einen wurden organisatorische Fragen behandelt: Hatte sich der Wasserwehrplan als nützlich erwiesen? Welche Erfahrungen wurden mit Material und Technik ge-

153 Verwaltungspolizeidirektion, Dresden an Stadtbezirke, Dresden, betr. Ständige Berichterstattung über die bei Hochwasser getroffenen Maßnahmen (04.04.1940). In: Stadtarchiv Dresden | Bestand 4.1.5 Akte Nr. 179: Bl. 246.

154 Regierungspräsidium, Karlsruhe an Bürgermeisteramt, Mannheim, betr. Hochwasser Ende Mai 1978 bzgl. Vorlage eines Erfahrungsberichts (26.06.1978). In: Marchivum | Bestand HR 20/1995 Akte Nr. 200: o.P. ähnlich: Bericht der Wohlfahrtspolizei-Hauptstelle, Dresden, betr. Hochwasser Februar 1923 (05.02.1923). In: Stadtarchiv Dresden | Bestand 4.1.5 Akte Nr. 179: Bl. 112–115.

155 Bericht des Kommissar Bock von Wülfingen, Dresden, betr. Die Elb- und Weißeritz-Hochflut 1897 ([o.J.]). In: Stadtarchiv Dresden | Bestand 4.1.5 Akte Nr. 179: Bl. 230–235.

macht? Funktionierte der Meldedienst? Zum anderen wurden die Dämme und ihre Schutzfunktion in den Blick genommen.

Die Einsätze wurden im Allgemeinen überwiegend positiv bewertet. Die Berichte hoben insbesondere hervor, dass Einzelpersonen oder Gruppierungen durch ihre „Einsatzfreudigkeit“[156] aufgefallen waren oder besondere Kenntnisse und Fähigkeiten einbringen konnten. Dazu zählten selbstangereichertes Erfahrungswissen aus der praktischen Hochwasserabwehr ebenso wie hydrologische Fachkenntnisse oder gute Organisationsfähigkeiten.[157] Welchen fundamentalen Wert diese persönlichen Begabungen allerdings tatsächlich haben konnten, zeigte sich häufig erst im Ernstfall und dann besonders deutlich, wenn die entsprechende Person nicht zur Verfügung stand oder abgelöst werden sollte. So resümierte das Mannheimer Ordnungsamt im Sommer 1978: „Wir halten es für unzumutbar und auch in der Sache unhaltbar, daß ein Mitarbeiter 11 Stunden Einsatz leisten muß, weil ‚niemand zur Verfügung stand, der sich in der Sache auskannte‘.“[158] Als Lösungsvorschlag unterbreitete das Amt, jeweils bis zu vier Mitarbeitende in den Dienst einzuweisen, sodass sich diese abwechseln und einen Personalausfall kompensieren könnten. Dass es trotz der Ernennung von Stellvertretenden zu Defiziten kommen konnte, zeigt ein Fall aus Dresden. Im Bericht zum Hochwasser von 1954 findet sich die empörte Schilderung über eine „unverantwortliche Haltung“[159]: Die Vorsitzende der Katastrophenkommission des Stadtbezirks III hatte bereits vor dem Hochwasserereignis ihren Urlaub angetreten und war deshalb nicht einsatzbereit. Ihr Stellvertreter allerdings „ging noch in den Urlaub, als die Katastrophenkommission ihre Arbeit bereits aufgenommen hatte.“[160] Da er keine Urlaubsanschrift hinterlassen hatte, war er zudem nicht mehr zu erreichen. Der 2. Stellvertreter war zwar „vorbildlich in der Einsatzfreudigkeit“[161], jedoch aufgrund von Krankheit nicht dienstfähig. Um solchen

---

156 Bericht des Leitungskollektivs, Dresden, betr. Das Hochwasser in Dresden und die Arbeit der Katastrophenkommission sowie Einleitung der Maßnahmen zur Beseitigung der Hochwasserschäden (26.07.1954). In: Stadtarchiv Dresden | Bestand 4.2.2 Akte Nr. 94: Bl. 84; Volkspolizeiamt Dresden, Kommando Feuerwehr an Volkspolizeikreisamt Dresden, Operativstab, betr.: Abschlussbericht von der Unwetterkatastrophe in der Zeit vom 8.7.–16.7.1954 (16.07.1954). In: Stadtarchiv Dresden | Bestand 4.2.5 Akte Nr. 11: Bl. 11; Protokoll der 8. öffentlichen Sitzung der Stadtverordnetenversammlung Dresden (22.07.1954). In: Stadtarchiv Dresden | Bestand 4.2.1 Akte Nr. 23: Bl. 5.

157 Volkspolizeiamt Dresden, Kommando Feuerwehr an Volkspolizeikreisamt Dresden, Operativstab, betr.: Abschlussbericht von der Unwetterkatastrophe in der Zeit vom 8.7.–16.7.1954 (16.07.1954). In: Stadtarchiv Dresden | Bestand 4.2.5 Akte Nr. 11: Bl. 11.

158 Bericht, betr. Einsatz des Ordnungsamtes im Lagezentrum während des Hochwassers vom 24.–26.5.1978 (08.06.1978). In: Marchivum | Bestand HR 20/1995 Akte Nr. 200: o.P.

159 Bericht des Leitungskollektivs, Dresden, betr. Das Hochwasser in Dresden und die Arbeit der Katastrophenkommission sowie Einleitung der Maßnahmen zur Beseitigung der Hochwasserschäden (26.07.1954). In: Stadtarchiv Dresden | Bestand 4.2.2 Akte Nr. 94: Bl. 87.

160 Ebd.: Bl. 87.

161 Ebd.: Bl. 87.

Situationen in Zukunft besser begegnen zu können, wurde unter anderem vorgeschlagen, die Pläne noch detaillierter zu fassen. Die Stadtbezirke müssten „bei jedem einzelnen Pegelstand genau unterrichtet sein, welche Gefahrenpunkte in ihrem Stadtbezirk auftreten, damit die notwendigen Maßnahmen eingeleitet werden können.“[162] Gleiches gelte für die Alarm-Pläne, die sich zwar „ohne Zweifel bewährt“[163] hätten, allerdings „in der jetzigen Form noch nicht den an sie gestellten Anforderungen genügen.“[164] Durch die Überarbeitung könnte eine gewisse Unabhängigkeit von einzelnen erfahrenen Personen erreicht werden.

In den Berichten wurde jedoch nicht nur die organisatorisch-strukturelle Komponente hinterfragt, sondern auch der Einsatz des vorhandenen Hochwassergeräts und Materials diskutiert. Dass dies auch den übergeordneten Stellen ein Anliegen war, zeigen unter anderem die vorgegebenen Leitfragen. Unter den Punkten „Entsprach die Ausrüstung den Anforderungen des Einsatzes? Was schlagen die Ämter vor, in ihrer technischen Ausrüstung zu ergänzen?“[165] und „Erfahrungen mit den vorhandenen Einsatzmitteln. Ergänzungs- und Änderungsvorschläge.“[166] wurden sehr kleinteilige Vorschläge gesammelt, die allerdings in ihrer Auswirkung nicht zu unterschätzen waren. Viele der Defizite hatten sich wohl tatsächlich erst im Einsatz offenbart, sodass diese Einschätzungen von großem Wert für die zukünftigen Planungen sein konnten. Aus Dresden wurde aufgrund der soeben gemachten Erfahrungen mit einem LKW zum Beispiel darauf hingewiesen, „daß unbedingt Zündkerzen in Reserve liegen müssen, um ein einwandfreies Laufen der Fahrzeuge, auch über mehrere Tage, zu gewährleisten.“[167] Aus Mannheim wurden wiederholt Probleme mit der Funkkommunikation gemeldet. Zum einen „stellte es sich als Mangel heraus, daß nicht genügend Funkgeräte zur Verfügung standen“[168], und zum anderen wurde die zugewiesene Frequenz mehrfach gestört. Es wurde demnach empfohlen, den Gerätebestand aufzustocken, und „die Zuweisung eines brauchbaren KatS-

162 Bericht des Leitungskollektivs, Dresden, betr. Das Hochwasser in Dresden und die Arbeit der Katastrophenkommission sowie Einleitung der Maßnahmen zur Beseitigung der Hochwasserschäden (26.07.1954). In: Stadtarchiv Dresden | Bestand 4.2.2 Akte Nr. 94: Bl. 87.

163 Volkspolizeiamt Dresden, Kommando Feuerwehr an Volkspolizeikreisamt Dresden, Operativstab, betr.: Abschlussbericht von der Unwetterkatastrophe in der Zeit vom 8.7.–16.7.1954 (16.07.1954). In: Stadtarchiv Dresden | Bestand 4.2.5 Akte Nr. 11: Bl. 12.

164 Ebd.: Bl. 12.

165 Zit. nach: Ebd.: Bl. 15.

166 Regierungspräsidium, Karlsruhe an Bürgermeisteramt, Mannheim, betr. Hochwasser Ende Mai 1978 bzgl. Vorlage eines Erfahrungsberichts (26.06.1978). In: Marchivum | Bestand HR 20/1995 Akte Nr. 200: o.P.

167 Volkspolizeiamt Dresden, Kommando Feuerwehr an Volkspolizeikreisamt Dresden, Operativstab, betr.: Abschlussbericht von der Unwetterkatastrophe in der Zeit vom 8.7.–16.7.1954 (16.07.1954). In: Stadtarchiv Dresden | Bestand 4.2.5 Akte Nr. 11: Bl. 15.

168 Bericht der Stadt Mannheim, betr. Verlauf und die Bekämpfung von Hochwasser im Mai 1978 (09.1978). In: Marchivum | Bestand V 6/2001 Akte Nr. 45: o.P.

Kanals"[169], also einer exklusiven Frequenz, angeraten. In beiden Städten wurden in den Analysen zudem die Lagerung und Verfüllung von Sandsäcken thematisiert, wobei die Schlussfolgerungen stets darauf abzielten, die Anzahl zu erhöhen und die Verfügbarkeit zu erleichtern.[170]

Besonders hervorzuheben ist, dass die Reflexionsphase nicht nur dafür genutzt wurde, die bestehenden Konzepte kritisch zu hinterfragen, sondern auch Raum bot, um Entscheidungen, die während des Hochwasserereignisses spontan getroffen wurden, zu verstetigen. Beispielsweise bemühten sich alle Beteiligten nach dem spontanen Hilfseinsatz der US-amerikanischen Militärangehörigen während der Dammverteidigung 1955 die Zusammenarbeit fortzuführen. Auf Anregung des bereits zuvor engagiert aufgetretenen Lt. Hansen wurde wenige Wochen nach dem Hochwasser eine mehrstündige Konferenz einberufen. Insgesamt waren 17 Personen, darunter Vertreter der Stadtverwaltung, der Polizei, der Feuerwehr, des THW und des US-Militärs, anwesend.[171] Das Ziel des Treffens bestand zum einen im gegenseitigen Austausch über Organisationspläne und Materialbestände und zum anderen in konkreteren Einsatzverabredungen. Diese wurden angeregt, obwohl es im Januar gelungen sei, ohne vorherige Absprachen einen gemeinsamen Einsatz zu organisieren.[172] Im Laufe der Sitzung erklärten sich die US-Amerikaner bereit, „im Bedarfsfall sofort"[173] Hochwassergerätschaften und Material zur Verfügung zu stellen und „im äußersten Notfall, d.h. wenn die Stadt alle ihr zur Verfügung stehenden Hilfsmannschaften eingesetzt hat"[174], auch eigene Soldaten zur Hochwasserabwehr einzusetzen. Diese Unterstützung könnte dann allerdings nicht mehr kurzfristig auf

169 Oberbürgermeister, Mannheim an Regierungspräsidium, Karlsruhe, betr. Hochwasser in Mannheim Ende Mai 1978 Vorlage eines Erfahrungsberichts, bzgl. Erlaß Reg.Präs. Karlsruhe Nr. 7-6/6603 vom 26.6.1978 (30.06.1978). In: Marchivum | Bestand HR 20/1995 Akte Nr. 200: o.P.

170 Bericht des Leitungskollektivs, Dresden, betr. Das Hochwasser in Dresden und die Arbeit der Katastrophenkommission sowie Einleitung der Maßnahmen zur Beseitigung der Hochwasserschäden (26.07.1954). In: Stadtarchiv Dresden | Bestand 4.2.2 Akte Nr. 94: Bl. 87; Besprechungsnotiz von Noss, betr. Hochwasserschutzmaßnahmen (06.09.1978). In: Marchivum | Bestand HR 20/1995 Akte Nr. 200: o.P.; Merkblatt des Regierungspräsidiums Karlsruhe, bzgl. Hochwasser-Abwehr und Damm-Verteidigung am Rhein (05.1955). In: Marchivum | Bestand VI 39/1970 Akte Nr. 752: o.P.

171 Stadt Mannheim, Ref. VII an Stadt Mannheim Ref. VI/B und weitere, betr. Hochwasser Januar 1955, bzgl. Erfahrungsaustausch und Vorberatung zur Abwehr bei künftigen Katastrophenfällen. Mit der Bitte um Teilnahme an der Besprechung (17.03.1955). In: Marchivum | Bestand HR 13/1977 Akte Nr. 533: o.P.

172 Protokoll, betr. Hochwasser Januar 1955, bzgl. Erfahrungsaustausch und Vorbereitung zur Abwehr bei künftigen Katastrophenfällen (30.03.1955). In: Marchivum | Bestand VI 39/1970 Akte Nr. 752: o.P.

173 Protokoll von Stadt Mannheim Ref. VI/B, betr. Hochwasser Januar 1955, hier: Erfahrungsaustausch und Vorberatung zur Abwehr bei künftigen Katastrophenfällen (25.03.1955). In: Marchivum | Bestand HR 13/1977 Akte Nr. 533: o.P.

174 Ebd.: o.P.

persönlicher Ebene verabredet werden, sondern sei im übergeordneten *Headquarter Area Command Office S-5* anzufordern.[175]

Der so im Frühjahr 1955 angestoßene Prozess kam jedoch in der Folge, vor allem bedingt durch die Versetzung engagierter Personen auf amerikanischer Seite, ins Stocken. Obwohl eine regelmäßige gegenseitige Aktualisierung der Kontaktdaten vereinbart wurde, waren im März 1957 die Daten noch auf ihrem ursprünglichen Stand. Die Mannheimer Stadtverwaltung interessierte sich jedoch nach wie vor für eine Kooperation und meldete sich deshalb in einer etwas holprigen Übersetzung bei der zuständigen Stelle S-5:

> „Gentleman,
> We refer to our letter dated 26 February 1957. Since then we neither have been informed about the supplements and changes regarding the list dated 25 March 1955 mentioned in the letter not have you uttered your opinion about a possible meeting.
> We are of the Standpoint, that – independent of the danger of a flood disaster getting smaller and smaller with the change of season – it should be desirable in each case for both sides, if those have the data in hand, corresponding to the latest stand.“[176]

Diese Bemühungen der Stadt Mannheim waren offenbar erfolgreich, denn es kam während der Hochwasserereignisse in den Jahren 1958 und 1978 zu weiteren gemeinsamen Einsätzen mit dem US-Militär.[177]

In den Jahren, in denen sich während des Hochwassers Schäden an den Schutzbauten oder gar ein Dammbruch ereignet hatten, widmeten sich die Akteure in den Berichten besonders der Sicherheit dieser Infrastrukturen. Zunächst wurde der Versuch unternommen, den Ursachen auf den Grund zu gehen. Da diese allerdings selten eindeutig zu identifizieren waren, mündeten die Forderungen vor allem darin, eine schnelle Wiederherstellung des Schutzes zu erreichen.[178] Außerdem wurde

---

175 Protokoll, betr. Hochwasser Januar 1955, bzgl. Erfahrungsaustausch und Vorbereitung zur Abwehr bei künftigen Katastrophenfällen (30.03.1955). In: Marchivum | Bestand VI 39/1970 Akte Nr. 752: o.P.

176 Stadt Mannheim, Ref. VI an HACOM/S-5, betr. Flood Disaster Relief Committee Mannheim, bzgl. Our letter dated 26 February 1957 (26.03.1957). In: Marchivum | Bestand HR 13/1977 Akte Nr. 533: o.P.

177 Oberbürgermeister, Mannheim an HACOM/S-5, Mannheim, betr. Unterstützung durch US-Pioniereinheiten anläßlich der Hochwassergefahr (18.03.1958). In: Marchivum | Bestand VI 39/1970 Akte Nr. 752: o.P.; ach, Hochwasser belastet den Haushalt in Millionenhöhe. In: Die Rheinpfalz (27. 09.1978).

178 Erläuterungsbericht des Tiefbauamtes, Mannheim, betr. Hochwasser 1955, bzgl. Wiederherstellung des Hochwasserdammes Friesenheimer Insel (Dammsystem 40a) (08.03.1955). In: Marchivum | Bestand VI 54/1969 Akte Nr. 666: o.P.; Erläuterungsbericht des Tiefbauamtes, Mannheim, betr. Hochwasser 1955, bzgl. Wiederherstellung des Sommerdammes südlich Rheinau (vor Dammsystem 38) (07.06.1955). In: Marchivum | Bestand VI 54/1969 Akte Nr. 666: o.P.; Erläuterungsbericht des

anhand des vergangenen Hochwassers und der sichtbar gewordenen Verletzbarkeit der Dämme für eine bauliche Anpassung plädiert. Die Hochwasserdämme sollten verstärkt, in ihrer Höhe angepasst und für die Einsatzfahrzeuge leichter befahrbar gestaltet werden. Das Mannheimer Tiefbauamt stellte nach den Dammbrüchen im Jahr 1955 fest:

> „Es wird [...] notwendig sein, um ähnliche Katastrophen in Zukunft zu vermeiden, das Schutzsystem zu verstärken, insbesondere ist der Altrheindamm von der Friesenheimer Insel auf seine ganze Länge wesentlich zu verstärken und an seinem Fuss oder auf der Krone mit einem befahrbaren Wege zu versehen. Auch der Rheindamm auf der Friesenheimer Insel muss einen in halber Höhe hinziehenden befestigten Weg erhalten."[179]

In den folgenden Monaten legte die Behörde zudem Erläuterungsberichte zu den verschiedenen Dammsystemen vor, in denen sie detaillierter die erforderlichen Maßnahmen benannte.[180] Gleichzeitig festigte sich in der Stadtverwaltung die Erkenntnis, dass Dämme – auch nach ihrer Modifizierung – keinen absoluten Schutz bieten können. Im Verwaltungsausschuss resümierte der Oberbürgermeister laut Niederschrift:

> „Eine Lehre habe man aus der Sache gezogen, nämlich was man schon früher gewußt habe, daß es eigentlich falsch war, am Rhein wieder Gebäude zu errichten [...] Dort sei Hochwassergebiet, wo sich trotz aller Dämme und Vorkehrungen eine Überflutung nicht vollkommen vermeiden lasse. Derartige Überflutungen haben gewisse Folgen. [...] Diese Erkenntnis habe das Hochwasser noch einmal richtig verdeutlicht."[181]

Diese Aussage zeugt von einer gewissen Reflexionsgabe, die jedoch auch bedeutete, dass die nun gewonnenen und mühsam zusammengetragenen Erfahrungen nicht automatisch und dauerhaft den Weg in die Phase der Vorbereitung finden würden. Es ist nicht im Detail darzustellen, inwiefern die Erfahrungen und konkreten Vorschläge in die Vorbereitungsphase überführt wurden. Das Mannheimer Tiefbauamt bezog sich allerdings in den Jahren 1955 und 1970 bei den Veröffentlichungen des

---

Tiefbauamtes, Mannheim, betr. Verstärkung des Hochwasserdammsystems 40a (03.08.1955). In: Marchivum | Bestand VI 54/1969 Akte Nr. 623: o.P.

179 Tiefbauamt, Mannheim an Stadt Mannheim, Dez. VII, betr. Hochwasser (21.01.1955). In: Marchivum | Bestand HR 42/1975 Akte Nr. 620: o.P.

180 Erläuterungsbericht des Tiefbauamtes, Mannheim, betr. Hochwasser 1955, bzgl. Wiederherstellung des Hochwasserdammes Friesenheimer Insel (Dammsystem 40a) (08.03.1955). In: Marchivum | Bestand VI 54/1969 Akte Nr. 666: o.P.; Erläuterungsbericht des Tiefbauamtes, Mannheim, betr. Hochwasser 1955, bzgl. Wiederherstellung des Sommerdammes südlich Rheinau (vor Dammsystem 38) (07.06.1955). In: Marchivum | Bestand VI 54/1969 Akte Nr. 666: o.P.; Erläuterungsbericht des Tiefbauamtes, Mannheim, betr. Verstärkung des Hochwasserdammsystems 40a (03.08.1955). In: Marchivum | Bestand VI 54/1969 Akte Nr. 623: o.P.

181 Niederschrift über die Sitzung des Verwaltungsausschusses am 25.01.1954 [sic! 1955]. Auszug (25.01.[1955]). In: Marchivum | Bestand HR 42/1975 Akte Nr. 620: o.P.

aktualisierten Hochwasserplans auf die jeweils jüngsten Hochwasserereignisse. Die Aufstellung der Wasserwehr sei nun „aufgrund der Erfahrung beim Hochwasser“[182] angepasst worden. Die vorgeschlagenen Dammerhöhungen wurden zudem in den kommenden Jahren diskutiert und teilweise umgesetzt. Vier Jahre später verkündete die Tagespresse, dass die seit 1955 vorgenommene Verstärkung der Dämme „beruhigend wirkt“[183]. Diese Ansicht verfestigte sich zunehmend, sodass die Mannheimerinnen und Mannheimer ein knappes Jahrzehnt später in der *Rhein-Neckar-Zeitung* lesen konnten: „‚Zu einer Katastrophe wie 1955 wird es aller Voraussicht nach nicht mehr kommen‘“[184], denn durch die gezogenen Konsequenzen, insbesondere die Dammaufstockung, sei dieser nun „krisensicher“[185]. Die mahnenden Worte, die der Oberbürgermeister direkt nach Ablauf der Flut gefunden hatte, schienen vergessen. Obwohl also aus den Nachbearbeitungsprozessen deutlich wird, dass die Städte daran interessiert waren, ihre Vorbereitungs- und Abwehrstrategien zu optimieren, kann daraus nicht geschlossen werden, dass dies tatsächlich in vollem Umfang geschah.

Die jeweiligen Maßnahmen, die vor, während und nach einem Hochwasserereignis umgesetzt wurden, sowie die angewandten Strategien ähnelten sich in beiden Städten. Zudem blieben sie über den ganzen Untersuchungszeitraum hinweg nahezu unverändert. Der grundlegende Modus im Umgang mit Hochwasser weist somit eine gewisse Konstanz auf. Dennoch lassen sich zeit- und raumbezogen teilweise große Unterschiede mit in manchen Fällen weitreichenden Folgen feststellen. Im folgenden zweiten Teil der Arbeit sollen deshalb nun die Abläufe der einzelnen Phasen in verschiedenen historischen Kontexten untersucht werden. Dabei wird insbesondere nach dem Einfluss der zeitgenössischen Stadtentwicklung, den wirtschaftlichen Umständen und den politischen Rahmenbedingungen gefragt. Mit dem Zweiten Weltkrieg und der folgenden Nachkriegszeit liegt zudem ein Rahmen vor, in dem städtebauliche, wirtschaftliche und politische Fragen unter besonderen Bedingungen verhandelt wurden und somit abermals Einfluss auf den Umgang mit Hochwasserereignissen nahmen.

---

182 Abt. Wasser- und Gleisbau, Mannheim an Stadtreinigungs- und Fuhramt; Amt 66, Mannheim, betr. Wasserwehr (19.10.1970). In: Marchivum | Bestand VI 2/1975 Akte Nr. 1929: o.P.; Tiefbauamt, Mannheim an Berufsfeuerwehr, Mannheim, betr. Wasserwehr (12.10.1955). In: Marchivum | Bestand HR 42/1975 Akte Nr. 626: o.P.

183 dt, Bei Wassernot: Park- und Luisenring sind Hochwasserdämme. In: Badische Volkszeitung (28.01.1959).

184 gnw, Was tun gegen Hochwasser? In: Rhein-Neckar-Zeitung (08.01.1968).

185 Ebd.

Einflussfaktoren auf den Umgang mit Hochwasserereignissen

5 Stadtentwicklung und Infrastrukturausbau

Das starke Bevölkerungswachstum, das in beiden Städten mindestens bis in die 1930er Jahre anhielt, schlug sich ebenso in der planerischen Entwicklung der Stadt nieder.[1] Dies hatte zum einen pragmatische Gründe, wie beispielsweise den Bau neuer Wohnquartiere für die Zugezogenen und die Erweiterung des bereits bestehenden Infrastrukturnetzes. Zum anderen wuchs das Interesse an einem ästhetischen Stadtbild, sodass an bereits vorhandenen Strukturen festgehalten wurde und diese nun ergänzt wurden. In Dresden vollzog sich vor dem Hintergrund der stark anwachsenden Bevölkerungszahl die Stadtentwicklung schubweise, so lassen sich intensive Phasen der Bautätigkeit zwischen den Jahren 1880 und 1910 sowie von 1922 bis 1930 identifizieren. Die Zwischenjahre waren vor allem durch die Entwicklungen des Ersten Weltkriegs und mangelnde finanzielle Mittel geprägt, sodass hier vorwiegend Planungen angestellt wurden und es nur selten zur Umsetzung kam. Ähnliches gilt wiederum für die Phase ab 1930. In Mannheim setzte man sich ebenfalls seit dem Kaiserreich mit neuen Plänen zur Stadtentwicklung auseinander und so konnte während des Stadtjubiläums 1907 bereits ein Zwischenstand präsentiert werden. Die Bautätigkeiten hielten bis zum Ausbruch des Ersten Weltkriegs weitestgehend an und wurde dann erst wieder in den 1920er Jahren stärker verfolgt. Im Gegensatz zu Dresden hatte der Krieg am Stadtbild Mannheims sichtbare Spuren hinterlassen.[2]

Im Folgenden wird insbesondere danach gefragt, welche Auswirkungen diese Stadtentwicklung und der damit einhergehende Infrastrukturausbau in der ersten Hälfte des 20. Jahrhunderts auf den Umgang mit Hochwasserereignissen hatten. Ließen sich die Ansprüche an eine ästhetische Stadtsilhouette am Ufer mit dem Hochwasserschutz vereinbaren? Welche Probleme ergaben sich durch den Infrastrukturausbau in Flussnähe und unter welchen Bedingungen konnte dem Hochwasserschutz sowie der Infrastrukturverfügbarkeit Rechnung getragen werden? Da der Schwerpunkt hier ein städtebaulicher und -planerischer ist, werden die wasserbaulichen Vorgänge ausgespart. Insbesondere zum Rheinausbau sei allerdings auf die vielfach bereits vorliegende Literatur verwiesen.[3]

5.1 Stadtbild

Die Aushandlungsprozesse zwischen einer ästhetisch ansprechenden und dennoch funktionalen Gestaltung der städtischen Uferzonen und einem möglichst hohen

1 Siehe dazu Kapitel 2.1.

2 Siehe dazu: Paul 2006; Lupfer 2006; Schenk 2006a; Schenk 2006b; Schenk 2006c.

3 Siehe beispielsweise Cioc 2002; Bernhardt 2016; Blackbourn 2008.

https://doi.org/10.1515/9783110734676-005

Schutz vor Hochwasser lassen sich im Folgenden exemplarisch anhand des Dresdner Königsufers und des Baus des Mannheimer Krankenhauses nachvollziehen.

5.1.1 Das neue Königsufer

Das Dresdner Stadtbild erhielt mit zunehmender Industrialisierung besondere Aufmerksamkeit, da die Stadt nach wie vor auch repräsentative Funktionen erfüllte. So konnte sie ihr Antlitz „von besonderer Vornehmheit“[4] behalten und während der intensiven Bauphasen im Kaiserreich weiter ausgestalten. Bis zum Ende des Ersten Weltkriegs war die Formung des Dresdner Stadtbildes weitestgehend abgeschlossen. Das Neustädter Elbufer erhielt mit dem Finanzministerium, das 1896 fertiggestellt wurde, und dem nur wenige Jahre später errichteten Gesamtministerium zwei monumentale Bauten mit einer opulenten Fassade, die sich entlang des Ufers erstreckte. Mit der linkselbischen Altstadt wurde das Dresdner Regierungsviertel durch die ebenfalls gegen Ende des Jahrhunderts gebaute Carolabrücke verbunden.[5]

Die zweite intensive Bauphase wurde hauptsächlich durch den Stadtbaurat Paul Wolf, der von 1922 bis 1945 amtierte, geprägt. Er hatte sich nicht nur als renommierter Architekt einen Namen gemacht, sondern steuerte auch einige Beiträge zum stadtplanerischen Diskurs der Zeit bei.[6] Obwohl die Bautätigkeiten innerhalb der Stadt aus wirtschaftlichen Gründen ab 1930 stark zurückgingen, wurden insbesondere mit Beginn der Zeit des Nationalsozialismus neue Pläne entworfen. Wolf arbeitete zum Beispiel an den Planungen für ein Gauforum Dresden. Die neuen politischen Umstände sorgten hingegen auch dafür, dass der städtische Einfluss in Baufragen eingeschränkt wurde und die Reichsebene mehr Kontrolle erhielt. So wurde für die Planungen am Gauforum beispielsweise auch der im nationalsozialistischen Berlin geschätzte Architekt Wilhelm Kreis miteingebunden. Kreis war schon zuvor in Dresden tätig gewesen und hatte sich unter anderem mit dem Bau des Hygienemuseums (1930) einen Namen gemacht. Er war also mit der Stadt und ihrer Struktur durchaus vertraut.[7]

Viele der während der 1930er Jahre entwickelten Konzepte und Pläne kamen allerdings nicht bis zur Realisierung und dienten zum Teil als Propagandamittel. Eine Ausnahme bildete die bis heute bestehende Gestaltung der rechten Elbseite in Dresden mit dem integrierten Königsufer. Im mehrbändigen Werk zur Dresdner Stadtgeschichte wird diese planerische Umsetzung zwischen 1933 und 1937 noch heute als

4 PAUL 2006: 73.
5 Ebd.: 82–85.
6 Siehe zu Paul Wolf auch: LAUDEL 1991.
7 LUPFER 2006.

„der größte Wurf und eine nachhaltige Verbesserung des Stadtbildes“[8] bewertet. Die ersten Pläne für die (Um-)Gestaltung des Ufers stammten aus dem Kaiserreich und wurden in den Weimarer Jahren von Paul Wolf weiterentwickelt. Zentral waren weitläufige Grünflächen und die Integration bereits bestehender Anlagen.[9] Ein weiteres Element sollte eine als Thingstätte konzipierte Treppenanlage am Ufer unterhalb der Ministerien sein, auf deren Planungsprozess nun näher eingegangen wird.

Aufgrund der exponierten Lage am Fluss mussten für die gesamten Maßnahmen Genehmigungen eingeholt werden. Die Amtshauptmannschaft sowie das Straßen- und Wasserbauamt problematisierten, dass „die Einbauten weit vor der festgesetzten Hochwasserlinie [liegen]“[10] und somit „den Stromschlauch ein[engen]“[11]. Beiliegend war einer Rechnung zu entnehmen, dass die Einschränkung je Elbabschnitt zwischen 0,2 % und 2,78 % lag. Unterhalb des Königsufers würden so „bis zu 10 cm nach überschläglicher Rechnung gestaut.“[12] Die zusätzlich unterbreiteten Verbesserungsvorschläge des Straßen- und Wasserbauamtes wurden in den Plan eingearbeitet und mehrfach durch Änderungen und Ergänzungen weiterentwickelt. Das erneut vorgelegte Resultat lag allerdings immer noch beträchtlich im Hochwasserbereich. Ungeachtet dessen betonten Angehörige der Kommunalpolitik und die Regionalzeitung die politische Bedeutung des Vorhabens. So war im *Dresdner Anzeiger* im zeitgenössischen NS-Pathos zu lesen: „Dresden, das in einen Dornröschenschlaf versunken schien, fühlt, daß die neue Zeit auch eine neue Blüte verheißt. Wahrhaft großzügig sind die Pläne [...].“[13] Zusätzlich wurde hervorgehoben, dass die Bauvorhaben im Rahmen von Arbeitsbeschaffungsmaßnahmen durchgeführt werden sollten. Gegenüber standen sich somit Bedenken des Hochwasserschutzes und die politisch aufgeladene Gestaltung des Stadtbildes am Flussufer. Selbst wenn diese Verlautbarungen keine durchdringende Wirkung auf die Amtshauptmannschaft gehabt hatten, zeigte sich diese im Laufe des Jahres dennoch kompromissbereit:

> „Wenn die Bedenken wegen Einschnürung des Stromschlauches angesichts der großen städtebaulichen Planung zurückgestellt werden, so muß dafür gefordert werden, daß alle entbehrli-

8 Lupfer 2006: 313.

9 Laudel 2006: 320–321.

10 Amtshauptmannschaft Dresden an Sächsisches Finanzministerium, Dresden, Aktz. 406 Elbufer/34 (27.04.1934). In: Sächsisches Staatsarchiv, Hauptstaatsarchiv Dresden | Bestand 11168 Akte Nr. 966: Bl. 10/1.

11 Ebd.: Bl. 10/1.

12 Ebd.: Bl. 10/1.

13 [o.V.], Das Arbeitsbeschaffungsprogramm der Stadt Dresden: Großzügige Pläne der Stadtverwaltung. In: Dresdner Anzeiger (20.03.1934).

> chen Verbauungen des Ufervorlandes unterbleiben. Alles schmückende Beiwerk ist so zu verlegen, daß es den Hochwasserabfluß nicht behindert."[14]

Die Forderung betraf auch die Treppenanlage, die daraufhin nochmals zurückverlegt wurde. Im Dezember 1934 folgte schließlich die Genehmigung unter Auflagen. Die üblicherweise erhobenen Gebühren für das Genehmigungsverfahren entfielen mit Hinblick auf die Anlage als Arbeitsbeschaffungsprogramm.[15] In den folgenden Jahren nutzten die Nationalsozialisten den Kundgebungsplatz für Aufmärsche und Veranstaltungen. Eine der letzten großen nationalsozialistischen Demonstrationen wurde dort nach dem 20. Juli 1944 abgehalten. Anlässlich des missglückten Attentats auf Adolf Hitler kamen zahlreiche Dresdnerinnen und Dresdner am Elbufer zu einer *Treuekundgebung* zusammen.[16] Wie auf der folgenden Abbildung (19) ersichtlich ist, diente die Anlage allerdings nicht nur während solcher Versammlungen zur Repräsentation der nationalsozialistischen Macht.

Abb. 19: Das neue Königsufer in Dresden-Neustadt unter dem Hakenkreuzbanner (um 1940)

Bei der Gestaltung des neuen Königsufers ging es vor allem darum, das Dresdner Stadtbild weiter zu formen und diese Kulisse mit dem Kundgebungsplatz im nationalsozialistischen Sinne zu ergänzen und zu nutzen. Aufgrund der potenziellen

14 Amtshauptmannschaft Dresden an Sächsisches Finanzministerium, Dresden, Aktz. 415 Elbufer/34 (27.11.1934). In: Sächsisches Staatsarchiv, Hauptstaatsarchiv Dresden | Bestand 11168 Akte Nr. 966: Bl. 56/1.

15 Sächsisches Finanzministerium, Dresden an Amtshauptmannschaft Dresden, Aktz. 453 Elbufer/34 (27.12.1934). In: Sächsisches Staatsarchiv, Hauptstaatsarchiv Dresden | Bestand 11168 Akte Nr. 966: Bl. 56/6–56/11.

16 Widera 2006: 503.

Hochwassersituation wägten die Verantwortlichen ab und entschieden sich schließlich für einen Kompromiss, der nach ihrer Einschätzung beiden Bedürfnissen gerecht wurde. Diese Aushandlungsprozesse waren allerdings kein Spezifikum dieser Zeit und ebenso wenig auf Dresden beschränkt. Stadtplanerische Vorstellungen und präventive Maßnahmen des Hochwasserschutzes standen sich ebenso an anderen Orten gegenüber, wie ein Blick nach Mannheim zeigt.

5.1.2 Das neue Krankenhaus am Neckar

Die Mannheimer Innenstadt wies seit ihrer Gründung eine Quadratstruktur auf, die sich über Jahrhunderte hinweg manifestiert hatte. Nach Zerstörungen war sie stets wiederhergestellt und so Teil des Mannheimer Stadtbildes und seiner Identität geworden.[17] Dieses starre Raster stellte sich indes bei zunehmendem Wachstum als Herausforderung dar. So wuchs mit den steigenden Bevölkerungszahlen gegen Ende des 19. Jahrhunderts ebenso der Bedarf an medizinischer Versorgung. Die Kapazitäten der bestehenden Krankenanstalten konnten allerdings durch ihre Lage in den Quadraten nicht maßgeblich erweitert werden, sodass ein Neubau außerhalb des innerstädtischen Bereichs vorgesehen wurde. In den folgenden Jahren wurden elf mögliche Standorte diskutiert, wovon die meisten jedoch aufgrund ihrer großen Entfernung zum Stadtzentrum ausschieden. Schließlich fiel die Wahl im Jahr 1911 auf ein Gelände am nördlichen Neckarufer, welches vor allem durch seine gute Erreichbarkeit überzeugen konnte. Die Nähe zum Fluss brachte hingegen abermals Herausforderungen und Konflikte während des Baues mit sich, worauf im Folgenden eingegangen wird.[18]

Die Anstalt wurde mit einer Kapazität für über 1.000 Patientinnen und Patienten konzipiert und sollte zudem den nördlich angrenzenden Neckarpark integrieren. Ein 440 m langer Gebäuderiegel wurde parallel zum Verlauf des Flusses geplant und beeindruckte durch seinen historischen Neobarockstil. In dem Bauvorhaben, dem noch heute eine „herausragende Bedeutung“[19] zugeschrieben wird, sahen Lokalpolitiker und Presse „‚den ersten Schritt zu einer künstlerischen Ausgestaltung unserer Flussufer‘“[20]. Obwohl dem Vorhaben in Sachen Funktionalität und Ästhetik positiv begegnet wurde, äußerten die Stadtverordneten Bedenken in Bezug auf den gewählten Bauplatz. Sie befürchteten durch die Nähe zum Neckar bedingte Beeinträchtigungen bei Hochwasserereignissen.[21]

17 Siehe dazu: Nieß 2006.

18 Präger 2007: 655–657.

19 Schenk 2006c.

20 Zit. nach: Hedström 1994: 29.

21 Präger 2007; Schenk 2004.

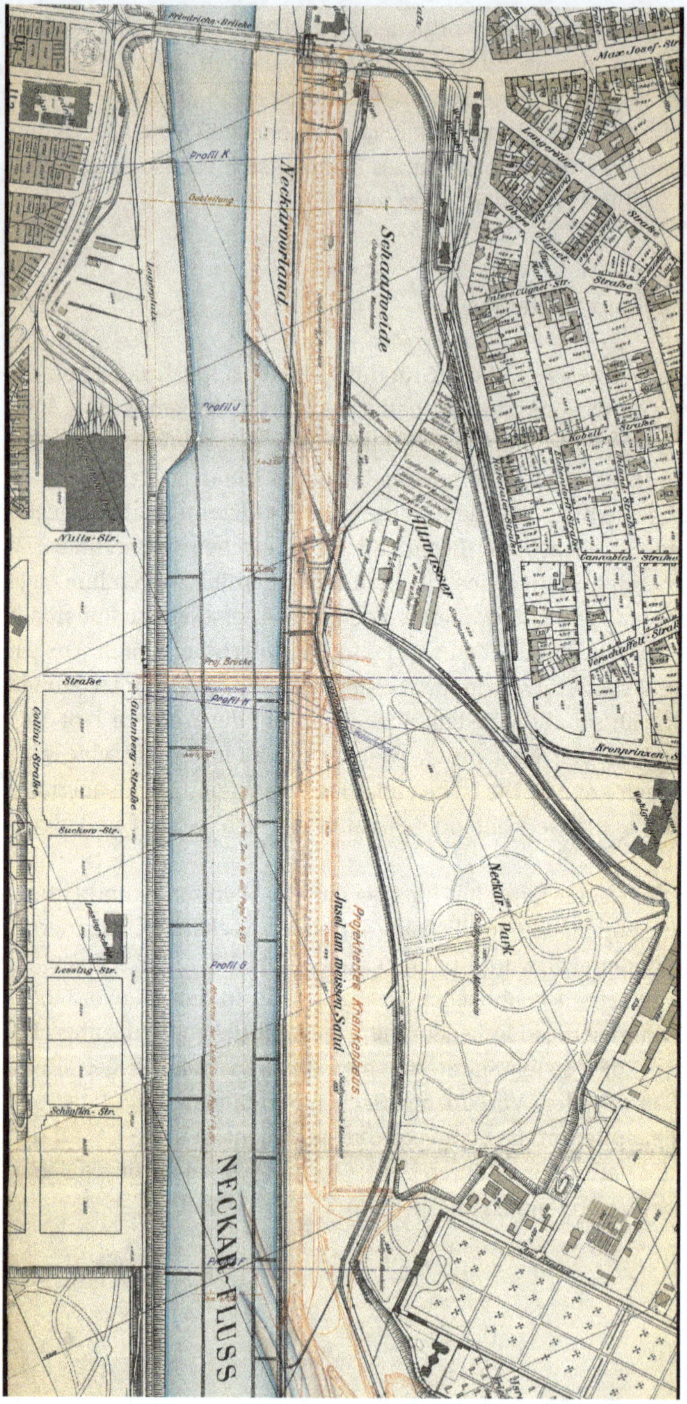

Abb. 20: Lageplan über die Verlegung des Hochwasserdammes (1911), Ausschnitt

Das Tiefbauamt entwickelte gemeinsam mit dem Rheinbauamt eine Lösung für dieses Problem. Diese sah die Errichtung eines Dammes zum Schutz des Geländes vor. In diesem Zuge sollte es weiterhin zu einer Zurückverlegung des Ufers kommen. In einem durch das Tiefbauamt erstellten Plan wurden die beabsichtigten Maßnahmen eingezeichnet (siehe Abbildung 20). Des Weiteren ist dort ersichtlich, dass sich eine unter dem Neckar verlegte Gasleitung im betroffenen Gebiet befand.[22]

Anfang 1913 begannen schließlich die Arbeiten am Krankenhaus und dem Hochwasserdamm sowie am Neckarufer. Auf Wunsch des Gaswerks wurde das Stück des Vorlandes, in dem der in Betrieb stehende Düker gefasst war, zunächst stehen gelassen und nicht rückverlegt. Dies beunruhigte jedoch die Badische Rheinbau-Inspektion, die dadurch einen gehinderten Abfluss bei Hochwasser und damit einhergehende Schäden fürchtete.[23] Dieser Einschätzung schloss sich das Tiefbauamt an und teilte mit, dass „diese Erwägung [...] rein wasserbautechnisch nicht von der Hand zu weisen"[24] sei. Allerdings ließen es die derzeitigen Wasserstände nicht zu, dass weiter an der Rückverlegung des Dükers gearbeitet werden könne. Daraufhin meldete das Gaswerk starke Bedenken: Zum jetzigen Zeitpunkt wäre ihrer Einschätzung nach „ein gutes Gelingen der Arbeit [...] nur einem glücklichen Zufall zu verdanken [...]. Gelingt sie nicht und wird es sie etwa wegen steigenden Wassers unterbrochen, so ist der Düker für uns verloren."[25]

Bei der genannten Gasleitung handelte es sich zu diesem Zeitpunkt um die einzige Verbindung über den Neckar. Zwar war eine zweite über die ebenfalls im Plan projektierte Riedbahnbrücke vorgesehen, aufgrund des mittlerweile ausgebrochenen Kriegs stand ihr Baubeginn hingegen noch aus. Das Gaswerk betonte daher gegenüber dem Tiefbauamt die Kritikalität dieser Leitung und stellte fest: „So ist der Fortbestand des alten Dükers gleichzusetzen mit der Sicherheit der Gasversorgung der Stadt. Durch die Unterbrechung des Dükers wird letztere in Frage gestellt."[26] Das

22 Tiefbauamt, Mannheim an Badisches Bezirksamt, Abt. II, Mannheim, betr. Die Erbauung eines neuen Krankenhaus in Mannheim, bzgl. Die Verlegung des Hochwasserdamms (27.07.1911). In: Landesarchiv Baden-Württemberg, Generallandesarchiv Karlsruhe | Bestand 426 Zugang 1980-44 Akte Nr. 318: o.P.

23 Tiefbauamt, Mannheim an Rheinbau-Inspektion, betr. Erbauung eines neuen Krankenhauses, bzgl. Verlegung des rechtsseitigen Neckarhochwasserdammes (15.07.1914). In: Landesarchiv Baden-Württemberg, Generallandesarchiv Karlsruhe | Bestand 426 Zugang 1980-44 Akte Nr. 319: o.P.; Tiefbauamt, Mannheim an Rheinbau-Inspektion, betr. Erbauung eines neuen Krankenhauses, bzgl. Verlegung des rechtsseitigen Neckarhochwasserdammes (02.11.1914). In: Landesarchiv Baden-Württemberg, Generallandesarchiv Karlsruhe | Bestand 426 Zugang 1980-44 Akte Nr. 319: o.P.

24 Tiefbauamt, Mannheim an Bürgermeisteramt, Mannheim, betr. Tiefbauarbeiten beim Krankenhaus, bzgl. Verlegung des rechtsseitigen Neckarhochwasserdammes (28.12.1914). In: Landesarchiv Baden-Württemberg, Generallandesarchiv Karlsruhe | Bestand 426 Zugang 1980-44 Akte Nr. 319: o.P.

25 Ebd.: o.P.

26 Zit. nach: Ebd.: o.P.

Tiefbauamt zeigte sich im Folgenden unschlüssig darüber, wie weiter zu verfahren sei: Sollte der Besorgnis der Rheinbau-Inspektion oder der des Gaswerks Rechnung getragen werden? In ihrem Schreiben an das Bürgermeisteramt resümierten die Beamten abschließend:

> „Es stehen also jetzt zwei öffentliche Interessen, nämlich die Gasversorgung und der Hochwasserschutz der Stadt Mannheim einander gegenüber. Das Tiefbauamt hat bei aller Würdigung der wasserbautechnischen Bedenken bisher den Standpunkt eingenommen, dass die Sicherung der Gasbeleuchtung einer Grossstadt im allgemeinen und gerade jetzt ein weitaus gewichtigeres Interesse sei, für welches zunächst die Ansicht des Gaswerks massgebend ist.“[27]

Ab diesem Zeitpunkt übernahm das einbezogene Bürgermeisteramt, stellvertretend für das Tiefbauamt, die Kommunikation mit der Badischen Rheinbau-Inspektion und konnte erreichen, dass die Situation so geduldet wurde und dieser Teil des Neckarvorlandes sowie der Düker nicht rückverlegt werden mussten. Als Argument diente zunächst die Wetterlage, die keine Baumaßnahmen im Uferbereich zuließ.[28] Ein halbes Jahr später, bei nun günstigerem Wasserstand, fand sich jedoch aufgrund des herrschenden Ersten Weltkriegs kein Unternehmen, das in der Lage war, den Auftrag auszuführen. Dies hatte zudem auch Auswirkungen auf den noch immer anhaltenden Krankenhausbau, der ebenfalls schleppend verlief.[29] Nach Kriegsende waren die Preise für Bauarbeiten enorm gestiegen, sodass es wiederum zu Verzögerungen der Bauvorhaben kam. In Bezug auf den Düker wurde zusätzlich festgestellt, dass er bisher – immerhin betrug die Dauer des Provisoriums mittlerweile fünf Jahre – noch nicht zu Nachteilen geführt habe.[30] Nach zwei weiteren Jahren berichtete das Bürgermeisteramt auf Nachfrage, dass damit zu rechnen sei, dass

---

27 Tiefbauamt, Mannheim an Bürgermeisteramt, Mannheim, betr. Tiefbauarbeiten beim Krankenhaus, bzgl. Verlegung des rechtsseitigen Neckarhochwasserdammes (28.12.1914). In: Landesarchiv Baden-Württemberg, Generallandesarchiv Karlsruhe | Bestand 426 Zugang 1980-44 Akte Nr. 319: o.P.

28 Bürgermeisteramt, Mannheim an Rheinbau-Inspektion, betr. Tiefbauarbeiten beim Krankenhaus, bzgl. Verlegung des rechtsseitigen Neckarhochwasserdammes (21.01.1915). In: Landesarchiv Baden-Württemberg, Generallandesarchiv Karlsruhe | Bestand 426 Zugang 1980-44 Akte Nr. 319: o.P.

29 Bürgermeisteramt, Mannheim an Rheinbau-Inspektion, betr. Tiefbauarbeiten beim Krankenhaus, bzgl. Verlegung des Gas-Dükers im rechtsseitigen Neckarhochwasserdammes (24.08.1915). In: Landesarchiv Baden-Württemberg, Generallandesarchiv Karlsruhe | Bestand 426 Zugang 1980-44 Akte Nr. 319: o.P.

30 Städtische Wasser-, Gas- und Elektrizitätswerke, Mannheim an Rheinbau-Inspektion, betr. Tieferlegung des Gasdückers im rechtsseitigen Neckarufer (21.06.1919). In: Landesarchiv Baden-Württemberg, Generallandesarchiv Karlsruhe | Bestand 426 Zugang 1980-44 Akte Nr. 319: o.P.; Bürgermeisteramt, Mannheim an Rheinbau-Inspektion, betr. Die Tieferlegung des Dückers oberhalb der Friedrichsbrücke (12.04.1920). In: Landesarchiv Baden-Württemberg, Generallandesarchiv Karlsruhe | Bestand 426 Zugang 1980-44 Akte Nr. 319: o.P.

die alternative Route über die Riedbahnbrücke in 2–3 Jahren errichtet werden könnte, sodass eine komplizierte Verlegung der unterirdischen Leitung nun auch aus wirtschaftlichen Gründen nicht mehr zu rechtfertigen sei.[31] Während das Krankenhaus 1924 eröffnet wurde und damit bedingt durch Krieg und wirtschaftliche Lage eine beachtliche Bauzeit von elf Jahren vorzuweisen hatte, erfolgte die Fertigstellung der geplanten Brücke erst im Jahr 1926. Über diese Brücke konnte schließlich die neue Gasleitung geführt werden. Somit ließ sich der Düker ohne Einschränkungen der Gasversorgung endgültig aufgeben und das an dieser Stelle verbliebene Neckarvorland wurde rückgebaut.

In den folgenden Jahren entwickelte sich das neue städtische Krankenhaus zum festen und vor allem geschätzten Bestandteil des Stadtbildes, neben der Architektur trug die Nähe zum Neckarufer dazu bei. Vermutlich war dies auch ein Grund, warum der Standort nach der teilweisen Zerstörung im Zweiten Weltkrieg beibehalten wurde und das Krankenhaus an gleicher Stelle wiederaufgebaut werden konnte. Die Schattenseite dieser Lage wurde allerdings – trotz Hochwasserdamm – gelegentlich sichtbar. So drang im Jahr 1950 Wasser in den Klinikkeller ein und weitere Überschwemmungen betrafen den in den 1960er Jahren angelegten Krankenhaus-Parkplatz in Ufernähe.[32]

Die Standortwahl wurde vor allem aus pragmatischen Gründen getroffen, wohingegen die Ausgestaltung der Krankenhausanlage auch ästhetischen Ansprüchen an ein gestaltetes Neckarufer Rechnung tragen sollte. Die Abwägungen zwischen Bauvorhaben und Hochwasserschutz zeigten sich insbesondere am Umgang mit dem Gas-Düker. Trotz starker Bedenken wurde mehrere Jahre zugunsten des geplanten Krankenhausbaus an dem Provisorium festgehalten, obwohl dadurch der Hochwasserschutz nicht wie vorgesehen gewährleistet werden konnte. Neben der Verwirklichung der Baupläne lieferte allerdings auch die fragile Gasversorgung, die lediglich durch diesen Düker gewährleistet war, ein wichtiges Argument. Dies galt insbesondere in der Phase des Städtewachstums, denn mit der Anzahl der Einwohnenden stiegen ebenso der Anspruch und der Bedarf gegenüber den städtischen

---

31 Bürgermeisteramt, Mannheim an Rheinbau-Inspektion, betr. Die Tieferlegung des Dückers oberhalb der Friedrichsbrücke (31.05.1922). In: Landesarchiv Baden-Württemberg, Generallandesarchiv Karlsruhe | Bestand 426 Zugang 1980-44 Akte Nr. 319: o.P.

32 Städtische Krankenanstalt, Mannheim an Oberbürgermeister, Mannheim, betr. Wasserschäden (24.06.1950). In: Marchivum | Bestand HR 42/1975 Akte Nr. 619: o.P. Zu den Parkplatz-Überflutungen: gnw, Was tun gegen Hochwasser? In: Rhein-Neckar-Zeitung (08.01.1968); bus, trix, „Land unter" an den Neckarwiesen? In: Mannheimer Morgen (16.01.1968); LEUSCHNER, Vom Dauerregen „verwässert": Erneut Zwangspause bei Brückenbauern. In: Mannheimer Morgen ([1970]); SIEGELMANN, Noch keine Katastrophe, aber: Der „Große Regen" bricht Rekorde. Wohnwagen in Boote verwandelt. In: Mannheimer Morgen (24.05.1978); SIEGELMANN, Straßen, Parks und Felder unter Wasser: Nach dem Regen kam die Flut Rhein und Neckar in „Hochform". In: Mannheimer Morgen (26.05.1978); PAULSHOFEN, Feuerwehr steht „Sandsack bei Fuß". In: Rhein-Neckar-Zeitung (10.02.1979).

Infrastrukturen. Im nachstehenden Kapitel wird daher dieser besonderen Beziehung zwischen Infrastrukturausbau und Hochwasserschutz nachgegangen.

5.2 Infrastrukturen

Die bestehenden und projektierten Infrastrukturen stellten neue Herausforderungen an den Hochwasserschutz. Zum einen wurde dieser teilweise mit dem Bau erst notwendig, um die Komponenten und somit das Netz vor Ausfällen zu schützen, zum anderen konnten die so notwendig gewordenen Baustellen sowie die fertigen Bauten eine Anpassung der Schutzstrategien erfordern. Wie sich bereits am Beispiel der Gasleitung zeigte, wurden auch Leitungen am Ufer sowie unter beziehungsweise über den Fluss verlegt. Dabei handelte es sich weniger um ästhetische Gründe, die man bei den beiden vorgestellten Uferbauten annehmen kann, sondern um pragmatische. Die Flussquerung oder die Bebauung im Hochwassergebiet waren zwingend, um die neuen und alten Stadtteile miteinander zu verbinden und die Teilhabe am gemeinsamen Infrastrukturnetz zu ermöglichen.

5.2.1 Abfall und Abwasser der Großstadt

Entsprechend der Zeit sah sich auch die Mannheimer Stadtverwaltung mit gestiegenen Anforderungen an die Ver- und Entsorgungsstrukturen konfrontiert. Schon kurz nach der Eingemeindung der Friesenheimer Insel im Jahr 1895 fasste sie den Plan, das neu hinzugewonnene und nahezu unbebaute über 700 ha große Gelände für die infrastrukturelle Entwicklung der Stadt zu nutzen. Zunächst wurde wenige Jahre nach der Jahrhundertwende eine moderne Kläranlage im Süden der Insel errichtet, um so das „Mannheimer Abwasserproblem“[33] zu lösen. Allerdings stellte sich die Insel bald als regelrechtes Sorgenkind der Mannheimer Hochwasserschutzverantwortlichen heraus: Die Dämme wurden während des Kaiserreichs mehrfach durch den Rhein herausgefordert und hielten auch in der Folge – wie beispielsweise im Winter 1919/20 – nicht immer stand. Weite Teile des Landes waren zudem nicht geschützt und standen somit regelmäßig unter Wasser. Trotz dieser exponierten Lage des Gebiets kam es in den nächsten Jahren zur weiteren Ansiedlung von Anlagen mit infrastruktureller Bedeutung. Neben der städtischen Kläranlage, in direkter Nachbarschaft zum Industriehafen, befand sich landeinwärts ein Müllablageplatz.[34]

---

33 Probst 2007: 605.

34 Ebd.: 604–613.

Die Stadtverwaltung zeigte sich allerdings Ende des Jahres 1930 darüber besorgt, dass dieser Platz „bis Frühjahr 1932 vollständig aufgefüllt“[35] sein würde. Da die Bevölkerung weiterhin wuchs, stieg auch das Volumen des zu verbringenden Abfalls. Für die Lösung des Problems skizzierte die Stadt zwei Möglichkeiten: Zum einen die Erschließung eines neuen Gebiets im Sandtorfer Bruch und zum anderen die Erweiterung der bereits bestehenden Fläche auf der Friesenheimer Insel. Die Stadt präferierte letztere Lösung, da das in Frage kommende Gebiet für den Neubau eine höhere Entfernung zur Innenstadt aufwies und zudem die Errichtung einer neuen Straße notwendig gewesen wäre. Die Kosten hierfür schätzte man auf 200–300.000 RM. Zudem würde das Bauvorhaben durch den zusätzlichen Aufwand deutlich länger dauern. Bei der Erweiterung des bestehenden Platzes waren diese Aufwendungen hingegen nicht nötig und der Müllplatz war aufgrund der bereits bestehenden Zufahrtswege einfacher zu erreichen. Allerdings hatte auch diese Option ihre Schwierigkeiten: Die angedachte Fläche musste erst nutzbar gemacht werden. Sie war bisher nicht hochwasserfrei, weshalb die Stadt das Badische Bezirksamt um die Genehmigung bat, die „stadteigenen Geländeflächen im Ausmaß von rd. 28 ha verfügbar zu machen“[36] und einzudeichen. In einer beigelegten Skizze (Abbildung 21) kennzeichnete man die geplante Dammführung (rot) und die Entnahmestellen (gelb).

Das vorgesehene Gebiet, welches zwischen Kläranlage und der angedachten Dammlinie lag, wurde umschlossen und der neue Müllablagerungsplatz auf der nun gesicherten Fläche eröffnet. Der Schutzbau war allerdings nicht von langer Dauer. Er fiel zwar keinem Hochwasserereignis zum Opfer, dafür dem Expansionsstreben der Stadt selbst. In den folgenden Jahren kam es zu weiteren Deichverlegungen, um auf der Friesenheimer Insel hochwasserfreies Land zu gewinnen. In diesem Zuge wurde der Damm wieder abgetragen und Richtung Rhein verdrückt.[37]

35 Stadt Mannheim, Abt. XII an Badisches Bezirksamt, Abt. IV, Mannheim, betr. Hochwasserdammverlegung auf der Friesenheimer Insel (09.12.1930). In: Landesarchiv Baden-Württemberg, Generallandesarchiv Karlsruhe | Bestand 426 Zugang 1980-44 Akte Nr. 324: o.P.

36 Ebd.: o.P.

37 Siehe dazu Kapitel 6.1.

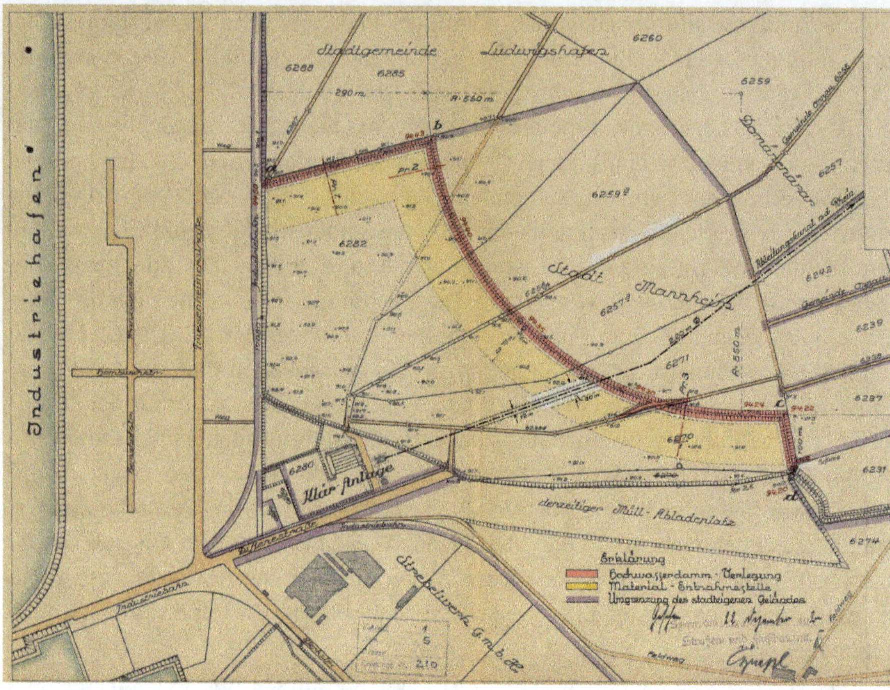

Abb. 21: Plan zur Verlegung des Hochwasserdammes auf der Friesenheimer Insel (1930), Ausschnitt

Die Erweiterung des Müllablageplatzes, bedingt durch das Wachstum der Stadt und ihren Entsorgungsbedarf, machten es in diesem Fall erforderlich, dass die präventiven Schutzmaßnahmen für den Hochwasserfall angepasst werden mussten. Wie bei Dämmen üblich, war auch dieser mit zusätzlichen Kontroll- und Instandhaltungsarbeiten vonseiten des Tiefbauamtes verbunden. Dennoch hatte sich die Stadt für den Standort auf der Friesenheimer Insel entschieden und siedelte in der Zukunft noch weitere Anlagen und Industrie an. Im Zuge des städtischen Infrastrukturausbaues wurden jedoch auch Baumaßnahmen innerhalb der als Überschwemmungsgebiet gekennzeichneten Flächen nötig, die nicht durch zusätzliche Eindeichungen gesichert werden konnten. Um den Schutz trotzdem zu gewährleisten, fanden diese Bauvorhaben unter besonderen Bedingungen statt.

5.2.2 Infrastrukturbaustellen

Zur Vergrößerung des Kommunikationsnetzes plante das Dresdner Telegraphenbauamt 1931, ein Fernsprechkabel unterirdisch im Ostragehege zu verlegen. Aufgrund des geltenden Wassergesetzes war vor Baubeginn die Genehmigung der Amtshauptmannschaft einzuholen. Diese befragte wiederum das Straßen- und Wasserbauamt und das Finanzministerium nach deren jeweiligen Einschätzungen. Ersteres hatte „keine Bedenken zu erheben, da der Hochwasserabfluß durch das ausgelegte Kabel nicht beeinträchtigt wird“[38], schlug allerdings vor, die Genehmigung an Bedingungen zu knüpfen. Unter anderem sollte das Gebiet durch das Vorhaben nicht erhöht und der auszuhebende Kabelgraben wieder fest verschlossen werden. Beide Einwände sollten einen ungehinderten Abfluss im Hochwasserfall gewährleisten. Das Finanzministerium schloss sich dieser Haltung in seiner Genehmigung an und ergänzte zudem, dass sämtliche notwendigen Änderungen an der Kabelanlage, „die infolge von Änderungen, Erweiterungen oder Instandhaltungen der Flutrinne aus Anlaß von Schutzmaßnahmen gegen Hochwasser oder von Maßnahmen für den ge-[Bl. 80/5r.]regelten Abfluß des Hochwassers im Hochwasserbereich der Elbe erforderlich werden“[39], durch die Deutsche Reichspost als Betreiberin selbst getragen werden müssten und eine Entschädigung vonseiten Reich und Land ausgeschlossen sei. Nachdem diese Bedingungen angenommen wurden, standen der Kabelverlegung und somit auch der Ausweitung des Kommunikationsnetzes im Westen Dresdens nichts mehr im Wege.

Die genannten Auflagen waren für Bauvorhaben innerhalb des Hochwasserbereichs durchaus üblich. Besonderes Augenmerk wurde auf die eigentliche Bauphase gelegt, die möglichst außerhalb der Hochwasserzeiten stattfinden sollte. Denn sollten die offenen Baustellen überspült werden, könnten Material und Gerät abgeschwemmt werden und flussabwärts Schutzbauten oder Brücken beschädigen. Trotz der getroffenen Vorkehrungen traten solche kritischen Situationen in mehreren Jahren ein. Häufig waren Brückenbaustellen betroffen. Sie bestanden oft mehrere Monate, was das Risiko der Beeinträchtigung durch erhöhte Pegelstände potenzierte. Zu Beginn der 1930er Jahre wurden beispielsweise die Materiallager an der Mannheimer Friedrichsbrücke „in Mitleidenschaft gezogen“[40], zu ernsteren Beschädigungen kam es jedoch nicht. Schwieriger gestaltete sich die Sicherung der Bauarbeiten an der Neckarbrücke. Sie wurden gleich zweimal im Jahr 1970 aufgrund von Hochwasser unterbrochen und der Versuch unternommen, Geräte und Baustoffe zu sichern.[41] Der *Mannheimer Morgen* berichtete von der Situation am Bauplatz:

---

38 Strassen- und Wasserbauamt Dresden, Abt. Elbe an Amtshauptmannschaft Dresden, Aktz. 206E. [Abschrift] (04.03.1931). In: Sächsisches Staatsarchiv, Hauptstaatsarchiv Dresden | Bestand 10851 Akte Nr. 13540: Bl. 80/2.

39 Sächsisches Finanzministerium, Abt. II, Dresden an Amtshauptmannschaft Dresden, Aktz. 632 WP (14.07.1931). In: Sächsisches Staatsarchiv, Hauptstaatsarchiv Dresden | Bestand 10851 Akte Nr. 13540: Bl. 80/5, 80/5r.

40 [o.V.], Wieder Hochwasser in Mannheim. In: Neue Mannheimer Zeitung (08.09.1931).

41 Leuschner, Schneeschmelze „verwässert“ den Neckar. In: Mannheimer Morgen (05.02.1970); Leuschner, Vom Dauerregen „verwässert“: Erneut Zwangspause bei Brückenbauern. In: Mannheimer Morgen ([1970]); BS, Nach dramatischem Anstieg: Hochwasser geht zurück. In: Mannheimer Morgen ([1982]).

> „An der Feudenheimer Brücke mußten wegen des Hochwassers die Bauarbeiten eingestellt werden. Gestern waren Arbeiter dabei, die Motoren aus einem der Turmkrane auszubauen, der von den Fluten überspült zu werden drohte. Der zweite Turmkran, der einst auf der Uferwiese stand, ragt jetzt mitten aus einer ausgedehnten Wasserfläche. Er war schon beim ersten Anstieg des Hochwassers ‚versackt'. Die hochgehenden Wassermassen hatten die Bauleitung überrascht, so daß in diesem Falle keine Zeit geblieben war, die Motoren auszubauen. Außerdem schwemmte die reißende Strömung etliches Baumaterial hinweg, das auf der Uferwiese gelagert hatte."[42]

Obwohl die Sicherung der Geräte und Materialien in diesem Fall nur teilweise glückte, ist nichts über dadurch bedingte weitere Schäden bekannt. Während des Hochwassers 1955 zeigte sich dagegen, dass sich solche Baustellen auch zu einer ernsten Gefahr entwickeln konnten. Noch während des Ereignisses und kurz nach einem knapp verhinderten Dammdurchbruch äußerte die *Allgemeine Zeitung* einen ersten Verdacht zur Ursache des Schadens:

> „Längs des Damms zieht sich ein Graben mit einer Gasleitung der Elwerath-Gewerkschaft, hin, der noch nicht eingedeckt war. Man kann wohl annehmen, daß durch diesen Graben der Gegendruck auf der Landseite gegenüber dem Wasserdruck auf der anderen Seite nicht mehr stark genug war und es so an einer schwachen Stelle des Dammes zu dieser Unterspülung kam."[43]

Nach Ablauf des Hochwassers gingen Beamte des Tiefbauamts dieser Vermutung nach und meldete kurz darauf dem Oberbürgermeister, dass auch sie die „unvorschriftsmässige Verlegung der Erdgasleitung der Gewerkschaft Elwerath"[44] als ursächlich erachteten und sich deshalb die entstandenen Schäden erstatten lassen wollten. Die in den folgenden Monaten erarbeiteten „auch unparteiischen Gutachten"[45] kamen zwar zu keinem endgültigen Ergebnis, lieferten jedoch neue Informationen (siehe Abbildung 22 und 23). Diese ließen den Schluss zu, dass der Leitungsschacht zwar verfüllt worden war, sich allerdings noch keine ausreichend feste Oberfläche hatte bilden können. Als dann das Rheinwasser den Damm überströmte, wurde diese weiche Stelle rasch ausgespült, wodurch das Wasser schließlich tiefer in den Bau eindringen konnte und die Schäden verursachte.[46]

---

42 u, Pause beim Feudenheimer Brückenbau: Zweite Hochwasser-Welle auf Neckar und Rhein. In: Mannheimer Morgen ([1970]).

43 wth., 3000 Sandsäcke verhindern Dammbruch. In: Allgemeine Zeitung (19.01.1955).

44 Tiefbauamt, Mannheim an Oberbürgermeister, Ref. VII, Mannheim, betr. Hochwasser (03.02.1955). In: Marchivum | Bestand VI 54/1969 Akte Nr. 623: o.P.

45 Bericht des Tiefbauamtes, Mannheim, betr. Verwendung einer Zuwendung aus Landesmitteln, bzgl. Wiederherstellung des Sommerdammes Mannheim-Sandhofen (vor Dammsystem 41 u 42) (09.03.1956). In: Landesarchiv Baden-Württemberg, Generallandesarchiv Karlsruhe | Bestand 466 Zugang 2001-68 Akte Nr. 41: o.P.

46 Erläuterungsbericht des Tiefbauamtes, Mannheim, betr. Hochwasser 1955, bzgl. Wiederherstellung des Sommerdammes Mannheim-Sandhofen (vor Dammsystem 41 u. 42) (08.06.1955). In: Lan-

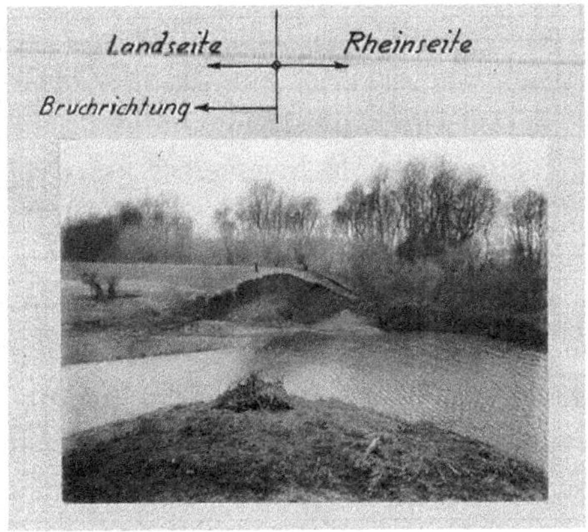

Abb. 22 u. 23: Dokumentation der Schadstellen während des Hochwassers, Auszüge (1955)

Aufgrund dieser Erkenntnisse hatte sich die *Gewerkschaft Elwerath* nur noch in geringerem Umfang an der Deckung der Schäden zu beteiligen. Statt des zuvor geforderten Betrags in Höhe von 274.000 DM wurde nun lediglich der Haftpflichtanteil von 47.300 DM beglichen. Die restlichen Kosten deckten Land und Stadt, wodurch nicht nur die Wiederherstellung des Dammes, sondern auch seine Verstärkung ermöglicht wurden.[47] Insbesondere der Ausbau der Infrastrukturnetze erforderte die Über- und Unterquerung des Flusses oder seines Überschwemmungsgebietes. Gerade wenn Stadtteile dies- und jenseits des Wassers verbunden werden sollten, waren Sondergenehmigungen unausweichlich. Diese widersprachen dabei stets den vorgesehenen Schutzstrategien, sodass je nach Einzelfall besondere Auflagen notwendig wurden, um den Hochwasserschutz so wenig wie möglich zu beeinträchtigen.

5.3 Zwischenfazit

Zu Beginn des Untersuchungszeitraums befanden sich sowohl Dresden als auch Mannheim noch in einer deutlichen Wachstumsphase. Zugleich verfolgten beide Städte das Ziel, ihr bereits etabliertes Stadtbild, welches mittlerweile zum Bestandteil der eigenen Identität gereift war, nicht zugunsten von Industrialisierung und Bevölkerungszuwachs aufzugeben. Viel mehr nahmen sie die Chance wahr, bisher

desarchiv Baden-Württemberg, Generallandesarchiv Karlsruhe | Bestand 466 Zugang 2001-68 Akte Nr. 41: o.P.

47 Bericht des Tiefbauamtes, Mannheim, betr. Verwendung einer Zuwendung aus Landesmitteln, bzgl. Wiederherstellung des Sommerdammes Mannheim-Sandhofen (vor Dammsystem 41 u 42) (09. 03.1956). In: Landesarchiv Baden-Württemberg, Generallandesarchiv Karlsruhe | Bestand 466 Zugang 2001-68 Akte Nr. 41: o.P.

ungenutzte oder erst aufgrund der Eingemeindungen hinzugewonnene Flächen zu bebauen und die Silhouette am Ufer zusätzlich zu gestalten. Diese Vorhaben veränderten allerdings die Topografie der Stadt, wodurch sie in Konflikt mit den zuvor ausgearbeiteten Hochwasserschutzkonzepten gerieten. Die angestellten Berechnungen und Gutachten zeugen jedoch davon, dass sich die Verantwortlichen der Hochwassergefahr sowie der Konsequenzen ihres Handelns bewusst gewesen sein müssen. So wurden sehr wohl Bedenken geäußert, wenngleich diese teilweise zugunsten der Stadtplanung zurückstehen mussten. Stattdessen kam es zur Duldung jahrelanger Provisorien oder der großzügigen Abwägung der Bedürfnisse. Bemerkenswert ist dies insbesondere in den Fällen, in denen der Standort auch aus ästhetischen Gründen nah am Fluss gewählt wurde. In den genannten Beispielen der Treppenanlage am Königsufer und des Krankenhausneubaus am Neckar wären ebenso andere Orte oder eine stärkere landseitige Versetzung möglich gewesen.

Andere Rahmenbedingungen zeigten sich hingegen beim Ausbau der städtischen Infrastruktursysteme. Die Vernetzung der Stadt am Fluss erforderte die Überwindung des Wassers mit Brücken und Leitungen. Hier überwogen zwar pragmatische Gründe gegenüber der Gestaltung und Erhaltung des Stadtbildes, allerdings kollidierten auch diese Pläne mit den Hochwasserschutzkonzepten, die keine Bauten im Überschwemmungsgebiet vorsahen. Die jeweils verantwortlichen Stellen versuchten durch bestimmte Bedingungen, die beispielsweise den Zeitpunkt der Bauarbeiten oder die Wiederherstellung der vorherigen Bodenbeschaffenheit betrafen, mögliche Auswirkungen präventiv abzumildern. Wie notwendig solche Auflagen waren, wurde unter anderem während des Hochwassers im Jahr 1955 in Mannheim sichtbar. Hier wurde schließlich eine kürzlich zuvor verlegte Leitung für die Schwächung des Dammes und den folgenden Dammbruch verantwortlich gemacht. In anderen Fällen, wie im Beispiel des erweiterten Müllablageplatzes in Mannheim, passten die Verantwortlichen die Schutzstrategien an die Infrastrukturen an, indem sie neue Dämme errichteten oder verlegten und so Hochwasserschutz erst herzustellen versuchten. Die Prozesse der Stadtentwicklung und des Infrastrukturausbaues wirkten in erster Linie auf die Vorbereitungsphase und hier insbesondere auf die Komponenten der raumplanerischen Vorsorge und des baulichen Schutzes.

6 Konjunktur und Wirtschaftsform

Die deutsche Wirtschaftsgeschichte des 20. Jahrhunderts weist wenige Konstanten auf und erstreckt sich von krisenhaften Zuständen bis zu Phasen der Hochkonjunktur. Ähnlich verschieden zeigten sich die Wirtschaftssysteme selbst, sie reichten von freiheitlicher Marktwirtschaft über rüstungsfixierte Kriegswirtschaft bis zur sozialistischen Zentralverwaltungswirtschaft. Als Ursachen für diese Vielfältigkeit lassen sich lokale, nationale sowie globale Faktoren ausmachen. So kam es während der Kriegsjahre zu Produktionsumstellungen, einem erhöhten Anteil weiblicher Angestellter und Arbeiterinnen und in der anschließenden Nachkriegszeit zu umfassenden Demontagen und Reparationsforderungen. Der mit den Kriegen einhergehende politische Systemwechsel übertrug sich zudem auf die wirtschaftliche Ausrichtung und Entwicklung. Hinzu kamen die Schwankungen der Weltwirtschaft sowie Krisen mit globalen Folgen, wie beispielsweise die Öl-Krisen. Diese unterschiedlichen ökonomischen Rahmenbedingungen wirkten sich auf die jeweiligen Städte und auf ihren Umgang mit Hochwasserereignissen aus. Im folgenden Kapitel wird daher direkt nach dem Einfluss von Krisen und Konjunkturschwankungen sowie der Wirtschaftsform der Planwirtschaft gefragt.[1]

6.1 Massenarbeitslosigkeit und Hochkonjunktur

Wie viele andere deutsche Städte erlebten Dresden und Mannheim während des 20. Jahrhunderts Phasen des ökonomischen Auf- und Abschwungs. Die Folgen beschränkten sich jedoch nicht nur auf die Wirtschaftsbilanzen der Städte, sondern wirkten auch in die Gesellschaft hinein. In Zeiten der Rezession oder gar der konjunkturellen Tiefphasen kam es zu verringerten Produktionszahlen und einer damit einhergehenden steigenden Erwerbslosenquote. Diese wies vor allem zu Beginn der 1930er Jahre zweistellige Prozentwerte auf. Hinzuzurechnen ist allerdings noch eine nicht unerhebliche Dunkelziffer, da nur die tatsächlich gemeldeten Erwerbslosen in der Statistik erfasst werden konnten.[2] Die Regierung griff schließlich zu regulierenden Maßnahmen und steuerte mit „Arbeitsbeschaffungsprogramme[n], flankiert von Notstandsarbeiten, Arbeitszeitverkürzungen, der Einführung eines freiwilligen Arbeitsdienstes und anderem mehr“[3] entgegen.[4] Diese Instrumente fanden in beiden Städten Anwendung und dienten dort auch der Errichtung von Hochwasserschutz-

1 Siehe dazu bspw.: Schanetzky 2016; Hesse, Köster, Plumpe 2017; Abelshauser 2011; Hoffmann 2002.

2 Hesse, Köster, Plumpe 2017: 56.

3 Schulz 2018: 58.

4 Zur Arbeitsbeschaffung in Dresden im Allgemeinen siehe: Leistikow 1994.

https://doi.org/10.1515/9783110734676-006

bauten. Welche Folgen diese präventiven Maßnahmen hatten und inwiefern sich die hohen Arbeitslosenzahlen auf den Schutz der Städte auswirkten, wird im folgenden Abschnitt analysiert.

6.1.1 Lohn und Brot durch Hochwasserschutz

Mit der Kaditzer Flutrinne bei Dresden befindet sich bis heute ein Ergebnis dieser Arbeitsmarktregulierungen in Gebrauch. Hierbei handelt es sich um einen trockenen Alt-Arm der Elbe, der bereits zu Beginn des 20. Jahrhunderts durch Erwerbslose zur Flutrinne umgestaltet werden sollte. Noch während der ersten Monate des Ersten Weltkriegs bewilligte der Dresdner Gesamtrat „zur Linderung der Arbeitslosigkeit"[5] 540.000 Mark für Erdarbeiten an der Flutrinne und dem angrenzenden Flugplatz. Der tatsächliche Baubeginn verzögerte sich allerdings kriegsbedingt bis in die ersten Jahre der Weimarer Republik, war jedoch nach wie vor als Arbeitsbeschaffungsmaßnahme angelegt.[6] Bis zum Jahr 1922 konnte als Notstandsarbeit eine über zweieinhalb Kilometer lange Rinne mit einer Breite von 40 Metern angelegt werden. Bei ansteigendem Elbpegel sollte dieses Gebiet zwischen den Stadtteilen Mickten und Übigau planmäßig volllaufen und somit Überschwemmungen an anderer Stelle verhindern (siehe dazu exemplarisch Abbildung 24). Die Feuertaufe bestand die Maßnahme während des Hochwassers im Winter 1920. So nannte der zuständige Kommissar in seinem Bericht die Flutrinne und ein Pumpwerk bei Kaditz als ursächlich dafür, dass die linkselbischen Stadtteile wie Cotta und Friedrichstadt nicht von Hochwasser betroffen waren, und äußerte sich angetan:

> „Es ist dies das erste Mal, daß diese Anlagen bei einem größeren Hochwasser gehalten haben, was man von ihnen erwartete. Schon seit Jahren ist behauptet worden, daß die fraglichen Stadtteile in Zukunft von Hochwasser freibleiben würden. Der Beweis dafür dürfte nunmehr als erbracht anzusehen sein und man kann annehmen, daß diese Stadtteile solange hochwasserfrei bleiben, als sie nicht bei außergewöhnlichen Niederschlägen, die im Verlaufe einer Hochflut hier niedergehen, von Tagewässern überschwemmt werden."[7]

Im unmittelbareren Bereich der Flutrinne konnte allerdings kein positiver Effekt erzielt werden: „Übigau, Mickten und Kaditz, die das Wasser von allen Seiten umspülte, [waren] zu Inseln verwandelt."[8] Dies hatte wiederum Verkehrsunterbrechungen in den Stadtteilen zur Folge, die nur teilweise durch den Einsatz von Fähr-

5 [o.V.], Zur Linderung der Arbeitslosigkeit. In: Dresdner Neuste Nachrichten (16.09.1919).
6 Vgl. [o.V.], Stadtverordnetensitzung. In: Dresdner Neuste Nachrichten (12.09.1919).
7 Bericht, betr. die Hochflut im Januar 1920 (30.01.1920). In: Stadtarchiv Dresden | Bestand 4.1.5 Akte Nr. 179: Bl. 237.
8 Ebd.: Bl. 236.

kommandos überbrückt werden konnten.[9] Im Anschluss wurden Planungen angestellt, die vorsahen, die Anlage zu verbreitern und zu vertiefen. Das Vorhaben wurde maßgeblich durch die vorherrschende Arbeitsmarktlage ermöglicht. Angesichts der steigenden Erwerbslosenzahlen bemühten sich die Regierung des Reichs sowie die sächsische Regierung um „Beschaffung von Arbeitsgelegenheit“[10]. Die Problematik der zunehmenden Erwerbslosigkeit und ihrer Linderung wurde auch auf der Länderfinanzminister-Konferenz diskutiert. Dort sprach sich der Finanzminister Sachsens, Julius Dehne, – trotz aller Nachteile – für den Einsatz von Notstandsarbeiten aus. Er argumentierte,

> „daß trotz der außerordentlichen Belastung, die durch Vermehrung der Notstandsarbeiten auch für die Finanzen der Länder und Gemeinden eintritt, im politischen, sozialen und letzten Endes auch im finanziellen Interesse eine derartige Verwendung öffentlicher Mittel immer noch eher tragbar erscheint, als wenn sie ohne Gegenleistung einfach als Erwerbslosenunterstützung ausgeschüttet werden.“[11]

Die sächsischen Ministerien ließen klare Präferenzen für den Einsatz der Erwerbslosen erkennen. So sollte vorrangig „die Inangriffnahme dringender Wasserbauten vorbereitet [werden], deren Notwendigkeit sich durch das letzte Hochwasser besonders deutlich herausgestellt hat“[12]. Auf kommunaler Ebene beschlossen die Angehörigen des Dresdner Rats in diesem Zusammenhang, den weiteren Ausbau der Kaditzer Flutrinne als Notstandsarbeit anzulegen. Die Verbreiterung der Sohle auf insgesamt 119 Meter sollte das Fassungsvermögen erhöhen und so in kürzerer Zeit mehr Hochwasser geordnet und jenseits des Hauptstroms abtransportieren.

Die Arbeiten verliefen jedoch nicht ohne Kritik. Während das Vorhaben generell zwar kaum beanstandet wurde, sorgte der Einsatz von und vor allem der Umgang mit den Arbeitenden für Diskussionen. Insbesondere die lokale kommunistische Opposition klagte in ihrem eigenen Presseorgan *Die Arbeiterstimme* über die Zustände auf der Baustelle. So lehnten sie das Konzept der „produktiven Erwerbslosenfürsorge“[13] ab und monierten, die Betroffenen seien „zu arbeiten gezwungen“[14] worden und müssten „die den meisten unbekannte Arbeit verrichten“[15]. Weiter missbilligten die Angehörigen der KPD, dass Beanstandungen vor Ort nicht angehört würden und bei Widersetzlichkeiten der Verlust der Erwerbslosenunterstüt-

9 Vgl. dazu [o.V.], Der Höchststand des Elbhochwassers. In: Dresdner Nachrichten (17.01.1920); [o.V.], Hochwasser und Reichswehr. In: Dresdner Anzeiger (18.01.1920); [o.V.], Der Rückgang des Hochwassers. In: Dresdner Nachrichten (19.01.1920).

10 [o.V.], Das sächsische Notstandsprogramm. In: Dresdner Neuste Nachrichten (17.07.1926).

11 Ebd.

12 Ebd.

13 [o.V.], Wieder einmal „Kaditzer Flutrinne“. In: Arbeiterstimme (27.10.1926).

14 Ebd.

15 Ebd.

zung drohe. Grund für Kritik und Verweigerung gab es nach Angaben der *Arbeiterstimme* jedoch reichlich: Die Arbeitssicherheit werde nicht geachtet, es komme zu einer Vielzahl an Unfällen, die hygienischen Umstände seien unzureichend und obendrein würden die Arbeitenden beleidigt und mit einer „viehlichen Behandlung“[16] durch die Vorgesetzten schikaniert.

Abb. 24: Planmäßige Überschwemmung und Eintritt der Elbe in die Flutrinne (1974)

Am Beispiel des Baus und der Erweiterung der Kaditzer Flutrinne wird sichtbar, wie in Zeiten konjunktureller Schwächen und hoher Arbeitslosenzahlen der Hochwasserschutz in Form von staatlich gelenkten Infrastrukturmaßnahmen vorangetrieben wurde. Bereits zuvor geplante oder angedachte Bauten sowie als notwendig empfundene Maßnahmen ließen sich so rasch und vor allem kostengünstiger umsetzen. Zugleich ist jedoch anzumerken, dass die Flutrinne so, zumindest in Teilen, weniger zu Lasten des Staates als zu Lasten der Erwerbslosen errichtet wurde.

Einige Jahre später, nun unter Regie der Nationalsozialisten, kam es wiederum in der Nähe der Flutrinne zu baulichen Maßnahmen im Sinne des Hochwasserschutzes. Dabei ging es um die Errichtung von Hochwasserdämmen entlang der

16 [o.V.], Wieder einmal „Kaditzer Flutrinne“. In: Arbeiterstimme (27.10.1926).

Elbe. Geplant war, das bis dato geschützte Gelände bei Übigau zu erweitern, indem die Dammstrecke von bisher 700 m um mehr als das Doppelte verlängert werden sollte. Dank des Jahre zuvor erhöhten Fassungsvermögens der Flutrinne beabsichtigten die Verantwortlichen, die Dämme deutlich näher an die Elbe zu führen. Wie es für diesen Abschnitt an der Elbe fast schon üblich war, sollte die Arbeiten hauptsächlich von Erwerbslosen bestritten werden. Der *Dresdner Anzeiger* berichtete dazu:

> „Bei den Arbeiten, die im Rahmen des Arbeitsbeschaffungsprogramms durchgeführt werden sollen, werden etwa 250 Wohlfahrtserwerbslose auf ein Jahr Beschäftigung finden können. Es sind rund 90 000 Tagewerke zu leisten; die dafür nötigen Mittel hat die Deutsche Gesellschaft für öffentliche Arbeiten zur Verfügung gestellt."[17]

Die Stadt Dresden konnte somit erneut von der schwachen Arbeitsmarktlage profitieren, indem sie durch Erwerbslose ihren Hochwasserschutz ausbauen ließ und in diesem Falle nicht einmal finanziell dafür aufkommen musste.

Die Beschäftigung von Arbeitslosen im Wasserbau war allerdings weder ein sächsisches noch ein Dresdner Phänomen. Mannheim war schon früh und zugleich überdurchschnittlich stark von der Massenarbeitslosigkeit betroffen. Die Gründe dafür finden sich in der zeitgenössischen demografischen Zusammensetzung der Stadtbevölkerung: Über 73 % der Mannheimerinnen und Mannheimer fielen aufgrund ihres Alters in die Gruppe der potenziell Erwerbstätigen. Um die Massenarbeitslosigkeit abzudämpfen, legte die Stadt Mannheim seit 1929 mehrere Programme für Notstandsarbeiten auf, die allerdings aufgrund der fehlenden Mittel in den Stadtkassen bereits im Jahr 1931 wieder eingestellt werden mussten.[18] Wie bereits im Kapitel 5.2 erwähnt, galt es im Rahmen der Erweiterung des städtischen Müllplatzes auf der Friesenheimer Insel ebenfalls Gelände nutzbar zu machen. Hierfür waren im Jahr 1930 Erwerbslose mit der Verdrückung der Dämme beschäftigt worden. Nach einer kurzen Unterbrechung führten die dann regierenden Nationalsozialisten schließlich die Arbeitsprogramme in Mannheim fort.[19]

Während die Arbeiten zugunsten des Müllplatzes mehreren Interessen entgegenkamen, entspann sich nur wenige Jahre später ein Konflikt um die Sinnhaftigkeit dieser Art der Arbeitsbeschaffung. Dieser wurde im Spätsommer 1933 mit einer Meldung der Wasser- und Straßenbaudirektion an das Rheinbauamt in Gang

---

17 [o.V.], Ein neuer Hochwasserschutzdamm an der Elbe bei Kaditz. In: Dresdner Anzeiger (17.09. 1933).

18 Popp 2009: 125–131.

19 Siehe dazu Caroli 2009: 257–258, 284–285, 288–290 und allgemeiner: Schanetzky 2016: 59–72.

gesetzt. Darin hieß es, „daß zur Beschaffung von Arbeit“[20] aufseiten des Bürgermeisters Walli „der Wunsch bestehe, den Hochwasserdamm LI auf der früheren Gemarkung Sandhofen nach dem Rhein hin zu verlegen, um dadurch neues Gelände hochwasserfrei einzudeichen.“[21] Die Maßnahme verfolgte also aus Sicht des Stadtvorstehers zweierlei Ziele. Da allerdings nicht näher ausgeführt wurde, wie das so hochwasserfrei gelegte Gelände zu nutzen wäre, dürfte das Argument, die Arbeiten als Arbeitsbeschaffungsmaßnahme durchzuführen, stärker gewogen haben. So betonte Walli an anderer Stelle das hohe Beschäftigungspotenzial des Vorhabens: „Im ganzen werden rund 200.000 Tagewerke erforderlich. Bei 6 stündiger täglicher Arbeitszeit können etwa 320 Mann rund 2 Jahre Beschäftigung finden.“[22]

Wenngleich an verschiedenen Stellen angemerkt wurde, dass noch Untersuchungen zur Bodenbeschaffenheit und den genaueren Umständen anzustellen wären und zudem zu prüfen sei, wie oft das Gelände bisher von Hochwasser betroffen war, schloss er mit einem eindringlichen Appell: „Die Erledigung wolle in Rücksicht auf die Dringlichkeit der Arbeitsbeschaffung, die gegebenenfalls nachträglich im Arbeitsbeschaffungsprogramm III beantragt werden soll, beschleunigt werden.“[23] Das Rheinbauamt ließ allerdings nach einer Erinnerung Ende September[24] fast einen weiteren Monat verstreichen, bis es am 26. Oktober zur Anfrage der Wasser- und Straßenbaudirektion Stellung nahm. Die Ausführungen entsprachen jedoch nicht den in der Anfrage formulierten Wünschen, sondern lieferten vor allem Argumente gegen die geplante Maßnahme:

> „Durch die Vorverlegung des Dammes würde gerade das wertvolle Ackergelände in Anspruch genommen und recht ungünstig durchschnitten, sodaß die Bewirtschaftung erheblich erschwert wird, während von der neu einzudeichenden Fläche ein großer Teil, (rd. 60 ha) fast er-

---

20 Badische Wasser- und Straßenbaudirektion, Karlsruhe an Badisches Rheinbauamt, Mannheim, betr. Verlegung des Hochwasserdammes bei Sandhofen. [Abschrift] (07.09.1933). In: Landesarchiv Baden-Württemberg, Generallandesarchiv Karlsruhe | Bestand 426 Zugang 1980-44 Akte Nr. 330: o.P.

21 Ebd.: o.P.

22 Erläuterungsbericht des Oberbürgermeisters, Mannheim, betr. Entwurf des Tiefbauamtes vom 10. Juli 1933 über die Eindeichung der Friesenheimer Insel auf Gemarkung Mannheim (10.07.1933). In: Landesarchiv Baden-Württemberg, Generallandesarchiv Karlsruhe | Bestand 426 Zugang 1980-44 Akte Nr. 329: o.P. [Hervorhebung im Original].

23 Badische Wasser- und Straßenbaudirektion, Karlsruhe an Badisches Rheinbauamt, Mannheim, betr. Verlegung des Hochwasserdammes bei Sandhofen. [Abschrift] (07.09.1933). In: Landesarchiv Baden-Württemberg, Generallandesarchiv Karlsruhe | Bestand 426 Zugang 1980-44 Akte Nr. 330: o.P.

24 Badische Wasser- und Straßenbaudirektion, Karlsruhe an Badisches Rheinbauamt, Mannheim, betr. Verlegung des Hochwasserdammes bei Sandhofen (27.09.1933). In: Landesarchiv Baden-Württemberg, Generallandesarchiv Karlsruhe | Bestand 426 Zugang 1980-44 Akte Nr. 330: o.P.

traglos ist und erst aufgefüllt und reguliert werden müßte, ehe er bewirtschaftet werden könnte."[25]

Das Badische Rheinbauamt plädierte gegen die Dammverlegung und für eine Erhöhung und Verstärkung des bereits vorhandenen Sommerdamms. So werde es zwar nicht zu neuem Geländegewinn kommen, allerdings sei das bereits bewirtschaftete Gebiet dadurch besser geschützt. Zur Untermauerung dieses Vorschlags listete das Rheinbauamt sieben Hochwasserereignisse seit 1880 auf und stellte fest, dass in zwei Fällen, zuletzt beim Hochwasser im Winter 1919/20, der Sommerdamm gebrochen war. Schließlich nahm noch das Badische Finanz- und Wirtschaftsministerium Bezug auf diese Stellungnahme und lehnte die Dammverlegung ab, da durch sechs Überschwemmungen innerhalb von 53 Jahren „wohl kein besonders hoher Schaden entstanden"[26] sei. Bemerkenswert ist, dass der bis dahin höchste Pegelstand aufgrund seiner vermeintlich außergewöhnlichen Höhe völlig ignoriert wurde.[27] Eine finanzielle Beteiligung am Vorhaben wies das Ministerium zurück, es könne, so die Begründung, „keine Rede davon sein, dass die Vorverlegung des Hauptrheindammes aus Gründen öffentlichen Interesses geboten und der Badische Staat baupflichtig ist"[28]. Der bereits durch das Rheinbauamt forcierten Maßnahme, den Sommerdamm zu verstärken, stand das Ministerium hingegen positiv gegenüber. Allerdings nicht ohne ebenfalls umgehend festzustellen, dass „eine Beteiligung des Landes an den Kosten [nicht in Frage] käme, weil es sich nicht um einen Hauptrheindamm handeln würde [...]."[29]

Die Stadt Mannheim entschied sich schließlich im Sinne dieses Vorschlags und ließ den Sommerdamm am Alt-Rhein im Rahmen des Arbeitsbeschaffungsprogramms erhöhen. In der Folge waren der Damm und seine Anpassungen für mehr als zwei Jahrzehnte kein Thema, das medial oder auf Verwaltungsebene größere Beachtung erfuhr. Erst in Folge eines Dammbruchs während des Hochwassers von 1955 wurden die Maßnahmen der 1930er Jahre zum Gegenstand behördlicher Untersuchungen. In der nachträglichen Analyse des Tiefbauamtes konnte die Ursache nicht abschließend ergründet werden. Im Erläuterungsbericht wurde allerdings der Verdacht geäußert, dass bei der Erhöhung im Jahr 1933 „schlechtes Dammmateri-

25 Badisches Rheinbauamt, Mannheim an Wasser- und Straßenbaudirektion, Karlsruhe (26.10. 1933). In: Landesarchiv Baden-Württemberg, Generallandesarchiv Karlsruhe | Bestand 426 Zugang 1980-44 Akte Nr. 330: o.P.

26 Badisches Finanz- und Wirtschaftsministerium, Abt. für Wasser- und Straßenbau, Karlsruhe an Rheinbauamt, Mannheim, betr. Verlegung des Hochwasserdammes bei Sandhofen (05.01.1934). In: Landesarchiv Baden-Württemberg, Generallandesarchiv Karlsruhe | Bestand 426 Zugang 1980-44 Akte Nr. 330: o.P.

27 Ebd.: o.P.

28 Ebd.: o.P.

29 Ebd.: o.P.

al"[30] verwendet wurde und zudem die Dammkrone nicht breit genug sei. Selbst wenn dies nicht ursächlich für die Anfälligkeit war, stellte das Tiefbauamt 1955 fest: „Es wurde jedoch offenbar, dass der Damm in seiner jetzigen Form den Ansprüchen eines Hochwasserdammes nicht genügt."[31] Ähnliches offenbarte sich für einen weiteren Damm, dessen Planung und Errichtung ebenfalls im Rahmen der Arbeitsbeschaffung durchgeführt wurde. Der Sommerdamm Rheinau sollte überwiegend landwirtschaftliche Flächen schützen, allerdings merkte das Tiefbauamt während der Nachbereitung zum Hochwasser 1970 an: „Dieser [...] Damm erfüllt seine eigentliche Aufgabe nur in sehr mangelhafter Weise."[32] Daraufhin wurde über mögliche Verstärkungen nachgedacht, „da der Damm jedoch nur Wiesengelände schützen soll, sind diese Maßnahmen nicht sonderlich dringlich."[33] Offenkundig wurden allerdings in den nächsten Jahren keine baulichen Änderungen vorgenommen. Als es schließlich während des Hochwassers im Sommer 1987 erneut zum Dammbruch kam, empörten sich die betroffenen Landwirte über die vermeintliche Vernachlässigung.[34] Die öffentlich beschuldigte Stadtverwaltung reagierte, indem sie die Frage aufwarf, ob der Damm überhaupt weiter erhalten werden solle. Für diesen Fall seien umfangreiche Maßnahmen in Verbindung mit hohen Kosten zur Sicherung notwendig.[35]

Nicht nur die krisenbehafteten Phasen der 1920er und 1930er Jahre entfalteten ihre Wirkung auf den städtischen Hochwasserschutz. Auch die Zeiten der Hochkonjunktur stießen Entwicklungen an, deren Folgen bis an den Damm reichten. Während der 1960er Jahre verbesserten sich in Westdeutschland beispielsweise der persönliche Lebensstandard und die Arbeitsverhältnisse in Teilen. Obwohl diese Prozesse nicht direkt mit dem städtischen Hochwasserschutz verknüpft waren, wirkten sie dennoch indirekt auf ihn. Im folgenden Abschnitt wird deshalb der Frage nachgegangen, welchen Einfluss die Phasen des Aufschwungs auf die Maßnahmen des Hochwasserschutzes hatten.

---

30 Erläuterungsbericht des Tiefbauamtes, Mannheim, betr. Hochwasser 1955, bzgl. Wiederherstellung des Hochwasserdammes Friesenheimer Insel (Dammsystem 40a) (08.03.1955). In: Marchivum | Bestand VI 54/1969 Akte Nr. 666: o.P.

31 Erläuterungsbericht des Tiefbauamtes, Mannheim, betr. Verstärkung des Hochwasserdammsystems 40a (03.08.1955). In: Marchivum | Bestand VI 54/1969 Akte Nr. 623: o.P.

32 Tiefbauamt, Mannheim an Stadt Mannheim, Dez. VII, betr. Hochwasserschutzmaßnahmen (24.03.1970). In: Marchivum | Bestand HR 42/1975 Akte Nr. 619: o.P.

33 Ebd.: o.P.

34 [o.V.], Riedwiesen unter Wasser: Dammbruch erregt die Gemüter. In: Mannheimer Morgen (23.06.1987).

35 Informationsvorlage des Oberbürgermeisters, Mannheim, betr. Hochwasserschutz – Wasserwehr in der Zeit vom 18.06.1987 bis 22.06.1987 bzgl. Stellungnahme zum Pressebericht des Mannheimer Morgens vom 23.06.1987, Nr. 407/87 (25.06.1987). In: Marchivum | Bestand HR 2/2001 Akte Nr. 411: o.P.

6.1.2 Bundesrepublikanische Konjunkturschwankungen

Die Situation in Mannheim entsprach weitestgehend dem bundesdeutschen Trend und durchlief daher „die lange Wachstumsphase von 1950 bis 1973“[36] ebenso wie die ab Mitte der 1960er Jahre einsetzende Rezession. Der Wiederaufbau Mannheims war zu dieser Zeit weitestgehend abgeschlossen und es ließ sich eine deutliche Verbesserung des allgemeinen Lebensstandards in der Stadt verzeichnen. Die Schwerpunkte im Bausektor lagen zunächst vor allem auf dem Straßen- und Wohnungsbau. In den folgenden Dekaden kamen noch hohe Investitionen im Bereich des Energienetzausbaus und der Abfallbeseitigung hinzu.[37] Die Phase des Aufschwungs wirkte sich unmittelbar auf die Arbeitsmarktlage aus. Bereits in den 1950er Jahren ging die Arbeitslosenquote stark zurück und wenige Jahre später war der bundesrepublikanische Arbeitsmarkt „leergefegt“[38]. Der so entstandene Mangel an Fachpersonal war in Mannheim insbesondere ab 1958 spürbar. Im Zuge der Anwerbeabkommen, die ab Mitte der 1950er Jahre geschlossen wurden, stieg die Anzahl der ausländischen Arbeiterinnen und Arbeiter innerhalb kurzer Zeit deutlich von 1.000 (1958) auf mehr als 8.500 (1960) Personen an. Schwerpunkt der Beschäftigungen bildete vor allem das Baugewerbe.[39]

Wie wirkte sich die vorherrschende Lage nun auf den Mannheimer Hochwasserschutz aus? In mehreren Dokumenten finden sich Hinweise darauf, dass es auch im Tiefbauamt an Arbeitskräften mangelte und diese ebenso im Hochwasserfall fehlen würden: „Bereits jetzt ist es aber sehr schwierig, die verhältnismäßig kurzen Dammstrecken bei Hochwasser zu bewachen und zu verteidigen. Es fehlt an städtischen Regiearbeitern, die Zahl der Bauarbeiter ansich [sic!] ist zurückgegangen, [...]“.[40] Die Aussage offenbart weiterhin, dass der Einsatz der angeworbenen ausländischen Arbeitskräfte in diesem Fall keine Lösung bieten konnte. Das Tiefbauamt kommentierte: „Gastarbeiter sind zu Kontrollarbeiten wegen der Sprachschwierigkeiten kaum zu verwenden.“[41]

Die Arbeitsmarktlage ermöglichte zudem höhere Brutto-Löhne, Verkürzungen der Arbeitszeit und die Einführung des „langen Wochenendes“[42]. Infolge der zunehmenden Verbreitung von PKWs eröffnete sich die Perspektive, eben diese Wochenenden spontan außerhalb Mannheims verbringen zu können oder gar ein Ei-

36 Hardach 2003: 197.

37 Egler-Huck 2009: 519–525.

38 Schildt, Siegfried 2009: 182.

39 Egler-Huck 2009: 542.

40 Tiefbauamt, Mannheim an Stadt Mannheim, Dez. VII, betr. Hochwasserschutzmaßnahmen (24. 03.1970). In: Marchivum | Bestand HR 42/1975 Akte Nr. 619: o.P.

41 Ebd.: o.P.

42 Schildt, Siegfried 2009: 184.

genheim im Umkreis zu beziehen und künftig zur Arbeitsstätte zu pendeln.[43] Das Tiefbauamt problematisierte diese Entwicklungen vor allem in Bezug auf den Hochwasserdienst. Während bereits in einem Schriftstück aus dem Februar 1969 die „ständige Verringerung der Arbeitszeit“[44] angesprochen wurde, wiederholte das Tiefbauamt im folgenden Jahr diese Feststellung und fügte hinzu, dass auch „die Tatsache, daß an verlängerten Wochenenden und Feiertagen in verstärktem Umfang Bedienstete sich außerhalb Mannheims aufhalten“[45], eine Anpassung im Vorbereitungsprozess erfordere. Vorgeschlagen wurde zum einen die Umstrukturierung der Organisationspläne: In Zukunft sollten Hochwasserabwehrmaßnahmen so vorbereitet werden, dass sie gegebenenfalls auch kurzfristig von „ständig dienstbereite[n] Organe[n]“[46] wie der Polizei oder Feuerwehr übernommen werden könnten. Zum anderen sollten die bestehenden Hochwasserdammstrecken „mehr und mehr wartungsfrei werden“[47], sodass keine dauerhafte Bewachung mehr notwendig sei. Dies hätte auch noch einen anderen Vorteil gehabt, denn offenbar war auch das Tiefbauamt von der ab Mitte der 1960er Jahre angepassten Investitionspolitik der Stadt betroffen. Im Februar 1969 hieß es vonseiten des Tiefbauamtes, dass einige Hochwasserschutzdämme „in den letzten Jahren wegen fehlender Geldmittel etwas vernachlässigt worden“[48] seien. Detaillierte Informationen sind dem Schreiben nicht zu entnehmen, allerdings bleibt zu vermuten, dass es sich dabei vor allem um notwendige Instandsetzungs- und Pflegearbeiten an den Dämmen handelte.

Wie am angeführten Beispiel deutlich wird, stellten die Phasen des Aufschwungs und der Hochkonjunktur ebenfalls Herausforderungen an den Hochwasserschutz. In diesen Zeiten mangelte es an Arbeitskräften und die Verbliebenen waren zudem durch den eigenen zunehmenden Wohlstand nicht mehr so leicht und kurzfristig verfügbar. Die regulierenden Maßnahmen, wie beispielsweise die Anwerbeabkommen, wirkten sich nicht ausreichend auf die Hochwasserschutzlage aus, sodass gegen Ende der 1960er Jahre eher eine technische Lösung durch wartungsfreie Dämme, bei der weniger Fachkräfte notwendig waren, diskutiert wurde. Die für diese Dekaden skizzierte Lage lässt sich jedoch lediglich auf die westdeutschen Städte übertragen, denn während Dresden und Mannheim zumindest in der ersten Hälfte des 20. Jahrhunderts noch ähnliche wirtschaftliche Rahmenbedingungen aufweisen konnten, änderte sich dies nach dem Krieg und der Gründung beider

---

43 Herbert, Hunn 2003: 282; Schildt, Siegfried 2009: 192–193.

44 Tiefbauamt, Mannheim an Stadt Mannheim, Dez. VII, betr. Hochwassergefahr für die Stadt Mannheim (05.02.1969). In: Marchivum | Bestand HR 42/1975 Akte Nr. 619: o.P.

45 Tiefbauamt, Mannheim an Stadt Mannheim, Dez. VII, betr. Hochwasserschutzmaßnahmen (24. 03.1970). In: Marchivum | Bestand HR 42/1975 Akte Nr. 619: o.P.

46 Ebd.: o.P.

47 Tiefbauamt, Mannheim an Stadt Mannheim, Dez. VII, betr. Hochwassergefahr für die Stadt Mannheim (05.02.1969). In: Marchivum | Bestand HR 42/1975 Akte Nr. 619: o.P.

48 Ebd.: o.P.

deutscher Staaten maßgeblich. Im Folgenden wird daher die ökonomische Situation in Dresden ab den 1950er Jahren fokussiert und hinsichtlich ihrer Auswirkungen auf den Umgang mit Hochwasser untersucht.

6.2 Planziele und der Einsatz Volkseigener Betriebe

Bereits zu Zeiten der sowjetischen Besatzung wurde das Fundament der späteren Wirtschaftsform gelegt. Im Zuge der Reparationsforderungen kam es zunächst zur Enteignung zahlreicher Betriebe, die teilweise im Anschluss als *Sowjetische Aktiengesellschaft* (SAG), *Volkseigener Betrieb* (VEB) oder *Landwirtschaftliche Produktionsgenossenschaft* (LPG) weitergeführt wurden. Ab dem Jahr 1953 gingen diese in den Besitz der noch jungen DDR über und ein zweiter Verstaatlichungsschub erfolgte in den 1970er Jahren.[49] Im Folgenden wird daher nach den Auswirkungen dieser speziellen Wirtschaftsform auf den Dresdner Hochwasserschutz gefragt. Zunächst soll die Rolle der vergesellschafteten Betriebe in den Blick genommen und anschließend die Einflüsse der Planwirtschaft analysiert werden.

6.2.1 Volkseigene Betriebe im Hochwassereinsatz

Der staatliche Zugriff auf die Betriebe gewährte den Verantwortlichen für den Hochwasserschutz einen erweiterten Handlungsspielraum in Hinblick auf die Beschaffung von Personal und Ressourcen. So erlaubte es die Organisationsform der VEB, Arbeiterinnen und Arbeiter, aber auch Material und Fahrzeuge dem Hochwasserschutz zuzuführen. Dabei handelte es sich um eine Möglichkeit, die auf städtischer Ebene bereitwillig angenommen wurde. Dies belegen unter anderem eine Reihe von Abfragen für den Raum Dresden, in denen die Stadt sich regelmäßig nach möglichen Bereitschaften in den Betrieben erkundigte und die entsprechenden Partner daran erinnerte. Der Erfolg dieser Abfragen lässt sich anhand der überlieferten Rückmeldungen nachvollziehen: Der *VEB POLYGRAPH* meldete beispielsweise an den 2. Stadtbezirk im Februar 1952: „Als Katastropheneinsatz-Kommando nennen wir euch nachfolgende 21 Kollegen [...] mit freigewerkschaftlichem Gruß“[50]. Weiterhin wandte sich die *IFA Vereinigung volkseigener Fahrzeugwerke Karosseriewerk Gläser* an den Stadtbezirk und teilte mit, dass „unser Feuerwehrtrupp zu evtl. Katastropheneinsatz bereitgestellt“[51] werde. Dieser bestehe aus 30–35 Werksange-

49 Siehe dazu: Wolle 2015a; Wolle 2015b.

50 POLYGRAPH/KAMA, Dresden an 2. Stadtbezirk, Dresden (07.02.1952). In: Stadtarchiv Dresden | Bestand 4.1.5 Akte Nr. 179: Bl. 3.

51 IFA, Dresden an 2. Stadtbezirk, Dresden (05.02.1952). In: Stadtarchiv Dresden | Bestand 4.1.5 Akte Nr. 179: Bl. 8.

hörigen, welche namentlich auf einer beigefügten Liste übermittelt wurden. Nur zwei Tage später waren die Angaben der *IFA* bereits in den Katastropheneinsatzplan übernommen worden. Ebenso finden sich darin Hinweise auf Betriebe, die LKWs (5 t und 1 ¼ t) sowie Einsatzmaterialien wie Hacken, Beile und Schaufeln bereitstellen wollten.[52] Während des Hochwassers im Jahr 1954 war diese Strategie erfolgreich: Stolz schloss der Leiter des Kommandos seinen mehrseitigen Abschlussbericht mit den Worten: „Vorbildlich klappte die Organisierung von Einsatzkräften einschließlich LKWs in den volkseigenen Betrieben."[53] An anderer Stelle wurde – trotz des offensichtlich verspäteten Eintreffens am Einsatzort – ein ebenso positives Fazit gezogen:

> „Wenn auch an manchen Stellen der Einsatz von freiwilligen Helfern aus den Betrieben nicht ganz zeitgerecht geklappt hat, z.B. durch Transportschwierigkeiten, so kann doch behauptet werden, daß die Zusammenarbeit mit den Helfern der Betriebe gut und planmäßig war."[54]

Zudem wurde auf einer Ratssitzung zum selben Ereignis vermerkt:

> „Festgehalten muss noch werden, dass die Industriebetriebe, die einen Teil ihrer Arbeitskräfte für den Katastropheneinsatz zur Verfügung stellten, keine Ansprüche auf Lohnausfall einreichten, so dasswir [sic] [27] denselben an dieser Stelle unseren Dank aussprechen möchten."[55]

Die planmäßige, zuverlässige und ehrenamtliche Tätigkeit wurde in der DDR grundsätzlich stets besonders hervorgehoben.[56]

Die Beschäftigten wurden allerdings nicht nur außerhalb des Werks im Hochwasserschutz eingesetzt. Da in der DDR zwischen „dem gesellschaftlichen und dem betrieblichen Hochwasserschutz"[57] unterschieden wurde, galt es folglich auch auf letzterer Ebene die nötigen Vorkehrungen zu treffen. In diesem Zusammenhang veröffentlichte das *Ministerium für Umweltschutz und Wasserwirtschaft* 1988 das Heft *Hochwasserschutz in Betrieben und Genossenschaften*. Im Vorwort heißt es:

> „Anliegen der vorliegenden Broschüre ist es insbesondere, Hinweise und Erfahrungen zu vermitteln für die Vorbereitung und Durchführung der Maßnahmen des betrieblichen Hochwas-

52 Katastropheneinsatzplan des 2. Volkspolizeireviers, Dresden (07.02.1952). In: Stadtarchiv Dresden | Bestand 4.1.5 Akte Nr. 179: Bl. 4–5.

53 Abschlussbericht der Feuerwehr, Dresden, betr. Hochwasser 1954 ([o.J.]). In: Stadtarchiv Dresden | Bestand 4.2.5 Akte Nr. 111: Bl. 17.

54 Bericht des Leitungskollektivs, Dresden, betr. Das Hochwasser in Dresden und die Arbeit der Katastrophenkommission sowie Einleitung der Maßnahmen zur Beseitigung der Hochwasserschäden (26.07.1954). In: Stadtarchiv Dresden | Bestand 4.2.2 Akte Nr. 94: Bl. 84.

55 Niederschrift über die 26. Ratssitzung, Dresden (17.07.1954). In: Stadtarchiv Dresden | Bestand 5.2.2 Akte Nr. 5: Bl. 26r–27.

56 Siehe dazu auch Kapitel 7.1.

57 Ministerium für Umweltschutz und Wasserwirtschaft [1987]: 7.

serschutzes, wie sie entsprechend dem Wassergesetz zur Vermeidung von Schäden und Störungen in der Produktion durch die Betriebe und Genossenschaften selbst zu realisieren sind."[58]

Auf den folgenden Seiten informiert das Ministerium über die rechtlichen Grundlagen der Forderungen und die zu treffenden „vorbeugenden Maßnahmen"[59]. Diese zielten auf organisatorische und technische Umsetzungen ab. Mit den Elementen der Gefahrenanalyse[60], der Errichtung und Kontrolle von Schutzbauten[61], der regelmäßigen Materialkontrolle[62] und der Schulung von Mitwirkenden lassen sich hier die zentralen Elemente der in Kapitel 4.1 vorgestellten Vorbereitungsphase wiederfinden. Anschaulich stellen die Autoren außerdem die fachgerechte Nutzung von Sandsäcken und die Sicherung von Dämmen, Böschungen und dem Betriebsgelände dar.

Des Weiteren folgen Hinweise und Vorgaben für die „operative betriebliche Hochwasserabwehr"[63], also die akute Phase.[64] Schließlich – und auch hier findet sich der bereits beschriebene Kreislauf im Umgang mit Hochwasserereignissen wieder – wird zur „Auswertung von Ereignissen und Ableitung von Maßnahmen zur Vervollkommnung des Hochwasserschutzes in Betrieben"[65] aufgerufen. Die Möglichkeit der Reflexion, die durch ungewollte Auswirkungen entstanden war, sollte so genutzt und in die Vorbereitungsphase überführt werden.[66]

58 Ministerium für Umweltschutz und Wasserwirtschaft [1988]: 5.
59 Ebd.: 9.
60 Ebd.: 20–21.
61 Ebd.: 11–19.
62 Ebd.: 30.
63 Ebd.: 30–32.
64 Vgl. dazu Kapitel 4.2.
65 Ebd.: 32.
66 Vgl. dazu Kapitel 4.3.

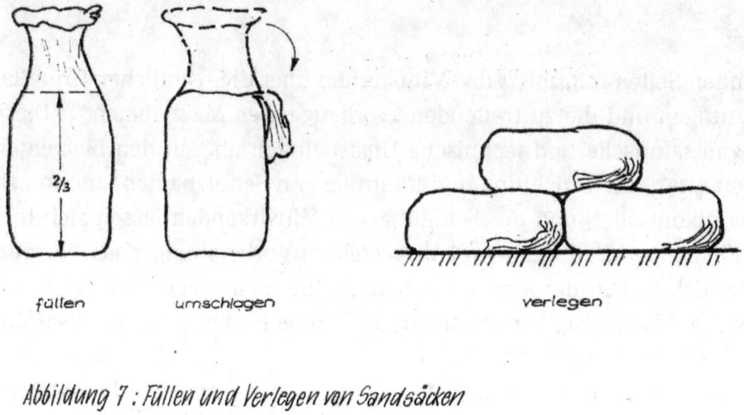

Abb. 25: Anleitung zur Nutzung von Sandsäcken im Hochwasserschutz (1988)

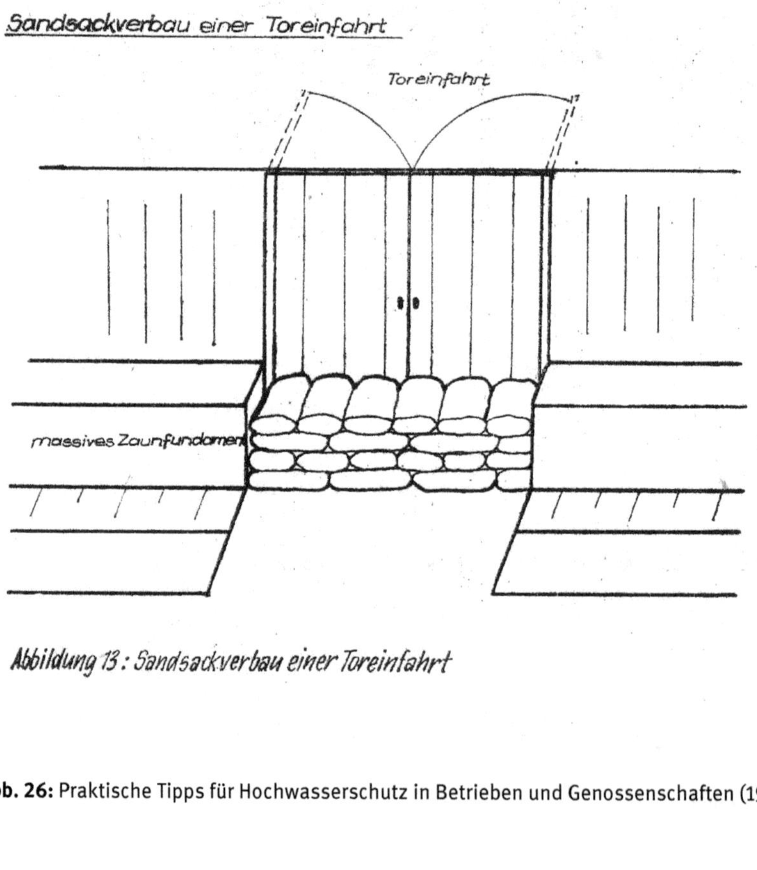

Abb. 26: Praktische Tipps für Hochwasserschutz in Betrieben und Genossenschaften (1988)

Die genannten Maßnahmen konnten an die jeweiligen Standortbegebenheiten angepasst werden und blieben deshalb relativ modifizierbar. Konkrete Anforderungen an Pegelstände gab es beispielsweise nicht. Allerdings führt der Schlussteil der Broschüre verschiedene Szenarien auf, die sich hinsichtlich der Art der dargestellten Betriebe, ihrer Lage zum Fluss und der Verbindung mit weiteren Verkehrs- und Energieinfrastrukturelementen unterscheiden. Für diese Beispiele werden jeweils Abwehrmaßnahmen und technische Lösungen empfohlen, die Umsetzung dieser oblag hingegen dem Betrieb vor Ort.[67] Die Broschüre klärt zwar einerseits über die Konzepte des Hochwasserschutzes in leicht verständlicher Sprache und vor allem unterstützt durch die zahlreichen Skizzen und Fotos ausführlich auf, andererseits wird dadurch auch deutlich, welche zusätzlichen Aufgaben die Betriebsangehörigen zu erfüllen hatten. Externe Hilfe war lediglich nach Bedarf und Absprachen in der Akut-Phase vorgesehen.

Zu den Aufgaben der Betriebe und Einrichtungen gehörte jedoch nicht nur die Hochwasserabwehr und ihre Vorbereitung, sondern auch die Reinigung des Produktionsgeländes nach Rückgang des Wassers. Noch während die Elbe im März 1988 erhöhte Pegelstände aufwies, wandte sich der Rat des Stadtbezirkes Mitte der Stadt Dresden deshalb an 18 Einrichtungen. Mahnend heißt es unter dem Betreff „Auflagen zur Herstellung von Ordnung und Sauberkeit“:

> „Bei einer Kontrolle zur Einhaltung von Ordnung und Sauberkeit lt. Stadtordnung der Stadt Dresden wurden folgende Mängel festgestellt:
> Rückstände infolge Hochwasser im Bereich der Elbe.
> Mit Beginn des Hochwasserrückganges und sinkenden Pegelständen haben Sie eigenständig die Reinigung der in Ihrem Verantwortungsbereich liegenden, durch Hochwassereinfluß beeinträchtigten Flächen zu sichern und den Reinigungsprozeß unter Kontrolle zu halten, um schnellstmöglich Ordnung und Sauberkeit wiederherzustellen.
> Sie werden deshalb beauflagt nach Hochwasserrückgang die oben genannten Mängel zu beseitigen. Die Kontrolle darüber erfolgt nach Beginn des Rückganges. Sollten Sie dieser Aufgabe nicht, oder nicht termingemäß nachkommen, wird gegen Sie als Verantwortlichen entsprechend § 16 der 3. DVO zum Landeskulturgesetz ein Ordnungsstrafverfahren eingeleitet.“[68]

Eine gute Woche später meldete die Abt. Energie und Umweltschutz an den Stadtbezirksbürgermeister den aktuellen Stand der bemängelten Räumarbeiten. Während der Zustand der zuvor ebenfalls angemahnten Bezirksleitung SED nun als „in Ordnung“[69] bezeichnet wurde, waren andere Einrichtungen ihren Pflichten noch nicht nachgekommen. Der Leiter des Wasserstraßenamtes ließ beispielsweise ver-

67 Ministerium für Umweltschutz und Wasserwirtschaft [1988]: 33–41.
68 Rat des Stadtbezirks Mitte, Dresden an div. Betriebe ([03.1988]). In: Stadtarchiv Dresden | Bestand 5.3.5 Akte Nr. 1435: o.P.
69 Abt. Energie und Umweltschutz, Dresden an Stadtbezirksbürgermeister, Dresden, betr. Hochwasser – Elbe (08.04.1988). In: Stadtarchiv Dresden | Bestand 5.3.5. Akte Nr. 1435: o.P.

lauten, er werde „wie alle Jahre warten, bis der 3-Meter-Pegel erreicht ist, vorher hat es keinen Zweck. Im Moment Pegelstand 5 m. Dann evtl. Unterstützung durch AK erforderl.“[70] Gegenüber dieser eher gelassenen Einstellung des Wasserstraßenamtes klingt die Nachricht der Fahrgastschifffahrt alarmierender: „Schleusen noch nicht alle sauber, weil noch nicht abgesaugt worden ist. Fw. schafft nicht alles; benötigt Hilfe in Form v. Technik u. Material (Pinsel, Roller); Probleme mit Benzinkontingent, z.Z. 80–100 l, TS 8 im Einsatz, kann Kontingent erhöht werden?“[71] Mit diesem Hilferuf offenbarte sich ein Problem der Wirtschaftsordnung der DDR, denn sie war geprägt von Rationierung und oft auch Mangel. Diese Umstände wirkten sich ebenfalls auf den Umgang mit Hochwasser aus, wie im folgenden Abschnitt gezeigt wird.

6.2.2 Mangelwirtschaft und starre Strukturen

Schon während der sowjetischen Besatzungszeit wirkten sich die Beschränkungen von Materialien negativ auf die Organisation des Hochwasserschutzes aus. Nach dem Hochwasserereignis im Jahr 1948, das in dem sowieso schon vom Krieg gezeichneten Sachsen große Schäden anrichtete, war nicht ausreichend Material zur Behebung dieser vorhanden. So waren Verhandlungen mit der Deutschen Wirtschaftskommission (DWK) in Berlin nötig, um Sonderzuteilungen für Zement und Benzin zu erhalten. Am Ende dieser Erörterungen stand folgende Vereinbarung:

> „Nach eingehender Erklärung der Sachlage erklärte man sich bereit, einen Antrag auf Zementzuteilung von 50–100 to allerseits zu befürworten. Der Zement sollte aus einem zonalen Reservefonds genommen werden. [...] Es wurde dabei jedoch ausdrücklich erklärt, daß der bereitgestellte Zement nur für die im Antrag angegebenen Hochwasserschäden benötigt werden darf.“[72]

Für die Sonderzuführung von Benzin konnte zunächst keine zufriedenstellende Lösung gefunden werden. Offensichtlich waren die Kontingente derart knapp bemessen, dass sie für die Auswirkungen eines Ereignisses wie etwa Hochwasser nicht ausgelegt waren. Die Beeinträchtigungen durch den Krieg, aber auch die Wahl des Wirtschaftssystems, in diesem Falle die zentrale Abwicklung der Rohstoffausgaben über die DWK, sorgten für verzögerte und umständliche Wiederherstellungsmaßnahmen. An den über zwei Tage laufenden Aushandlungen in Berlin waren mindestens acht Personen beteiligt. Anwesend waren ein Mitarbeiter der Sächsischen Landesdirektion für Wasserwesen, der Leiter und ein Mitarbeiter der Hauptabteilung Wasserwirtschaft, der Leiter der Hauptabteilung Wirtschaftsplanung, zwei Mitarbei-

70 Ebd.: o.P.

71 Ebd.: o.P.

72 Niederschrift über Zement- und Treibstoffzuteilungen (08.1948). In: Sächsisches Staatsarchiv, Hauptstaatsarchiv Dresden | Bestand 11394 Akte Nr. 2500: Bl. 77[r].

ter der Hauptabteilung Materialversorgung in der Hauptverwaltung Land- und Forstwirtschaft sowie ein Abgesandter der Abteilung Planung aus der gleichen Hauptverwaltung. Hinzu kamen weitere Akteure, die telefonisch hinzugezogen wurden, sowie die durch die Antragsteller schriftlich vorzulegenden Ersuchen. Insgesamt war demnach ein beachtlicher Aufwand nötig, um die einmalige und zweckgebundene Zuteilung zu erhalten.[73]

In einem anderen Fall verzögerte die Materialzuteilung die Wiederherstellung des Hochwasserschutzes deutlich. Diesmal hatte der Dresdner Stadtbezirk VII selbst angefragt, um die Mündung der Weißeritz, die durch das Hochwasserereignis 1954 beschädigt worden war, wiederherzustellen. Nach über zwei Jahren konnte die Maßnahme offenbar aufgrund von Materialmangel immer noch nicht abgeschlossen werden. Der Stadtbezirk wandte sich deshalb mit Nachdruck an den Rat des Kreises und argumentierte: „die Durchführung der Instandsetzungsarbeiten ist zur Vermeidung von Katastrophen bei evtl. weiterem Hochwasser unbedingt erforderlich."[74] Die so gesammelten Erfahrungen mit den Auswirkungen von Mangel und Rationierung können ein Grund dafür gewesen sein, dass auch in Zeiten von Hochwasserereignissen an den strikten Planvorgaben der Betriebe festgehalten wurde. Die Zentralverwaltungswirtschaft der DDR war ein äußerst fragiles Konstrukt, das bereits ohne außerplanmäßige Störungen seine Ziele oft nicht erreichen konnte.[75] Hochwasserereignisse, die womöglich über mehrere Tage und Wochen die Produktion beeinträchtigten, waren in den ehrgeizigen Plänen schlicht nicht vorgesehen.

Der hohe Stellenwert der Produktion innerhalb des Systems wurde auf mehreren Ebenen erkennbar. Als die metrologischen Meldungen im März 1986 Anlass gaben, sich auf ein mögliches Hochwasser vorzubereiten, rief der Rat des Bezirks eine Sonderratssitzung ein. Die Beschlüsse des Rates erreichten kurz darauf via Fernschreiben die einzelnen Stadtbezirke. Darin wurde insbesondere die Bedeutung von Energieversorgung und Produktion hervorgehoben, so lautete beispielsweise eine Anweisung: „die gasnetze sind auf undichtheit zu pruefen. die be- und entladezeiten fuer die wirtschaft sowie zur energieversorgung sind exakt einzuhalten und zu realisieren. rueckstaende sind nicht zu dulden."[76] Der Rat der Stadt selbst reagierte nach dem Hochwasserereignis im Jahr 1954 mit ähnlicher Motivation, wenn auch weniger nachdrücklich. So hieß es damals, die nun anstehende Hauptaufgabe bestehe unter anderem darin, innerhalb der Produktion „alle Störungen

73 Vgl. Niederschrift über Zement- und Treibstoffzuteilungen (08.1948). In: Sächsisches Staatsarchiv, Hauptstaatsarchiv Dresden | Bestand 11394 Akte Nr. 2500: Bl. 77.

74 Katastrophen-Kommission, Stadtbezirk VII, Dresden an den Rat des Kreises Dresden, Baustoffstelle, betr. Schadensbeseitigung an der Weißeritz-Mündung (14.11.1956). In: Stadtarchiv Dresden | Bestand 5.3.4 Akte Nr. 271: o.P.

75 Siehe dazu Ahrens, Steiner 2015: 79–84; Caldwell 2008.

76 Rat der Stadt Dresden an Stadtbezirke, Dresden, betr. Wettersituation (07.03.1986). In: Stadtarchiv Dresden | Bestand 5.3.5 Akte Nr. 10: o.P.

sofort zu beseitigen“[77] und den Betrieben im Sinne einer raschen Wiederaufnahme „jede Hilfe“[78] zukommen zu lassen. Neben diesen Anweisungen innerhalb des Verwaltungsapparats kam es über die Presseberichterstattung zur öffentlichen Darstellung der Maßnahmen und zugleich zur direkten Ansprache der Bevölkerung. In nahezu jedem Artikel zu Hochwasserereignissen wurden die Beeinträchtigungen der Betriebe thematisiert. Solange diese noch bestanden, arbeiteten die Beteiligten, den Berichten folgend, mit Hochdruck daran, „die schnellstmögliche Wiederaufnahme der vollen Produktion“[79] zu ermöglichen. Ebenso folgten Appelle an „die Betriebe und Genossenschaften in den Flußniederungen alles [zu] tun, um die Produktion zu sichern.“[80] Der Fokus der Berichterstattung lag allerdings nicht allein auf dem Produktionsgelände, denn zusätzlich wurde die Wiederherstellung einzelner Infrastrukturen hervorgehoben. Ausfälle im Schienennetz wurden beispielsweise während des Berufsverkehrs kompensiert, indem dieser „durch Kraftomnibusse aufrechterhalten“[81] werden konnte, und während des vorübergehenden Ausfalls der Stromversorgung wurde diese „behelfsmäßig“[82] sichergestellt.

Weiterhin wurden die Angehörigen der nicht betroffenen Betriebe im Hochwasserfall um Unterstützung gebeten. Diese sollte allerdings nicht am Hochwasserort geleistet werden, sondern im eigenen Betrieb. Der *Freie Deutsche Gewerkschaftsbund* (FDGB) forderte angesichts des Hochwassers im Sommer 1954:

> „Eure Solidarität muß sich vor allem in konkreten Produktionsverpflichtungen zur Erfüllung und Überfüllung eurer eigenen Betriebspläne, sowie zur Ausschöpfung aller Reserven ausdrücken. Damit helft ihr, die Aufgaben der zeitweilig ausgefallenen Produktion anderer Betriebe zu erfüllen.“[83]

Dabei war es nicht wichtig, ob die gleichen Güter hergestellt wurden. Ein Umstand, der die gerade in dieser frühen Phase grotesk anmutende Ausgestaltung der Planwirtschaft unterstreicht.

Raum für spontane Hilfsaktionen der Betriebsangehörigen war nicht vorgesehen. Da es aber offenbar dennoch zu solchen Aktivitäten kam, sah sich Otto Grotewohl in einem Gastbeitrag im *Neuen Deutschland* zu einem mahnenden Aufruf veranlasst. Unter der Zwischenüberschrift „Nur planvolle und organisierte Hilfe ist

---

77 Beschluss des Rates der Stadt Dresden, betr. Die Beseitigung der Hochwasserschäden in Dresden (17.07.1954). In: Stadtarchiv Dresden | Bestand 4.2.15 Akte Nr. 211: o.P.

78 Ebd.: o.P.

79 [o.V.], Im Kampf gegen Hochwasser. In: Neue Zeit (11.12.1974).

80 [o.V.], Zweite Hochwasserwelle der Elbe erreichte Mittwoch Raum Dresden. In: Neues Deutschland (31.03.1988).

81 [o.V.], Hochwasser geht in südlichen Bezirken zurück. In: Berliner Zeitung (08.07.1958).

82 Ebd.

83 Präsidium des FDGB-Bundesvorstandes, Alle Kraft den Gewerkschaften zur schnellen Überwindung der Schäden. In: Neues Deutschland (15.07.1954).

wirksam" wies er explizit auf die Aufgaben der Arbeiterinnen und Arbeiter und ihren Umgang mit Betriebsgeldern und -mitteln hin:

> „Volkseigene Betriebe und Institutionen dürfen nicht eigenmächtig aus ihren Planmitteln Gelder spenden. Diese Gelder werden dem planmäßigen Aufbau unserer Wirtschaft entzogen und schädigen dadurch das Ganze. [...]
> Es geht auch nicht an, daß volkseigene Betriebe planmäßig erzeugte Waren und Produkte zur Verfügung stellen, die der Versorgung der Bevölkerung dienen. Es ist falsch, wenn Werktätige ihre Arbeitsstellen unorganisiert verlassen, volkseigenes Material auf Lastwagen verladen und in die Katastrophengebiete eilen, um Hilfe zu leisten. Unorganisierte und planlose Hilfe ist – so gut sie auch gemeint sein mag – keine Hilfe, sie ist wirkungslos und richtet mehr Schaden an als Nutzen."[84]

Mit diesen deutlichen Worten warnte Grotewohl die Betriebsangehörigen vor eigenmächtigen Aktionen. Um allerdings der offenbar hohen Hilfsbereitschaft der Bevölkerung entgegenzukommen, bot er im Anschluss einen Weg zur Unterstützung der Gesellschaft in Zeiten von Hochwasserereignissen an. Zum einen sei den Anweisungen der Regierung Folge zu leisten und zum anderen seien, wie bereits vom FDGB gefordert, die eigenen Produktionszahlen zu erhöhen:

> „Erhöhung der Produktion ist das beste Mittel, den Schaden schnell wieder auszugleichen. Sparsam mit Kohle, Energie und Material umzugehen, die Selbstkosten zu senken und die Qualität der Erzeugnisse zu erhöhen, das ist das Gebot der Stunde. Die verstärkte Aktivität unserer Werktätigen zeigt, daß sie das verstanden haben."[85]

6.3 Zwischenfazit

Die jeweils vorherrschenden Wirtschaftssysteme und ökonomischen Bedingungen wirkten vielfältig auf den Umgang mit Hochwasserereignissen. Am Beispiel der Arbeitsbeschaffungsmaßnahmen im Bereich des baulichen Hochwasserschutzes wird der schmale Grat sichtbar. Die angesprochenen Mannheimer Sommerdämme zeigen deutlich, dass eine Kombination von Hochwasserschutzmaßnahmen und hoher Arbeitslosigkeit nicht unweigerlich zu einem positiv bewerteten Resultat führen muss. In diesen Fällen konnte sich die anvisierte Wirkung sogar ins Gegenteil verkehren. Das über 50 Jahre durch den (vermeintlichen) Schutzbau suggerierte Sicherheitsgefühl förderte die Nutzung des Hinterlandes, sodass bei einem überraschenden Dammbruch höhere Schäden entstehen konnten. Entscheidend für die Qualität der Schutzfunktion ist offensichtlich das zugrunde gelegte Hochwasserschutzkonzept und nicht unmittelbar die Arbeitsbeschaffung. Bereits vor oder unabhängig von der Massenarbeitslosigkeit forcierte Projekte, wie der Bau und die

84 GROTEWOHL, Vereinte Hände helfen. In: Neues Deutschland (18.07.1954).
85 Ebd.

Erweiterung der Flutrinne bei Dresden, erhielten hingegen durch die Verfügbarkeit von vergleichsweise günstigen Arbeitskräften trotz finanziell schwieriger Lage in Land und Kommune einen zusätzlichen Schub. So lässt sich resümieren, dass in diesen Fällen eine hohe Arbeitslosigkeit durchaus zur Verwirklichung von Preparedness & Prevention-Strategien beitrug und zudem eine Verringerung der Vulnerabilität gegenüber dem Hochwasser bedeuten konnte. Zugleich konnten jedoch kurzfristig angesetzte Maßnahmen, die aus ökonomischer und in diesen Beispielen auch politischer Motivation heraus geplant wurden, sogar zu einer Erhöhung der Vulnerabilität beitragen.

Anhand der Phase des wirtschaftlichen Aufschwungs, die in den 1960er Jahren auch Mannheim ergriff, wurde eine weitere kontraintuitive Beobachtung gemacht: Hochkonjunktur konnte insbesondere in der Zeit der aktiven Hochwasserabwehr zu einer Herausforderung werden. Das Arbeitskräfteangebot war gering und die Arbeitnehmerinnen und Arbeitnehmer somit in einer vorteilhaften Position, es folgten sinkende Arbeitszeiten und höhere Löhne. Diese Kombination ermöglichte nun breiteren Gesellschaftsschichten ein neues Freizeitverhalten. Im Hochwasserfall zeigte sich jedoch die Kehrseite: Ausflüge ins Umland, verlängerte Wochenenden und die Zunahme an Berufspendlern schränkten die rasche Verfügbarkeit von Einsatzkräften im Hochwasserfall stark ein.

Das vorherrschende Wirtschaftssystem und die Organisation der Produktionsstätten in der DDR wirkten auf zweierlei Weise auf den Umgang mit Hochwasserereignissen. So verstanden die staatlichen Akteure die Konzentration von Arbeiterinnen und Arbeitern, Material und Fahrzeugen in den VEB als nützlichen Pool für den Katastrophenschutz. Durch die vor dem Ereignis bestehende Organisation ließen sich so recht verlässlich Gruppen zusammenstellen, die weitestgehend selbstständig agierten und dem Hochwasserschutz zuträglich waren. Des Weiteren war der Schutz der eigenen Anlagen – immer in Hinblick darauf, die Produktion rasch wieder aufnehmen zu können bzw. es gar nicht erst zu einer Unterbrechung kommen zu lassen – in erster Linie Aufgabe der VEB. Der Staat unterstützte vorrangig mit Hinweisen, die seine Ministerien in Broschüren veröffentlichten.

Ungern wurde hingegen der selbstständige und vor allem spontane Hilfseinsatz gesehen. Dies betraf nicht nur die Betriebsangehörigen, die während des Einsatzes nicht mehr der Produktion zur Verfügung standen, sondern auch die Fremdnutzung von Produkten, Rohstoffen und Fahrzeugen. Den kritischen Punkt machte aus Sicht der Machthabenden dabei die spontane und unkontrollierte Aktivität aus: Ein Verhalten, das den Grundvoraussetzungen der vorherrschenden kontrollierten Zentralverwaltungswirtschaft zutiefst widersprach und beispielsweise aus der Sicht Grotewohls „das Ganze“[86] schädigte und gar eine „Gefährdung unseres großen demo-

86 GROTEWOHL, Vereinte Hände helfen. In: Neues Deutschland (18.07.1954).

kratischen Aufbauwerkes“[87] verkörperte. Eine in diesem Sinne falsch verstandene Hilfsbereitschaft konnte also rasch zur Staatsgefährdung werden. Wie im folgenden Kapitel erläutert wird, konnten die Machthabenden auf der anderen Seite aus den Hochwasserereignissen ebenso eine Rechtfertigung für die Staatsform der DDR ableiten.

87 Ebd.

7 Politik und Staat

Die Extreme des kurzen 20. Jahrhunderts werden mit Hinblick auf die Vielzahl an politischen Systemen sowie unterschiedlichen Ideologien und vorherrschenden Praktiken besonders sichtbar. Beide Fallstädte erlebten während des Untersuchungszeitraums Demokratie(n), Diktatur(en) und einige Jahre der Besatzungsherrschaft durch die alliierten Truppen. Insbesondere in den autoritären Regimen spielte die vorherrschende Ideologie eine durchdringende Rolle. In den beiden deutschen Demokratien war es hingegen möglich, Fragen der Katastrophenabwehr und des Hochwasserschutzes in den Parlamenten zu diskutieren, und mit der freien Presse existierte zudem ein weiteres, unabhängiges Kontrollelement. Um die jeweiligen Einflussfaktoren der Systeme und ihrer Ideologien auf den Hochwasserschutz herauszuarbeiten, wird im folgenden Kapitel zunächst nach den Auswirkungen der autoritären Regime und anschließend nach den Effekten der demokratischen Systeme gefragt.

7.1 Autoritäre Regime

Der Umgang mit Naturkatastrophen ist so eng an die politischen Verhältnisse geknüpft, dass ein Blick auf die jeweils herrschende Ideologie geboten ist. Dies gilt insbesondere für die Zeit des Nationalsozialismus sowie die DDR. Obwohl ausdrücklich davon Abstand genommen wird, beide Systeme, ihre ideologischen Fundamente und die Folgen ihrer Herrschaft gleichzusetzen, werden sie im Folgenden als Vertreter von diktatorischen Regimen analysiert. Dabei soll zum einen auf die Auswirkungen der Ideologien auf den Umgang mit Hochwasser sowie zum anderen auf die Vereinnahmung der Hochwasserereignisse zugunsten der eigenen Ideologie fokussiert werden. Zunächst wird auf die besonders drastischen Beispiele aus den Jahren der NS-Herrschaft eingegangen, denn durch den radikalen, diskriminierenden und exkludierenden Charakter bildete sie einen starken Kontrast zu den zuvor bestehenden demokratischen Verhältnissen der Weimarer Republik.

7.1.1 Nationalsozialistische Politik & Ideologie

Die Stadt Mannheim wird im Folgenden als Beispiel herangezogen, da sich dort das politische und administrative Gefüge im Zuge der Machtübernahme der Nationalsozialisten sehr deutlich veränderte. Zum einen hatte Mannheim in den Weimarer Jahren eine sehr stabile kommunalpolitische Führung: Auf den seit 1914 amtieren-

https://doi.org/10.1515/9783110734676-007

den parteilosen Oberbürgermeister Theodor Kutzer, der einen „ausgezeichneten Ruf als Verwaltungsfachmann und Finanzexperte"[1] genoss, folgte im Anschluss an seine Pensionierung im Jahr 1928 Hermann Heimerich. Er war SPD-Politiker und konnte ebenfalls bereits Erfahrungen in der kommunalen Verwaltung und der Stadtpolitik vorweisen.[2] In den weiteren Führungspositionen der Stadtverwaltung befanden sich erfahrene Fachleute, die entweder kein Parteibuch besaßen oder einer der demokratischen Parteien angehörten. Der Historiker Christoph POPP sieht in seiner Abhandlung über Mannheim in der späten Phase der Republik „die Stadtverwaltung im Wesentlichen von republiktreuen Beamten dominiert."[3] Zum anderen lag der Anteil der jüdischen Bevölkerung im Jahr 1933 mit 2,33 % über dem Reichsdurchschnitt (0,77 %) und dem Anteil in benachbarten Städten wie etwa Heidelberg. Die Historikerin Christiane FRITSCHE stellt weiterhin fest, dass „Mannheim vor dem Zweiten Weltkrieg tatsächlich ein Zentrum des jüdischen Lebens im Südwesten Deutschlands [war]."[4] Darüber hinaus gehörte Mannheim zu den Städten, die nach der Machtübernahme durch die Nationalsozialisten teilweise den Reichsgesetzen vorgriffen und beispielsweise schon in der ersten Märzhälfte 1933 rassenideologisch und politisch motivierte Entlassungen durchführten oder von jüdischen Menschen geführte Firmen boykottierten.[5] Diese Konstellation aus zuvor stabiler Kommunalpolitik, die in den letzten Jahren sozialdemokratisch geprägt gewesen war, einer größeren jüdischen Gemeinschaft innerhalb der Stadt und der dann ab 1933 rasch und durchdringend umgesetzten nationalsozialistischen Ideologie bietet in den folgenden Ausführungen den Hintergrund für die Frage nach dem Einfluss politischer Ideologien auf den Umgang mit Hochwasserereignissen.

Das „Großreinemachen in Mannheim"[6] begann bereits wenige Tage nach dem Sieg der NSDAP bei der Reichstagswahl im März 1933. Nachdem SA-, SS- und Stahlhelmangehörige am 9. März zunächst eine Kundgebung abgehalten hatten und anschließend die Hakenkreuzfahne am Rathaus hissen wollten, verweigerte der amtierende Oberbürgermeister Heimerich seine Zustimmung dazu. Diese Machtausübung, die für längere Zeit eine seiner letzten sein sollte, führte dazu, dass er von aufgebrachten SS-Angehörigen gezwungen wurde, der öffentlichen Verbrennung einer Fahne der Republik beizuwohnen. Das Erlebte belastete ihn wiederum so sehr, dass er aufgrund seines nervlichen Zustandes und einer Nierenkolik das Krankenhaus aufsuchte.[7] Dort wurde alsbald die sogenannte Schutzhaft über ihn verhängt und er selbst bat am 13. März, noch immer in Obhut der Klinik, um Beurlaubung von

1 POPP 2009: 92.
2 Ebd.: 94–95.
3 Ebd.: 96.
4 FRITSCHE 2013: 39.
5 Vgl. Ebd.: 46–47.
6 [o.V.], Großreinemachen in Mannheim. In: Der Führer (17.03.1933).
7 CAROLI, PICH 1997; CAROLI 2009: 234.

seinem Amt. Hierbei handelte es sich jedoch weniger um einen freiwilligen Vorgang, sondern – wie Historiker Michael CAROLI treffend formuliert – um eine „erpresste[] Ausschaltung Heimerichs“[8]. Parallel dazu nahmen SA und SS den Bürgermeister und SPD-Politiker Richard Böttger fest. Allerdings folgte mangels Haftbefehls bald die Freilassung, wenngleich diese auch nur kurz anhielt.[9] Anstelle Heimerichs wurden der NSDAP-Kreisleiter Otto Wetzel und der Fabrikant Carl Renninger als Kommissare für die Stadtverwaltung Mannheims eingesetzt. Obwohl Wetzel und Renninger zwar knapp 25 Jahre Altersunterschied und unterschiedliche Positionen innerhalb der Parteiorganisation trennten, einte sie ihr strikt antisemitisches und nationalsozialistisches Weltbild, ihr davon getriebenes rigoroses Vorgehen und zugleich ihre mangelnde Erfahrung in Fragen der Stadtverwaltung.[10] Bei ihrer ersten Besprechung am 15. März kündigten sie an:

> „Zuerst gilt es, den marxistischen Geist auszutreiben und durch den neuen Geist der Volksgemeinschaft, der Disziplin und der Sparsamkeit zu ersetzen. [...] Wir Kommissare sind befugt, mit starker Hand durchzugreifen, und sind fest entschlossen, den neuerwachten Geist des Deutschen Volkes auch in der Stadtverwaltung Mannheim durchzusetzen.“[11]

Zu den ersten Maßnahmen gehörten die im NS-Jargon sogenannten ‚Beurlaubungen‘ des bereits zuvor behelligten Böttger, des Stadtsyndikus Fritz Cahn-Garnier und des Oberbaudirektors und Leiters des Tiefbauamtes Adolf Elsässer.[12] Es folgten außerdem noch im selben Monat weitere Beurlaubungen, Disziplinarmaßnahmen und Durchsuchungen bei Angehörigen der Stadtverwaltung. Mal waren es antisemitische Gründe, mal überwog die missfallende politische Überzeugung. Das Vorgehen wurde zwar durch den Reichskommissar für Baden, Robert Wagner, gefördert, erhielt aber erst durch das Reichsgesetz zur Wiederherstellung des Berufsbeamtentums vom 7. April 1933 seine nachträgliche Rechtsgrundlage. Viele der so aus dem Amt Verdrängten wurden rasch, wenngleich zunächst nur kommissarisch, durch ‚politisch zuverlässige‘ Personen ersetzt.

Das „große Aufräumen“[13] hinterließ im städtischen Tiefbauamt ebenfalls seine Spuren. Auf Elsässer, der als engagierter Demokrat aufgetreten war, folgte der Nationalsozialist Gustav Fröhner. Da die Leitung des Tiefbauamtes auch zugleich den Titel „Führer d. Wasserwehr f. d. gesamte Stadtgebiet“[14] mit sich brachte, lag die Verantwortung im Hochwasserfall ab sofort bei Fröhner. Er konnte, wie bereits im

---

8 CAROLI 2009: 236.

9 Ebd.

10 ARNOLD, et al. 2004: 51–52.

11 Zit. nach: STADT MANNHEIM [o.J.]: 42.

12 [o.V.], Großreinemachen in Mannheim. In: Der Führer (17.03.1933).

13 STADT MANNHEIM [o.J.]: 42.

14 Plan zur Organisation der Wasserwehr (1933). In: Marchivum | Bestand VI 54/1969 Akte Nr. 672: o.P.

Kapitel 4.1. aufgezeigt, auf eine kontinuierlich bestehende formale Organisation der Wasserwehr zurückgreifen. Diese regelte den Ablauf der Vorgänge und die Einteilung der einzelnen Gruppen, allerdings konnte und musste Fröhner bestimmen, wann welche Maßnahmen auszuführen seien. Lediglich wenn Fröhner nicht zu erreichen war, ging diese Aufgabe an seinen Stellvertreter, den Vorstand der Abteilung Wasserbau, Baurat Enders, über. Dieser wies immerhin eine beachtliche berufliche Kontinuität auf, so gehörte er schon im Kaiserreich der Verwaltung an und blieb ihr bis zu seinem Ruhestand 1949 erhalten. Dennoch war Fröhner allein als machtvollster Akteur im Ernstfall vorgesehen und im Gegensatz zu Elsässer und auch Enders konnte dieser nicht auf jahrelange Erfahrung in der Wasserwehr aufbauen. So taucht er in den Unterlagen aus Zeiten der Republik nicht einmal als Wachkommando-Führer, Stellvertreter oder Obmann der Wasserwehr auf. Die Umstände, unter denen Elsässer ausschied, lassen zudem vermuten, dass personenbezogenes und über Jahre angereichertes Erfahrungswissen bei diesem Wechsel verloren ging. Das Fundament des Hochwasserschutzes bildete so lediglich der Organisationsplan. Dieser war zwar über längere Zeit erprobt, im Krisenfall zu treffende Entscheidungen waren auf ihm allerdings nicht abgebildet.

Während die personellen Veränderungen sichtbar vor sich gingen, kam es im Hintergrund zum Anstoß weiterer hochwasserschutzrelevanter und ebenfalls politisch und rassenideologisch motivierter Vorgänge. Renninger war Mitte Mai durch einen NSDAP-dominierten Bürgerausschuss offiziell zum Oberbürgermeister gewählt worden und wurde in dieser Funktion im Sommer 1933 durch das Tiefbauamt kontaktiert. Im Schriftverkehr wies die für den Hochwasserschutz zuständige Abteilung darauf hin, dass die Stadt Mannheim durch die Wasserwehrordnung verpflichtet sei, bestimmte Geräte und auch Sandsäcke vorrätig zu halten. Weiterhin beschrieb das Tiefbauamt den bis dahin praktizierten Modus:

> „Da diese Stoffe bei Lagerung stark dem Verderb und der Zerstörung ausgesetzt sind und da in verschiedenen Mannheimer Sack- und Deckenfabriken der Bedarf stets greifbar gedeckt werden kann, haben wir seit einer Reihe von Jahren mit Zustimmung des Bezirksamtes und der Flußbaubehörde die Vorratshaltung aufgehoben und die bedarfsweise Lieferung durch ein in der Regel alle 2 Jahre zu erneuerndes Übereinkommen mit der Firma Koppel & Temmler G.m.b.H. in Mannheim, Jutegewebe-Säcke- und Deckenfabrik, gesichert. Das Übereinkommen ist am 1. Juli abgelaufen und sollte wieder erneuert werden.“[15]

Anders als die Jahre zuvor war nun allerdings eine schlichte Erneuerung des Abkommens nicht möglich und der Oberbürgermeister persönlich wurde um eine Entscheidung gebeten. Der Grund dafür lag nicht etwa in der mangelnden Qualität oder Unzuverlässigkeit des Lieferanten, sondern in der vorherrschenden antisemitischen

15 Tiefbauamt, Mannheim an Oberbürgermeister, Mannheim, betr. Hochwasserschutz der Stadt Mannheim (15.09.1933). In: Marchivum | Bestand VI 54/1969 Akte Nr. 672: o.P.

Ideologie. So erwähnte das Tiefbauamt, dass Koppel & Temmler mitgeteilt habe, „daß die Geschäftsführung ihrer Firma nicht arischer Abstammung sei“[16]. Offenbar hatte man sich nach dieser Information vonseiten des Tiefbauamts bereits um Alternativen bemüht, konnte jedoch nur ernüchtert darauf hinweisen, dass „die Firmen dieses Geschäftszweiges in Mannheim mehr oder weniger in jüdischen Händen“[17] seien. Die Zeitgenossen lagen mit ihrer Einschätzung nicht falsch. Wie Jacob Toury in seinem Werk zu jüdischen Textilhändlern in Baden-Württemberg feststellt, wurden in Mannheim die sogenannten Grobtextilien „zu einer Domäne des jüdischen Großhandels, wie auch der Fabrikation“[18].

Eine neue Option, den vorbereitenden Maßnahmen im Hochwasserschutz Rechnung zu tragen und zugleich im Sinne der antisemitischen Ideologie zu handeln, eröffnete sich zwei Wochen später. Die Abteilung Wasser- und Gleisbau, ebenfalls ein wichtiger Akteur im Hochwasserschutz, trug mit ihrer Einschätzung der Lage zur weiteren Entscheidungsfindung bei: Es seien im städtischen Vorrat noch 4.000 Stück Sandsäcke und sechs gute Segeltücher vorhanden. Dabei handelte es sich um eine Menge, die aus Sicht dieser Abteilung „im Falle eines Hochwassers für den ersten Bedarf genügen [dürfte].“[19] Ohne den mutmaßlich notwendigen Bestand näher beziffern zu können, scheint die Anzahl im Hinblick auf die von Hochwasser bedrohten Gebiete der Stadt dennoch deutlich zu gering. Ein klares Indiz dafür, dass es mit diesem Vorrat schnell zu Engpässen gekommen wäre, findet sich im Jahr 1936, als nach Wiedereinführung der Vorratshaltung die Zahl der sofort verfügbaren und zugleich benötigten Sandsäcke mit 30.000 Stück angegeben wurde.[20]

Da wohl zwischenzeitlich in dieser Angelegenheit noch keine Entscheidung bei der Firma *Koppel & Temmler* eingegangen war, fragte diese am 29. September 1933 nochmals nach. Interessanterweise bezog sie sich in ihrer Argumentation für eine weitere Kooperation auf den NSDAP-Reichswirtschaftsminister Kurt Schmitt. Dieser hatte am 8. September 1933 in einem Schreiben gegenüber dem Industrie- und Handelstag verlautbaren lassen, dass er

> „eine Unterscheidung zwischen arischen und nicht arischen oder nicht rein arischen Firmen innerhalb der Wirtschaft, insbesondere bei dem Eingehen geschäftlicher Beziehungen, nicht für durchführbar hält. Eine solche Unterscheidung mit dem Zwecke einer Boykottierung nicht arischer Firmen müsste notwendig zu erheblichen Störungen des wirtschaftlichen Aufbaus führen, da ungünstige Rückwirkungen auf den Arbeitsmarkt durch Betriebseinschränkungen

---

16 Tiefbauamt, Mannheim an Oberbürgermeister, Mannheim, betr. Hochwasserschutz der Stadt Mannheim (15.09.1933). In: Marchivum | Bestand VI 54/1969 Akte Nr. 672: o.P. [Hervorhebung im Original].

17 Ebd.: o.P.

18 Toury 1984: 137.

19 Abt. Wasser- und Gleisbau, Mannheim an Tiefbauamt, Mannheim, betr. Hochwasserschutz der Stadt Mannheim (27.09.1933). In: Marchivum | Bestand VI 54/1969 Akte Nr. 672: o.P.

20 f, Mannheims Wasserwehr. In: Mannheimer Tagblatt (18.12.1936).

der von dem Boykott betroffenen Firmen und nachteilige Folgen für die Lieferanten dieser Firmen und deren Arbeitnehmer unvermeidbar wären."[21]

Schmitt ging es in seinem Appell ganz offensichtlich nicht um den Schutz jüdischer Gewerbetreibender, sondern er fürchtete instabile wirtschaftliche Verhältnisse. Diesen Punkt griff *Koppel & Temmler* geschickt auf und ließ es sich nicht nehmen, auf die eigene Bedeutung als Arbeitgeber hinzuweisen. Ihr erneutes Anschreiben an den Oberbürgermeister Renninger schlossen sie daher wie folgt: „[wir hoffen], dass Sie Ihre Entscheidung in einem für uns günstigen Sinne treffen können, zumal es uns möglich war, unsere Belegschaft seit Frühjahr ds. Js. zu vermehren und durchschnittlich auch auf dieser Höhe zu halten."[22] Die Hoffnung war allerdings vergeblich, nach einigen Wochen sagte das Tiefbauamt eine Weiterführung des Abkommens ab und teilte mit, „daß die Vergabe von Arbeiten und Lieferungen nach den von der Reichsregierung erlassenen Grundsätzen erfolgt."[23] Dabei handelte es sich durchaus um eine weitgefasste Interpretation, die auch einen Riss innerhalb der nationalsozialistischen Wirtschaftspolitik aufzeigt.

Den Scheidepunkt bildete dabei nicht die rassenhygienische Ideologie, sondern eher die Bereitschaft zum Pragmatismus. Während die Stadtverwaltung Mannheim noch zu Zeiten ihrer kommissarischen Leitung – und zugleich vor der reichsweiten Boykott-Aktion am 1. April 1933 – geschäftliche Beziehungen mit jüdischen Firmen hatte abbrechen wollen, wurde sie unter Oberbürgermeister Renninger gar zur „Vorreiterin"[24] antisemitischer Maßnahmen und war „den gegen Juden gerichteten Reichsgesetzen oft einen Schritt voraus"[25]. Dieses eigenständige Vorgehen war gewiss kein Mannheimer Alleinstellungsmerkmal, sodass es zu vielen unterschiedlichen und sehr lokalspezifischen Regelungen in Fragen der kommunalen Auftragsvergabe kam. Die Reichsregierung reagierte im Juli desselben Jahres und ließ, vor allem im Hinblick auf die Arbeitsmarktlage, sehr wohl Zusammenarbeit mit jüdischen Betrieben zu. An der Praxis vor Ort änderte sich, wie am Beispiel *Koppel & Temmler* gezeigt wurde, allerdings nichts.[26]

Die Konsequenz für den städtischen Hochwasserschutz bestand darin, die Lagerung von Hochwassergerät und Sandsäcken wieder in die kommunale Hand zu geben. Diese Maßnahme konnte spätestens bis 1936 umgesetzt werden. Auf *Koppel & Temmler* kamen schwere Zeiten zu: Profitierten sie noch in den letzten Mona-

21 Zit. nach: Hertz 2008: 63.

22 Koppel & Temmler G.m.b.H., Mannheim an Oberbürgermeister, Mannheim, betr. Verkauf (29.09. 1933). In: Marchivum | Bestand VI 54/1969 Akte Nr. 672: o.P.

23 Tiefbauamt, Mannheim an Koppel & Temmler G.m.b.H., Mannheim, betr. Hochwasserschutz der Stadt Mannheim (09.10.1933). In: Marchivum | Bestand VI 54/1969 Akte Nr. 672: o.P.

24 Caroli 2009: 271.

25 Fritsche 2013: 75.

26 Vgl. Hertz 2008: 63; Caroli 2009: 247–248; Fritsche 2013: 48, 75–77.

ten der Republik von der „Blüteperiode des Textilwesens in Mannheim“[27], folgten nun nicht nur der Ausschluss von öffentlichen Aufträgen, sondern auch drastische Einschränkungen bei der Rohstoffzuteilung, die schließlich existenzbedrohliche Ausmaße annahmen. Erst im Zuge der sogenannten ‚Arisierung‘, als eine Gruppe von vier ehemaligen Angestellten 1938 den Betrieb übernahm, wurden die Beschränkungen aufgehoben.[28] Die neue Unternehmensführung wollte in der Folge wieder an das „mit unserer Rechtsvorgängerin getroffene Abkommen[], bezüglich der Stellung von Sandsäcken bei Hochwasser-Gefahr“[29] anknüpfen und wandte sich deshalb ans städtische Tiefbauamt. Dieses hatte aufgrund der zuvor geschilderten Ereignisse in der Zwischenzeit wieder eine eigenständige Vorratshaltung aufgebaut und teilte deshalb mit, dass „die Stadt augenblicklich in der Lage ist, den erforderlichen Bedarf an Säcken aus eigenen Beständen zu decken.“[30] Sollte sich dieser Modus jedoch abermals ändern, werde man erneut an *Koppel & Temmler* herantreten. In den ausgewerteten Quellenbeständen lässt sich keine weitere Kooperation zu Zeiten des Nationalsozialismus erkennen.

Wie anhand des Beispiels deutlich wird, hat Ideologie einen Einfluss auf den Umgang mit Naturereignissen. Insbesondere die nationalsozialistische Ausrichtung mit ihrem antisemitischen Weltbild beeinträchtige die vorbereitenden Hochwasserschutzmaßnahmen. Vor allem aufgrund der raschen und rigorosen Entlassung des erfahrenen Adolf Elsässer und der Stilllegung des Abkommens mit *Koppel & Temmler* ist davon auszugehen, dass die Wasserwehr während des Jahres 1933 nicht zu jedem Zeitpunkt einsatzfähig gewesen wäre. Vielmehr stellte ihre Organisation eine Melange aus alten Maßnahmen – die Dienstanweisungen und Befehlsketten blieben beispielsweise bestehen – und neuen Vorgaben dar, an deren Spitze der auf dem Gebiet der Wasserwehr unerfahrene Gustav Fröhner stand. Selbst wenn er auf die noch immer bestehenden Strukturen und das Erfahrungswissen der Akteure auf den unteren Ebenen zurückgreifen konnte, wären diese – zumindest im Herbst 1933 – nur unzureichend mit wichtigem Hochwasserschutzmaterial versorgt gewesen. Die Verantwortlichen hatten in den folgenden Wintermonaten schlicht Glück, dass Rhein und Neckar kein Hochwasser führten, denn langfristig abzusehen waren die Pegelstände für sie nicht. Die politischen Entscheidungen torpedierten daher die über mehrere Jahrzehnte ausgearbeiteten und reflektierten Vorbereitungsmaßnahmen – ein Vorgehen, das die Vulnerabilität der Stadt schlagartig erhöhte.

Es ist jedoch ebenfalls anzumerken, dass die antisemitischen Vorgaben und die daraus resultierende Nichtverlängerung des Abkommens mit dem Textilbetrieb

---

27 Toury 1984: 147.

28 Fritsche 2013: 185–190.

29 Koppel & Temmler G.m.b.H., Mannheim an Tiefbauamt, Mannheim (04.08.1938). In: Marchivum | Bestand VI 54/1969 Akte Nr. 672: o.P.

30 Tiefbauamt, Mannheim an Koppel & Temmler G.m.b.H., Mannheim, betr. Organisation der Wasserwehr (17.08.1938). In: Marchivum | Bestand VI 54/1969 Akte Nr. 672: o.P.

Koppel & Temmler oder einem Konkurrenten dazu führten, dass die Stadtverwaltung abermals ein eigenes Lager für Hochwasserschutzmaterial einrichtete. Die Wasserwehr gewann damit perspektivisch an Unabhängigkeit gegenüber nicht-städtischen Unternehmen, indem sie eigenständig für die aufbewahrten Sandsäcke Verantwortung trug und diese im Hochwasserfall flexibel und kurzfristig einsetzen konnte. Selbst als der Betrieb *Koppel & Temmler* als arisiert galt, nahmen die städtischen Ämter die lange bewährte Praxis der Kooperation mit privaten Unternehmen nicht wieder auf.

Radikale Ideologien konnten, wie gezeigt wurde, direkt auf die bestehenden Strategien einwirken. Der Zugriff war so durchdringend, dass eine Abwägung der Verhältnismäßigkeiten nicht stattfand. Das nationalsozialistische Weltbild bleibt im Untersuchungsrahmen beispiellos. Für die Zeit der zweiten deutschen Diktatur stellt sich hingegen die Frage, inwiefern die politischen Ebenen das Ereignis nutzten, um selbst propagandistisch tätig zu werden. Hochwasserereignisse und der Umgang mit ihnen spielten ebenfalls auf der repräsentativen Ebene eine gewichtige Rolle. So boten sie gewiss einen Anlass zur Inszenierung und Repräsentation von politischen und gesellschaftlichen Vorstellungen. Diese Bestrebungen werden im folgenden Abschnitt am Beispiel Dresdens und der DDR näher untersucht.

7.1.2 „Hunderttausende helfende Hände"

In Dresden gab es bereits im Jahr 1954 für den noch jungen Staat die Möglichkeit, sich ideologisch mit dem Hochwasserereignis auseinanderzusetzen. Obwohl es in den Tageszeitungen auch rein informative Artikel zum aktuellen Pegelstand oder überschwemmungsbedingten Störungen gab, zeigt sich deutlich, dass die Berichterstattung während und nach dem Ereignis für sozialistische Propaganda genutzt wurde. Dabei wurde mehrfach die Solidarität der eigenen Bevölkerung der angeblich mangelnden Hilfsbereitschaft in Westdeutschland gegenübergestellt. Außerdem nutzten Funktionäre verschiedener Ebenen die Gelegenheit, aus dem Geschehenen eine Rechtfertigung für das eigene Regime abzuleiten.

Als Sprachrohr der Partei- und Organisationsfunktionäre diente die Tageszeitung *Neues Deutschland*. Noch während der Hochwasserlage im Jahr 1954 erschienen dort Meldungen von höchster politischer Ebene, die sich zum Geschehen äußerten. Zum einen wurde ein Auszug aus dem Beschluss des FDGB-Bundesvorstandes gedruckt, zum anderen kam Ministerpräsident Otto Grotewohl in einem fast ganzseitigen Artikel ausführlich zu Wort. Der Duktus beider Beiträge ähnelt sich sehr und die Texte weisen deutliche Züge einer propagandistischen Inszenierung auf. Zunächst zeigte sich der FDGB-Vorstand dankbar gegenüber allen, „die Schulter an

Schulter [...] wahre Heldentaten im Kampf gegen die Naturgewalten vollbrachten.“[31] Grotewohl sprach der Bevölkerung seinen Dank für ihre „hingebende und ernste Bereitschaft zur Solidarität“[32] sowie Lob für ihr „disziplinierte[s] und aufopferungsvolle[s] Verhalten“[33] aus. Die Anerkennung galt dabei jedoch nicht den beteiligten Einzelpersonen, sondern wurde zumeist auf die großen Organisationen bezogen. So wurden die Rollen der SED, der FDJ, der *Jungen Pioniere* und der Belegschaften der VEB besonders hervorgehoben.[34] Zu der so entstandenen „Welle der Solidarität“[35] hätten, so Grotewohl, „Tausende und aber Tausende Werktätige aller Schichten unseres Volkes“[36] ihren Beitrag geleistet. Zugleich konnte auf diese Weise eine harsche Abgrenzung gegenüber der Bundesrepublik vollzogen werden, denn dort kam es im Sommer 1954 ebenfalls zu einem Hochwasser, von dem insbesondere Bayern betroffen war. Grotewohl stellte einen Vergleich im Umgang mit der Situation an und führte dazu aus:

> „Während die Bevölkerung der Deutschen Demokratischen Republik spontan zu Hilfe eilte, sehen wir mit Beschämung die Ereignisse in Westdeutschland. In den Katastrophengebieten tauchen Luxusautomobile und Reiseomnibusse auf, in denen sensationslüsterne Nichtstuer vom sicheren Stand aus die Qualen der vom Unwetter betroffenen Menschen beobachten. Nach dem Sinken der Fluten traten Plünderer und Marodeure auf den Plan und vergriffen sich an dem Eigentum der vom Unwetter von Haus und Hof getriebenen Menschen. Es gibt in Westdeutschland keinen organisierten Einsatz von Zehntausenden freiwilligen Helfern.“[37]

Die Kritik galt demnach nicht nur dem im Artikel skandalisierten Fehlverhalten von Einzelpersonen, sondern auch der vorgeblich mangelnden Vorbereitung durch den Staat. In der DDR hingegen, so Grotewohl weiter, habe die „jahrelange[] Fürsorge und Voraussicht“[38] der Regierung, „die Anwendung von wissenschaftlichen Methoden in der Beobachtung und Bekämpfung solcher Katastrophen und eine ausgezeichnete Organisation der gesamten Wasserwirtschaft“[39] ermöglicht, „die entfesselte Natur in ihre Schranken zu zwingen und entstehende Schäden auf ein Mindestmaß zu begrenzen.“[40] Wie bereits ausgeführt, entsprach diese Einschätzung zur Bundesrepublik nicht den Tatsachen, da in Westdeutschland ebenfalls vorbereitende staatliche und städtische Maßnahmen existierten. Darüber hinaus können für

---

31 Präsidium des FDGB-Bundesvorstandes, Alle Kraft den Gewerkschaften zur schnellen Überwindung der Schäden. In: Neues Deutschland (15.07.1954).
32 Grotewohl, Vereinte Hände helfen. In: Neues Deutschland (18.07.1954).
33 Ebd.
34 Zur Rolle der Volkseigenen Betriebe siehe Kapitel 6.2.
35 Ebd.
36 Ebd.
37 Ebd.
38 Ebd.
39 Ebd.
40 Ebd.

die Stadt Mannheim lange Kontinuitätslinien nachgezeichnet werden, lediglich der Einsatz von Massenorganisationen konnte in dieser Form in der Bundesrepublik nicht beobachtet werden. So bleibt zu vermuten, dass es sich zum einen um eine Gelegenheit für anti-westliche Propaganda handelte. Verstärkt wird dieser Eindruck dadurch, dass die Mitteilung des FDGB sogar explizit, wenn auch detailarm vor dem „Klassenfeind"[41] warnte, der versuche, das Ereignis „für seine verbrecherischen Ziele auszunutzen."[42] Zum anderen nutzten die Autoren die Möglichkeit, die Rechtfertigung des eigenen Regimes aus dem Umgang mit dem Hochwasser abzuleiten, indem die gemeinsame Hochwasserabwehr als Beweis „für die Stärke und Geschlossenheit der Arbeiter- und Bauernmacht der Deutschen Demokratischen Republik"[43] gedeutet wurde. Diese These wurde allerdings nicht nur in den Medien vertreten, sondern kam ebenso in der Dresdner Stadtverordnetenversammlung zur Sprache. In der öffentlichen Sitzung im Juli 1954 hieß es:

> „Die Maßnahmen, die von den Katastrophen-Kommissionen unter breiter Mitwirkung der Bevölkerung zur Beseitigung der Hochwasserschäden durchgeführt wurden, sind ein schönes Zeugnis dafür, daß die Bevölkerung in der Deutschen Demokratischen Republik, mit einer Regierung des Arbeiter- [7] und Bauernstaates, geht und hilft, die Schäden zu beseitigen. Sie sind ein Zeichen dafür, daß die Interessen der Regierung der Deutschen Demokratischen Republik und die Interessen der Bevölkerung übereinstimmen."[44]

Die Betonung der gemeinsamen Ziele und die Warnung vor Aktionen des sogenannten Klassenfeindes müssen in die größeren Zusammenhänge der DDR-Geschichte gesetzt werden. Durch den Aufstand des 17. Juni 1953, den die Regierung vor allem als westlichen Putschversuch zu deuten versuchte, war das Regime geschwächt. Tatsächlich hatte sich hier jedoch offenbart, dass die Interessen der Streikenden und die Interessen der Regierung nicht übereinstimmten. Die Arbeiterinnen und Arbeiter forderten in mehreren Städten nicht nur Lohnerhöhungen und eine bessere Versorgung, sondern formulierten überdies politische Ziele wie beispielsweise den Rücktritt der Regierung und freie Wahlen. Auch in Dresden kam es in diesen Tagen zu Protesten.[45] Der Aufstand wurde schließlich mithilfe sowjetischer Kräfte blutig niedergeschlagen und führte in der Folge zu zahlreichen Verurteilungen und langen Haftstrafen für die Beteiligten.[46] Der junge Staat hatte demnach gerade erst eine Krise, in der die Unzufriedenheit der Bevölkerung deutlich geworden war, über-

---

41 Präsidium des FDGB-Bundesvorstandes, Alle Kraft den Gewerkschaften zur schnellen Überwindung der Schäden. In: Neues Deutschland (15.07.1954).

42 Ebd.

43 Grotewohl, Vereinte Hände helfen. In: Neues Deutschland (18.07.1954).

44 Protokoll der 8. öffentlichen Sitzung der Stadtverordnetenversammlung Dresden (22.07.1954). In: Stadtarchiv Dresden | Bestand 4.2.1 Akte Nr. 23: Bl. 6–7.

45 Siehe bspw. Herrmann 1995.

46 Wolle 2015a: 263–274.

standen und nutzte nun das Hochwasserereignis, um wieder ein gewisses Sicherheitsgefühl und Vertrauen aufzubauen.

Vier Jahre später wurde das Dresdner Stadtgebiet erneut mit einem Hochwasserereignis konfrontiert. Abermals bildeten zahlreiche Freiwillige die Basis der Hochwasserabwehr, über 500 von ihnen wurden daraufhin im Jahr 1959 im Auftrag des Innenministeriums mit der Medaille *Für selbstlosen Einsatz bei der Bekämpfung von Katastrophen* ausgezeichnet. Der Oberbürgermeister hob in seiner Festansprache erneut die sozialistischen Werte hervor: „Sie alle handelten nach dem Grundsatz der Solidarität, nach dem Grundsatz des selbstlosen Einsatzes. Sie zeigten, dass sie den Schritt vom Ich zum Wir getan hatten. Wir zeichnen sie aus zum Dank und als Vorbild für alle."[47]

Die angesprochene Vorbildfunktion konnte zusätzlich über die Illustrationen der Artikel in überregionalen Zeitungen vermittelt werden. Zur Presse der DDR stellt der Historiker Stefan Wolle fest: „Die Vorherrschaft der Bilder über den Text, der Codes [120] über die individuelle Mitteilung, der Symbole über den Zusammenhang scheint überhaupt eine Besonderheit der Kommunikation in totalitären Systemen zu sein."[48] Dies lässt sich auch an der Berichterstattung zu Hochwasserereignissen erkennen. Die Redaktionen bebilderten selbst kürzere Meldungen mit Fotografien aktiver Hochwasserabwehr. Die Bildunterschriften und die zu erkennenden Uniformen lassen zudem darauf schließen, dass hier wiederum Mitglieder von Massenorganisationen zur Darstellung ausgewählt wurden. Auffällig ist weiterhin, dass sich die gezeigten Motive, die für Dresden in den Jahren 1954, 1958, 1970, 1974 und 1977 vorliegen, stark ähneln. Nicht das Individuum steht im Vordergrund, sondern die ausgeführte Tätigkeit, wie beispielsweise das Befüllen und Verlegen von Sandsäcken (siehe Abbildung 27–31).

---

47 Protokoll der 19. öffentlichen Sitzung der Stadtverordnetenversammlung Dresden (30.06.1959). In: Stadtarchiv Dresden | Bestand 4.2.1 Akte Nr. 84: Bl. 146.

48 Wolle 2015b: 119–120.

Um die kornschweren Felder vor Überschwemmung zu schützen, errichteten Dresdener Arbeiter in Tag- und Nachtarbeit Schutzdämme

Foto: Zentralbild

DAS HOCHWASSER WIRD EINGEDÄMMT. Tausende freiwillige Helfer, Angehörige der Volkspolizei, der Volksarmee, sowjetischer Einheiten und der Kampfgruppen packten in den Bezirken Dresden und Karl-Marx-Stadt kräftig zu. Hier wird eine besonders gefährdete Stelle in Dresden gesichert. (Siehe auch Seite 2.)

Aufnahmen: ZB/Höhne-Pohl-Riedel

Abb. 27 u. 28: Hochwassereinsätze dargestellt in der DDR-Presse (1954 und 1958)

Schutz vor Hochwasser

Hochwasser bedroht in diesen Tagen die Wiesen und Felder. Ständig werden die Schutzmaßnahmen überprüft. So sind 2000 gefüllte Sandsäcke und sechs Tonnen Sand zum Füllen auf dem Gelände des Betriebes Falkenau des VEB Baumwollspinnerei Flöha gelagert. — Mit der Beseitigung der beträchtlichen Frostschäden wurde jetzt auf der Transitstraße zwischen Dresden und Zinnwald begonnen (Foto rechts)

Fotos: ZB

Abb. 29: Hochwassereinsätze dargestellt in der DDR-Presse (1970)

TAUSENDE WERKTÄTIGE, unter ihnen Angehörige der Zivilverteidigung und der freiwilligen Feuerwehren, sowie Soldaten der NVA halfen im Dezember 1974 an allen gefährdeten Orten bei der Eindämmung des Hochwassers und Beseitigung der Schäden. Links: Am Elbufer in Dresden werden Sandsäcke gefüllt. Rechts: Feuerwehr beseitigt Schlammassen im Nährmittelwerk Colditz *Fotos: ZB/Häßler, Kluge*

VORSORGLICHE SCHUTZMASSNAHMEN gegen das Hochwasser werden entlang der Elbe getroffen. Hier füllen Mitarbeiter der Weißen Flotte in Dresden Sandsäcke ab, um Schutzdämme errichten zu können. Ständig wird die Entwicklung der Wasserführung kontrolliert ***Foto: ZB/Häßler***

Abb. 30 u. 31: Hochwassereinsätze dargestellt in der DDR-Presse (1975 und 1977)

Inwiefern die mediale und vor allem diese politische Verwertung des Hochwasserereignisses nun tatsächlich den Umgang mit ihm beeinflusst haben könnte, ist schwer nachzuvollziehen. Festzustellen bleibt allerdings, dass die politischen Akteure der verschiedenen Ebenen bemüht waren, das Hochwasser und die Bewältigungsstrategien im sozialistischen Sinne zu deuten. Der wiederkehrende Dank für den Einsatz der Massenorganisationen und die Beschwörung des Solidaritätsgedankens lassen den Schluss zu, dass dadurch die Bevölkerung (weiterhin) motiviert werden sollte, sich selbst zu engagieren. Als abschreckende Mahnung diente das gezeichnete Bild der Bundesrepublik, denn in der DDR sollte es nicht zu solchen Situationen kommen, wie sie sich vermeintlich in West-Deutschland abgespielt hatten. Diese mögliche Intention der politisch Verantwortlichen scheint auf zwei Ebenen schlüssig: Zum einen konnte so die Verbindung zwischen dem jungen Staat und den Einwohnenden betont werden. Die Regierung sorgte vor und die Bevölkerung stellte sich in bestem sozialistischem Sinn ohne Zögern in den Dienst der Gemeinschaft. Zum anderen ließ sich so der Hochwasserschutz überhaupt sichern, denn den Verantwortlichen muss bewusst gewesen sein, dass eine aktive Hochwasserabwehr nur bei ausreichendem Personal möglich ist. In einem zunehmend repressiven Staat bot es sich an, die benötigten Arbeitskräfte direkt aus dem Kreis der Einwohnerinnen und Einwohner zu rekrutieren und über die Öffentlichkeit latenten Druck auszuüben. Die Appelle und Auszeichnungen lassen sich demnach als Versuch verstehen, die Resilienz gegenüber Naturereignissen auszubauen, indem an die Verantwortung der Einzelnen appelliert wurde.

Nicht zu unterschätzen ist außerdem – wie beispielsweise auf einer Stadtverordnetensammlung in Dresden festgestellt wurde –, „daß durch die Mithilfe der Bevölkerung die Kosten wesentlich herabgemildert werden können“[49]. Die „Hunderttausenden helfenden Hände“[50] leisteten nicht nur Dienst bei der Wiederherstellung, sondern konnten zugleich noch die regionalen Kassen entlasten. Im Jahr 1958 wurde in Dresden so zum Beispiel ein Vorhaben ermöglicht, mit dem sich die Stadt nochmals zu den Idealen des jungen Staates bzw. in diesem Fall zu der Losung des SED-Parteitages bekennen konnte. Dem Kreis Quedlinburg in Sachsen-Anhalt waren nämlich deutliche Mehreinnahmen gelungen, von denen 500.000 DM „zugunsten des sozialistischen Aufbaues in der gesamten Republik“[51] dem Staat zur Verfügung gestellt wurden. Im *Neuen Deutschland* wurde dies zum Anlass genommen, um einen Aufruf an alle Kommunen zu veröffentlichen, „durch Ausschöpfung aller Reserven ebenfalls unserer Regierung finanzielle Mittel aus dem örtlichen Haushalt für den schnelleren, siegreichen Aufbau des Sozialismus zur Verfügung zu stel-

49 Protokoll der 8. öffentlichen Sitzung der Stadtverordnetenversammlung Dresden (22.07.1954). In: Stadtarchiv Dresden | Bestand 4.2.1 Akte Nr. 23: Bl. 6.
50 Grotewohl, Vereinte Hände helfen. In: Neues Deutschland (18.07.1954).
51 [o.V.], Eine halbe Million DM für den Staat. In: Neues Deutschland (09.07.1958).

len."[52] Die Spende war als Ehrung des V. Parteitages der SED gedacht, der im Juli 1958 in Berlin unter der Losung ‚Der Sozialismus siegt!' abgehalten wurde. Bezirkstag und Rat der Stadt Dresden wollten sich der Initiative anschließen, standen allerdings vor der Situation, dass parallel zum Parteitag ein Elbhochwasser massive Schäden im Dresdner Raum angerichtet hatte. Der Rat empfahl daher im September, die Stadtverordneten mögen beschließen, dass die 500.000 DM Mehreinnahmen des Haushalts 1958 nicht für zusätzliche Maßnahmen im Stadtgebiet genutzt werden sollten, sondern dem Staat indirekt zur Verfügung gestellt würden. Zur Begründung hieß es: „Mit dieser Maßnahme trägt die Stadt Dresden mit dazu bei, daß unsere Regierung die vom V. Parteitag beschlossenen Aufgaben zum Siege des Sozialismus in der DDR schnell verwirklichen kann."[53] Die Stadtverordneten folgten Mitte Oktober dem Vorschlag und beschlossen, die Summe „zur teilweisen Deckung der Hochwasserschäden"[54] zu verwenden und dadurch „in gleicher Höhe weniger Mittel aus dem Staatshaushalt"[55], die ihnen zur Behebung der Schäden zugestanden hätten, anzufragen. Zusätzlich wurde bei der Wiederherstellung und Beseitigung der Schäden mit der Beteiligung der Bevölkerung in Form ehrenamtlicher Arbeit gerechnet. So wurde beispielsweise bei der Planung zur „Beseitigung der Hochwasserschäden im Dresdner Westen"[56] vermerkt, dass es „im Rahmen des NAW [Nationalen Aufbauwerks, Nat] [...] für die Bevölkerung eine Reihe von Möglichkeiten [gibt], kleinere Schäden an den Wasserläufen in freiwilliger Arbeit selbst zu beseitigen."[57]

7.2 Demokratische Systeme

Nachdem an Beispielen aus der Zeit des Nationalsozialismus und der DDR gezeigt wurde, wie sich Ideologie und ein autoritärer Staat auf die Vorbereitungen im Hochwasserschutz auswirken können, sollen im Folgenden die beiden demokratischen Systeme des 20. Jahrhunderts in Deutschland betrachtet werden. Zum einen zeichnete diese Demokratien ihr parlamentarisches System aus, in dem kontroverse Debatten geführt werde konnten, zum anderen existierte eine weitgefächerte Presselandschaft, die sich ebenfalls in die Diskurse einbrachte.

---

52 [o.V.], Eine halbe Million DM für den Staat. In: Neues Deutschland (09.07.1958).

53 Beschlussvorlage des Rates der Stadt Dresden, betr. Bereitstellung von freien Haushaltsmitteln für die Regierung der DDR, bzgl. Aufruf des Bezirkstages Dresden vom 15.08.1958 (30.09.1958). In: Stadtarchiv Dresden | Bestand 4.2.1 Akte Nr. 75: Bl. 12.

54 Beschlussprotokoll der 5. Öffentlichen Sitzung der Stadtverordneten zu Dresden, Beschluss-Nr. 92/5 (10.) 58 (15.10.1958). In: Stadtarchiv Dresden | Bestand 4.2.1 Akte Nr. 75: Bl. 248.

55 Ebd.: Bl. 248.

56 1. Vorschlag zum Plan der Stadt Dresden für das Jahr 1959 ([1958/1959]). In: Stadtarchiv Dresden | Bestand 4.2.1 Akte Nr. 75: Bl. 38r.

57 Ebd.: Bl. 38r.

7.2.1 Katastrophenschutz im parlamentarischen Diskurs

Interessanterweise entbrannten insbesondere über die Organisationen *Technische Nothilfe* und ihre Nachfolgeorganisation *Technisches Hilfswerk* in beiden demokratischen Systemen Diskussionen. In diesem Zusammenhang wurde schließlich auch die Rolle des Katastrophen- und Hochwasserschutzes thematisiert. In den spannungsreichen Monaten nach dem Ersten Weltkrieg bildete sich im Umfeld der Freikorps und unter Leitung des Pionierleutnants Otto Lummitzsch die *Technische Abteilung*. Diese Vereinigung bestand überwiegend aus ehemaligen Angehörigen des Heeres und der Marine und kam in bestreikten Betrieben zum Einsatz. Sie hatte sich selbst zum Ziel gesetzt, „als neutrale Hilfe, gewissermaßen wie das Rote Kreuz, [einzugreifen], wenn es sich um lebenswichtige, gemeinnötige Betriebe handelt, wenn also das Allgemeinwohl durch deren Stilllegung gefährdet ist."[58] Bereits in den ersten Monaten nach der Gründung kam es während der Märzunruhen zu zahlreichen Einsätzen Freiwilliger der *Technischen Abteilung*. Im weiteren Verlauf des Jahres wurde die Gruppierung – nun unter dem Namen *Technische Nothilfe* (TN) – dem Reichswehrministerium unterstellt, bis sie schließlich im November 1919 ihre dauerhafte Heimat im Reichsinnenministerium fand.[59] Minister Erich Koch-Weser (DDP) definierte zudem alsbald im Februar 1920 Aufgaben und Organisation der TN. Die Gliederung der Einheiten erfolgte so, dass eine Hauptstelle am Berliner Kurfürstendamm eingerichtet wurde und ihr 17 Landesbezirke, zahlreiche Unterlandesbezirke und Ortsgruppen unterstellt waren. Für die Untersuchung ist von besonderem Interesse, dass bereits zu dieser Anfangszeit in den Städten Mannheim und Dresden jeweils Standorte der gleichnamigen Unterlandesbezirke und Ortsgruppen existierten.[60] Eine wesentliche Veränderung gegenüber dem selbst gesteckten Rahmen erfolgte jedoch nicht. So fand lediglich eine Erweiterung dahingehend statt, dass die TN künftig nicht nur in Zeiten des Arbeitskampfes, sondern auch bei „‚Fällen von Not durch höhere Gewalt'"[61] durch Reich und Länder eingesetzt werden konnte. Bis mindestens ins Jahr 1924 wurde jedoch der Großteil der Einsätze in bestreikten Betrieben durchgeführt. Dieser Tatsache standen gewiss nicht alle Parteien und Organisationen positiv gegenüber, denn die TN galt, wie Michael Kater ausführt, bereits „seit Gründung der Weimarer Republik [...] als eine der umstrittensten Einrichtungen des neuen Staates"[62].

Seit ihren Anfängen wurde sie immer wieder – vor allem aus kommunistischen Kreisen heraus – harsch kritisiert. Wörtlich soll der Reichstagsabgeordnete und

58 Lummitzsch, Das Geheimnis der Technischen Nothilfe. In: Die Räder (1920): 7.

59 Ebd.: 6–7.

60 Vgl. [o.V.], Gliederung der Technischen Nothilfe. In: Die Räder (1920).

61 Lummitzsch, Das Geheimnis der Technischen Nothilfe. In: Die Räder (1920).

62 Kater 1979: 30.

KPD-Politiker Paul Bertz die Technische Nothilfe 1928 im Parlament „eine organisierte Streikbrechergarde“[63] genannt haben, die zudem genutzt werde, um „den imperialistischen Vorbereitungen der Bourgeoisie“[64] Vorschub zu leisten. Die Organisation selbst stellte in ihrer Verbandszeitschrift *Die Räder* schon zuvor fest, „daß die Kommunisten von Anfang an Gegner der T.N. waren“[65] und sich auch die Sozialdemokratie „unter dem Einfluß der freien Gewerkschaften“[66] von ihr abgewandt habe. Umso mehr versuchte sie ihre Rolle beispielsweise bei der Abwehr von Naturgefahren zu betonen und diesen Bereich zu ihrem neuen Schwerpunkt zu erklären:

> „Ein sehr wichtiges Tätigkeitsgebiet der Technischen Nothilfe jedoch, auf dem sie laufend und in steigendem Maße in letzter Zeit hat praktisch eingreifen müssen [...], ist ihre Hilfeleistung bei Naturkatastrophen und elementaren Schäden, von denen gerade in den letzten Jahren unser Vaterland besonders stark heimgesucht wurde.“[67]

Dieses neue Profil trug auch dazu bei, dass es den Kritikerinnen und Kritikern – trotz mehrmaliger Anträge – nicht gelang, die TN auflösen oder ihr Budget, welches durch das Parlament genehmigt wurde, streichen zu lassen. Für die durch Naturereignisse bedrohten Städte bedeutete diese Fokussierung hingegen, dass sie nun zusätzliche Unterstützung erhalten konnten. In der Folge kam es zu gemeinsamen Übungen, in denen Naturkatastrophen die Szenariengrundlage bildeten und die in Kooperation mit den städtischen Kräften abgehalten wurden.[68] Die gestiegenen Einsatzzahlen sprechen zudem dafür, dass es nicht nur bei diesen Übungen blieb, sondern tatsächlich zu praktischen Maßnahmen im Zuge von Naturgefahren kam. Offensichtlich war dies zwar nicht die vorrangige Intention von KPD, Gewerkschaften und Sozialdemokratie, allerdings bleibt festzuhalten, dass die kontrovers geführten Debatten dieser Jahre dazu beigetragen hatten, dass der örtliche Katastrophenschutz sowie die Wasserwehren durch die TN öfter und umfangreicher unterstützt wurden. Diese Einsätze waren häufig das schlagende Argument, das der Technischen Nothilfe in der Weimarer Republik weiterhin die Existenz sicherte.[69]

Nachdem die Alliierten die Technische Nothilfe nach Kriegsende aufgelöst hatten, wurde in der Bundesrepublik im Jahr 1953 mit dem *Technischen Hilfswerk*

---

63 [o.V.], Der Reichstag über die T.N. In: Die Räder (1928): 756.

64 Ebd.

65 Rö., Für und wider die T.N. In: Die Räder (1925): 235.

66 Ebd.: 236.

67 [o.V.], Polizei und Technische Nothilfe. In: Die Räder (1926): 467.

68 Siehe dazu beispielsweise [o.V.], Hochwasserschutzübung bei Augsburg. In: Die Räder (1925); [o.V.], Wasserwehrübung am Lech. In: Die Räder (1926); Fo., Katastrophen-Abwehr. In: Die Räder (1927); Fo., Deichverteidigung und Brückenbau. In: Die Räder (1928) [o.V.], Hochwasserschutz am Niederrhein. In: Die Räder (1928); Fi., „Gefährlicher Deichbruch in der Altmark“. In: Die Räder (1930).

69 [o.V.], Wie man die T.N. heute beurteilt. In: Die Räder (1929).

(THW) eine Nachfolgeorganisation gegründet. Bereits ab 1950 war Otto Lummitzsch mit den notwendigen Vorbereitungen dafür betraut worden. Dieser hatte die ganzen Weimarer Jahre hindurch der TN vorgestanden und verfügte somit über reichlich Erfahrung. Die damals geführten Debatten waren jedoch nicht vergessen und so leisteten, wie *Der Spiegel* später berichtete, Angehörige der SPD und der Gewerkschaften in Rückbesinnung auf den „‚Streikbrecherbrigade'"[70]-Vorwurf „heftigsten Widerstand"[71] gegen die Neugründung. Diese Befürchtungen erfüllten sich allerdings nicht, denn Lummitzsch setze schon in der ersten Skizzierung der Aufgaben des THW andere Schwerpunkte:

> „Zu den Aufgaben einer verantwortungsbewußten Staatsführung gehört auch die Verpflichtung, alles zu tun, um die Allgemeinheit vor solchen Gefahren zu schützen, die sich im einzelnen nicht voraussehen lassen. Diese Gefahren können mannigfaltigen Ursprungs sein. Plötzlich hereinbrechende Naturgewalten können Katastrophen ungeahnten Ausmaßes hervorrufen und in kurzer Zeit vernichten, was Erfindergeist und Fleiß des Menschen in langer Entwicklung mühselig aufgebaut haben. In den empfindlichen technischen Anlagen von Wirtschaft und Verkehr sind trotz aller Sicherheitsvorkehrungen auch Großunglücke nie ganz zu vermeiden, die zahlreiche Opfer fordern und erhebliche Werte vernichten. Alle Staaten der Erde, auch solche, die wie die Schweiz und Schweden, seit Jahrhunderten keine Kriege geführt haben, treffen schon seit Jahren vorsorgliche Vorbereitungen für den zivilen Luftschutz der Bevölkerung. Deutschland, an der Nahtstelle west-östlicher Auseinandersetzungen gelegen, darf solche Vorsorgemaßnahmen nicht vernachlässigen."[72]

Hervorzuheben ist in seinen Ausführungen die prominente Platzierung von Naturgefahren, gefolgt von Unglücken technischen Ursprungs. Der letzte Abschnitt der Aufgabenbeschreibung enthält allerdings den Punkt, um den in den folgenden Jahrzehnten in der Bundesrepublik kontrovers gestritten wurde: Die Verquickung von Katastrophen- und Zivilschutz vor dem Hintergrund des zunehmenden Ost-West-Konflikts.[73] Besonders hitzig wurde die Debatte in den 1980er Jahren geführt. Kritik kam unter anderem vom SPD-Politiker und amtierenden Innensenator Bremens Volker Körning, der sich im Jahr 1986 in einem *Spiegel*-Interview zu diesem Thema äußerte. Darin forderte er zum einen, den Katastrophenschutz wieder verstärkt in den Fokus zu nehmen, und nannte als Beispiel insbesondere die Gefahr von Überschwemmungen. Zum anderen beklagte er die aktuelle Ausrichtung: „Ich sehe verschiedene Indizien dafür, daß der Zivil- und Katastrophenschutz verstärkt von militärischen Interessen in Anspruch genommen werden soll, wobei die Bedürfnisse, aber auch die Möglichkeiten der Länder und Gemeinden zu kurz kom-

70 [o.V.], Blick geradeaus. In: Der Spiegel (1977).
71 Ebd.
72 Lummitzsch, Die Aufgaben des Technischen Hilfswerks. In: Das Technische Hilfswerk (1954): 2.
73 Siehe dazu auch die Debatte im Zuge der Hamburger Sturmflut: Kehrt, Uhrig 2014; Molitor 2014.

men.“[74] Im weiteren Verlauf des Gesprächs unterstrich er diesen Punkt erneut, indem er warnte: „Die Bundesregierung sollte nicht unterschätzen, wie stark in allen Ländern und Gemeinden die Vorbehalte gegen eine Militarisierung des Zivilschutzes sind.“[75]

Ob Körnings Einschätzung zutraf, dass die Vorbehalte in allen Gemeinden vorherrschten, bleibt letztlich offen. Es finden sich allerdings deutliche Hinweise im *zivilschutz-Magazin*, die seine Lesart bekräftigen: Eine Ausgabe aus dem Jahr 1988 enthält einen mehrseitigen Artikel, der sich dem abgehaltenen Erfahrungsaustausch an der Katastrophenschutzschule des Bundes widmet. Dabei wurden „große Unterschiede beim Anlegen von Übungen“[76] festgestellt, die auch auf „politische Gegebenheiten des jeweiligen Regierungsbezirks bzw. des Bundeslandes“[77] zurückzuführen seien. Ein Teilnehmer berichtete, wie sich die Lage für ihn vor Ort darstellte: „‚Wir können es uns nicht erlauben, den Verteidigungsfall als Übungslage zu wählen, wenn die politische Mehrheit in unserem Bezirk sich dagegen ausspricht.‘“[78] Stattdessen würden Szenarien wie Chemieunfälle oder Flugzeugabstürze herangezogen. Schließlich wird im Artikel ebenfalls angemerkt, dass die lokalen politischen Umstände auch ein Grund dafür seien, dass wenig geübt wurde, da „die Übungslagen [...] nicht akzeptiert werden.“[79]

Die Simulation eines Hochwassers stellte sich als politisch unbedenklich heraus, sodass beispielsweise 1985 eine Großübung mit dem Titel „Reißendes Wasser“ am Rhein abgehalten werden konnte.[80] Das Szenario und die daraus gewonnenen Erkenntnisse boten den teilnehmenden Gemeinden durchaus einen praktischen Mehrwert für die eigene Hochwasservorsorge. Zudem sollten die Erkenntnisse nach der abgeschlossenen Auswertung auch breiter zugänglich gemacht werden, denn „sie dürften auch in anderen Landkreisen und kreisfreien Städten unter ähnlichen Bedingungen gelten und daher von allgemeinem Interesse sein.“[81]

Es wirkten allerdings nicht nur die politischen Gegebenheiten in den Kommunen auf die Ausrichtung des Katastrophenschutzes, sondern die Thematik wurde auch breit in Bundestag und Bundesrat diskutiert. Hintergrund der Debatte war die Erneuerung der gesetzlichen Bestimmungen des Katastrophenschutzes, welche letztmalig im Jahr 1968 ergänzt worden waren. Das Parlament diskutierte im Juni 1989 die Gesetzesentwürfe für ein neues *Katastrophenschutzergänzungsgesetz* (KatSErgG) und ein *THW-Helferrechtsgesetz* (THWHelfRG). Bereits in der Aussprache

---

74 [o.V.], „Logisch, aber wahnsinnig“. In: Der Spiegel (1986): 52.
75 Ebd.: 54.
76 boe, Große Unterschiede beim Anlegen von Übungen. In: Zivilschutz Magazin (1988): 15.
77 Ebd.
78 Ebd.
79 Ebd.: 17.
80 Such, Lochte, „Reißendes Wasser“. In: Zivilschutz Magazin (1985).
81 Ebd.

zur ersten Beratung wurden „klare Fronten zwischen den einzelnen Bundestagsfraktionen“[82] deutlich. Insbesondere die Regierungskoalition aus CDU/CSU und FDP stand den oppositionellen Grünen argumentativ gegenüber. Innenminister Wolfgang Schäuble und sein Parteikollege Joachim Kalisch betonten dabei die Notwendigkeit der Novelle. Die Regierung bekenne sich so zur „verfassungsmäßigen Pflicht des Bundes, der Bevölkerung in Notlagen durch organisierte Hilfe beizustehen.“[83] Dies gelte für „Gefahren aller Art, seien es Katastrophen oder große Unglücksfälle, seien es Naturkatastrophen oder auch bewaffnete Auseinandersetzungen.“[84] Die Grünen, in der Plenaraussprache durch die Abgeordnete Gertrud Schilling vertreten, warfen der Koalition hingegen vor, „unter eiskalter Ausnutzung des Tschernobyl-Schocks“[85] lediglich eine positive Auswirkung des Gesetzes „vorzugaukeln“[86]. Die eigentliche Intention, so Schilling, bestehe darin, „Maßnahmen zur Mobilmachung der Heimatfront zu treffen und eine Erhöhung der Militärakzeptanz zu erreichen“[87]. Ähnliche Anschuldigungen erhob der fraktionslose, ehemals grüne Abgeordnete Thomas Wüppesahl. Er kritisierte scharf, „daß der sogenannte Zivilschutz in den Katastrophenschutz hineingezogen wird und eine Vermengung der Kapazitäten vor allen Dingen aus dem Katastrophenschutz auch für die Kriegsvorbereitungsstrategien stattfindet.“[88]

Während sich die SPD im Bundestag eher aufseiten der Regierungskoalition positionierte, stellte sich die Lage im Bundesrat anders dar. Dort beanstandete die Bremer Senatorin Vera Rüdiger (SPD), dass die Gesetzeserneuerung eben nicht dafür genutzt werde, neue Akzente im nicht-militärischen Bereich zu setzen. In ihrer Feststellung schloss sie sich den kritischen Stimmen aus dem Bundestag an:

> „Keine Umlenkung also auf die Vorbereitung, uns gegen die in dramatischen Einzelfällen bereits erlebten Gefährdungen durch die technische Zivilisation oder gegen die Auswirkungen natürlicher Gewalten besser zu schützen, sondern der Versuch, die besonderen Gefahren und Schäden im Verteidigungsfall noch stärker in den gesetzlichen und administrativen Griff zu bekommen.“[89]

Die Diskussion wurde zudem abseits der Plenarsäle weitergeführt und beispielsweise durch den *Spiegel* aufgegriffen.[90] Im Februar 1990 trat das KatSErgG in einer über-

82 [o.V.], Bundesinnenminister Dr. Wolfgang Schäuble: „Rechtliche Lücken schließen“. In: Zivilschutz Magazin (1989): 9.

83 Wolfgang Schäuble, zit. nach: Deutscher Bundestag 1989: Bl. 11390–11391.

84 Joachim Kalisch, zit. nach: Ebd.: Bl. 11392.

85 Gertrud Schilling, zit. nach: Ebd.: Bl. 11393.

86 Gertrud Schilling, zit. nach: Ebd.: Bl. 11393.

87 Gertrud Schilling, zit. nach: Ebd.: Bl. 11393.

88 Thomas Wüppesahl, zit. nach: Ebd.: Bl. 11394.

89 Vera Rüdiger, zit. nach: Bundesrat 1989: Bl. 587.

90 [o.V.], Schadet nichts. In: Der Spiegel (1989).

arbeiteten Fassung in Kraft. Der Text enthielt nach wie vor den umstrittenen §1, in dem es heißt: „Die Erweiterung des Katastrophenschutzes dient dem Schutz der Bevölkerung vor den besonderen Gefahren und Schäden, die im Verteidigungsfall drohen."[91] Den Kritikerinnen und Kritikern war es demnach nicht gelungen, die militärisch konnotierte Ausrichtung abzuschwächen. Dennoch kann davon ausgegangen werden, dass die parlamentarisch und medial geführte Debatte dazu beitrug, dass die Gefährdung durch Naturereignisse im Bewusstsein blieb und hier der Status quo zumindest gehalten werden konnte.

7.2.2 Medien als politisches Mittel

In demokratischen Systemen nimmt jedoch nicht nur das Parlament, sondern ebenso die freie Presse eine bedeutsame Rolle ein. Im Kontext von Hochwasserereignissen konnte sie im Untersuchungszeitraum auf verschiedenen Ebenen Einfluss geltend machen und eine kontrollierende und mahnende Position einnehmen.[92]

Zu Beginn der 1980er Jahren griff die Tagespresse vermehrt die durch den Rheinausbau veränderte Hochwassersituation für die Stadt Mannheim auf. Die Leserinnen und Leser wurden mit Schlagzeilen konfrontiert, die alarmierend klangen: „Katastrophe programmiert"[93] – „Kein Schutz vor Hochwasser"[94] – „Hochwasser als permanente Gefahr"[95] – „Hochwassergefährdung ist besorgniserregend"[96] – „Jede Verzögerung kann zur Katastrophe führen"[97]. Die Artikel selbst standen ihren Titeln häufig in nichts nach, der Ernst der Lage wurde auch hier deutlich betont. In ihnen kamen insbesondere SPD-Politiker zu Wort, die Vorwürfe gegenüber der Landes- und Bundesregierung erhoben. Der ehemalige Landesinnenminister und SPD-Politiker Walter Krause beklagte die aus seiner Sicht vorherrschende Untätigkeit der Landesregierung. Die „Gefahr im Rücken"[98] bleibe bestehen, solange man „‚nichts tut, obwohl man weiß, was zur Abhilfe nötig wäre'"[99] – es sei deshalb an der Zeit, „‚jetzt endlich Alarm zu schlagen'."[100] Weniger Monate später sprach er gar von

91 KatSErgG (23.01.1990): Bl. 120.

92 Zur Rolle der Medien im Katastrophenfall siehe bspw. BLÜTHGEN, HEßLER 2014; ENGELS 2003.

93 SANDER, Durch Staustufen droht Hochwasser: Katastrophe programmiert. In: Stuttgarter Nachrichten (25.10.1980).

94 lsw, Kein Schutz vor Hochwasser. In: Stuttgarter Nachrichten (22.01.1981).

95 [o.V.], Hochwasser als permanente Gefahr. In: Rhein-Neckar-Zeitung (17.02.1981).

96 lsw, Hochwassergefährdung ist besorgniserregend. In: Stuttgarter Nachrichten (17.02.1981).

97 PFLAUM, Hochwassergefahr für zwei Großstädte an Rhein und Neckar. In: Badisches Tagblatt (16.07.1981).

98 SANDER, Durch Staustufen droht Hochwasser: Katastrophe programmiert. In: Stuttgarter Nachrichten (25.10.1980).

99 Ebd.

100 Ebd.

„Gefahr im Verzuge“[101] und bemerkte, dass „im Ernstfall niemand Verständnis für unterlassenes Handeln hätte.“[102] Seine Partei – federführend waren hier insbesondere Abgeordnete aus dem betroffenen Rhein-Neckar-Raum – stellte zudem im Landtag eine Anfrage über die geplanten „vorsorgliche[n] Maßnahmen gegen die Auswirkungen künftiger Hochwasser am Rhein“[103]. Durch die Antwort von Landwirtschaftsminister Gerhard Weiser (CDU) wurde der Öffentlichkeit bekannt, wie die Hochwassergefahr durch den weiteren Rheinausbau tatsächlich angestiegen sei: „War zuletzt ein ‚Jahrhunderthochwasser‘ nur alle 200 Jahre zu befürchten, so rechnet man jetzt mit seinem Auftreten alle 50 bis 60 Jahre.“[104] Eine Aussage, die vermutlich auch aufgrund ihrer plakativen Deutlichkeit von verschiedenen Medien aufgegriffen wurde.[105] Die Fraktion zeigte sich allerdings mit der Beantwortung „nicht so recht zufrieden“[106], die Zusicherung konkreter Maßnahmen sei der Minister schuldig geblieben. Er sprach lediglich von lokaler „Anpassung der Dämme und der Entwässerungsanlagen“[107], wodurch der Vorwurf, „bis jetzt seien nur ‚Papierdämme‘ aufgebaut“[108] worden, nicht ernsthaft entkräftet werden konnte. Allerdings war auch einigen kritischen Stimmen bewusst, dass der Rhein als internationaler Fluss ein internationales Hochwasserkonzept benötige und daher nur in Kooperation mit Frankreich eine wirksame Lösung gefunden werden könne.[109]

Die Printmedien boten allerdings nicht nur eine Plattform für die Kritik an Politikerinnen und Politikern, sondern sie deckten auch selbst Missstände auf. Gerade dies ist ausschließlich im Rahmen einer freien Presse möglich und findet sich deshalb im Untersuchungszeitraum nur während der demokratischen Jahre. Im Folgenden wird daher näher auf die Handlungsspielräume der (lokalen) Medien anhand von Beispielen aus der Weimarer Republik und der späten Bundesrepublik eingegangen.

Während der Hochwassersaison im Winter 1919/1920 übernahm in Mannheim der *General-Anzeiger* die Rolle des Anklägers gegenüber der Stadtverwaltung. Hintergrund war die Ende Dezember unterbrochene Straßenbahnverbindung zwischen dem Stadtteil Feudenheim und der Innenstadt. Durch mehrtägige Überschwem-

101 [o.V.], Hochwasser als permanente Gefahr. In: Rhein-Neckar-Zeitung (17.02.1981).

102 Ebd.

103 lö, Mannheimer mehr vor Hochwasser schützen. In: Mannheimer Morgen (22.04.1981).

104 [o.V.], Die Hochwassergefahr ist gestiegen. In: Rhein-Neckar-Zeitung (15.04.1981).

105 gp, Hochwassergefahr am Rhein. In: Der Bund (21.07.1981); lö, Mannheimer mehr vor Hochwasser schützen. In: Mannheimer Morgen (22.04.1981).

106 [o.V.], Die Hochwassergefahr ist gestiegen. In: Rhein-Neckar-Zeitung (15.04.1981).

107 lö, Mannheimer mehr vor Hochwasser schützen. In: Mannheimer Morgen (22.04.1981).

108 [o.V.], Hochwasser als permanente Gefahr. In: Rhein-Neckar-Zeitung (17.02.1981).

109 Bspw. Paul Schädler, Raumordnungsverband Rhein-Neckar, in: lsw, Hochwassergefährdung ist besorgniserregend. In: Stuttgarter Nachrichten (17.02.1981) u. [o.V.], Hochwasser als permanente Gefahr. In: Rhein-Neckar-Zeitung (17.02.1981).

mungen waren am „Bahnkörper der Elektrischen“[110] Schäden entstanden und die Schienen überflutet. Zwar sei kurzfristig eine Notverbindung eingerichtet worden, allerdings war diese nicht ganz komplikationsfrei zu erreichen. Im Artikel hieß es zur Situation:

> „[...] die jetzige Notverbindung verlangt von den Passanten schon eine gewisse Jonglieurausbildung [sic], außerdem zum Schutze gegen die spitzen Schottersteine auf den Schienen ein paar derbe Bergstiefel. Die letzteren werden jedoch die meisten Passanten ebensowenig wie die ersteren Eigenschaften besitzen.“[111]

Abschließend wurde die rasche Wiederherstellung der Strecke gefordert, um den Bewohnerinnen und Bewohnern Feudenheims wieder einen störungsfreien Weg in die Innenstadt zu ermöglichen: „Hoffen wir, daß unsere Stadtverwaltung nicht versagt und die Leitung dieser Arbeiten in umsichtige Hände legt, damit wir aus diesen mißlichen Verkehrsschwierigkeiten bald wieder herauskommen.“[112]

Offenbar wurden die Hoffnungen zunächst erfüllt, denn Mitte Januar war die Verbindung wiederhergestellt worden. Ein erneutes Hochwasser und dadurch herbeigeführte Überflutungen sorgten allerdings dafür, dass die Verbindung zwischen Feudenheim und Mannheim nur einen einzigen Tag störungsfrei genutzt werden konnte. Danach war der Stadtteil „wiederum vom direkten Verkehr mit der Stadt abgeschnitten“[113], diesmal traf es allerdings nicht nur die Straßenbahn, sondern auch die Landstraße war unbefahrbar. Der *General-Anzeiger* spricht angesichts der Lage gar von einer erneuten „Verkehrskrise“[114]. Empörung wurde vor allem über die unzureichende Informationspolitik der Stadt geäußert. So hatten sich zahlreiche Menschen aus Feudenheim zu Fuß auf den Weg machen wollen und mussten schließlich selbst feststellen, dass auch dies wegen der Überschwemmungen nicht möglich war. Es müsse als eine „Rücksichtslosigkeit“[115] bezeichnet werden, so die Zeitung, „daß man versäumte, am Ausgang von Feudenheim einen Posten aufzustellen, der die Passanten darauf aufmerksam macht, daß der Weg nach der Stadt unpassierbar ist.“[116] Abschließend hieß es schon fast resignierend: „Doch man ist während der 3 Wochen Verkehrsschwierigkeiten an derartige Rücksichtslosigkeiten gewöhnt worden, sodaß man sich auch über dies nicht mehr zu wundern braucht.“[117]

---

110 [o.V.], Hochwasser. In: Mannheimer General-Anzeiger (29.12.1919).
111 Ebd.
112 Ebd.
113 [o.V.], Sturmschäden und Hochwasser. In: Mannheimer General-Anzeiger (15.01.1920).
114 Ebd.
115 Ebd.
116 Ebd.
117 Ebd.

Der *General-Anzeiger* sprach also bereits im ersten Jahr der Republik recht frei die beobachteten Missstände an und äußerte seine Kritik. Ob dadurch die Verantwortlichen des Rathauses beeinflusst wurden, lässt sich nicht rekonstruieren, allerdings kann so nachgewiesen werden, dass die Funktionskrise öffentlich angesprochen und vor allem problematisiert wurde. Zudem fand eine klare Verantwortungszuschreibung, durch die Medien gegenüber der Stadtverwaltung statt.

Ein weiterer exemplarisch herangezogener Artikel entstand im Nachgang des Hochwassers im Juni 1987. Der *Mannheimer Morgen* ließ dort nach einem Dammbruch betroffene Anwohner zu Wort kommen, die wiederum schwere Vorwürfe gegenüber der Stadt und im speziellen dem Tiefbauamt erhoben. Ein Punkt war die vorgeblich mangelnde Unterhaltung des Damms im Vorfeld des Ereignisses. Die Zeitung zitiert einen der geschädigten Landwirte, der davon ausging, dass der Damm bei regelmäßiger Beobachtung gehalten hätte. Allerdings stellte er weiter fest: „niemand hätte sich um ihn gekümmert.“[118] Zusätzlich verstimmt wurden die Betroffenen durch das Agieren des Tiefbauamtes am Tag des Dammbruchs: Während ein Angehöriger der Feuerwehr – nach Aussage der Anlieger – die Gefahr rechtzeitig erkannt habe und unverzüglich das Tiefbauamt gewarnt habe, hätten diese nur ungenügend reagiert. Den Aussagen des Feuerwehrmannes – „‚Da muß sofort etwas passieren, sonst bricht der Damm‘“[119]– und der alarmierten Anlieger hätten „zwei Männer vom Amt in ‚Sonntagskleidung‘“[120] entgegnet: „‚Sie können ruhig heimgehen, der bricht nicht. Den Damm kenn' ich seit 30 Jahren‘“[121]. Nach eigener Aussage trauten die später Geschädigten dieser Einschätzung allerdings nicht und versuchten auf eigene Faust, die Sickerstellen mit Sandsäcken zu verschließen. Vergeblich – wie sich nach kurzer Zeit zeigen sollte.

Direkt vor Ort wurde dem Tiefbauamt durch den Reporter des *Mannheimer Morgen* ebenfalls Möglichkeit zur Stellungnahme geboten, die schließlich veröffentlichten Zitate werden allerdings nicht zur Besänftigung der Anlieger beigetragen haben. Die Vertreter des Tiefbauamtes nahmen eine Verteidigungsposition ein und stellten den erhobenen Vorwürfen ihre eingeschränkte Handlungsfähigkeit gegenüber: „‚Wir hätten gar nichts tun können!‘“[122] Denn Grund für die mangelnde Unterhaltung – die nicht weiter bestritten wurde – sei zum einen gewesen, dass es sich um ein Naturschutzgebiet handele und „‚da sind dem Tiefbauamt die Hände gebunden‘“[123]. Zum anderen sei der betroffene Damm als Sommerdamm gekennzeichnet

118 [o.V.], Riedwiesen unter Wasser: Dammbruch erregt die Gemüter. In: Mannheimer Morgen (23.06.1987).
119 Ebd.
120 Ebd.
121 Ebd.
122 Ebd.
123 Ebd.

und für diese würden die gesetzlichen Vorgaben zur Dammunterhaltung, wie es sie bei Hochwasserdämmen gebe, nicht gelten.

Wenngleich der *Mannheimer Morgen* in seinem Artikel nicht direkt Partei ergriff, wie es beispielsweise der *General-Anzeiger* knapp 70 Jahre zuvor getan hatte, ließ er jedoch die verärgerten Anwohner ausführlich zu Wort kommen und stellte ihre Aussagen den teilweise unbeholfen formulierten Erklärungen des Tiefbauamtes gegenüber. So konnte das Bild entstehen, bei der städtischen Wasserwehr handle es sich um wenig kompetente, der Situation unangemessen gekleidete Herren, die sich zudem im Vorfeld nicht sonderlich um Vorkehrungen gekümmert hätten und somit ihrer Verantwortung nicht gerecht geworden seien.

Das Mannheimer Rathaus reagierte auf die Berichterstattung umgehend und veröffentliche bereits am übernächsten Tag eine Stellungnahme. Diese stützte die vorab getätigten Aussagen der Angestellten in einigen Punkten, beispielsweise werde die Dammanlage tatsächlich als Sommer- und nicht als Hochwasserdamm geführt und die Lage im Naturschutzgebiet erschwere zudem die regelmäßige Begehung des Damms. Ein deutlicher Widerspruch lässt sich allerdings ebenfalls identifizieren: In der Stellungnahme ist von einem „konstruktiv schwachen“[124] Damm die Rede, der, wenn er über längere Zeit dem Wasser ausgesetzt sei, aufweiche und schließlich breche, und zwar „noch bevor das Wasser die Dammkrone erreicht hat“[125]. Wenn man der Stellungnahme folgt, stellte dies offensichtlich kein unbekanntes Problem dar: „So war der Sommerdamm an den Riedwiesen in den Jahren 1978, 1980 und auch 1983 jedesmal an einer anderen Stelle gebrochen.“[126] – Diese Feststellung war doch ein deutlicher Kontrast zur laut Zeitungsbericht vor Ort durch einen Angehörigen des Tiefbauamtes getätigten Aussage, der Damm werde nicht brechen, schließlich kenne man ihn schon seit 30 Jahren. Ob die Stellungnahme also in diesem Punkt entkräftend gewirkt hat, bleibt fraglich.

Neben diesen allgemeineren Ausführungen zu den Umständen sah sich die Stadtverwaltung ebenfalls veranlasst, den Presseartikel in einigen Punkten – in denen er „nicht den Tatsachen entspricht“[127] – direkt zu widerlegen. Dabei ging sie insbesondere auf die Maßnahmen vor und während des Dammbruchs ein: Der Hochwasserdienst habe schon frühzeitig mit der Dammbeobachtung angefangen und – schon Tage bevor die Anwohner ihn darauf aufmerksam gemacht hätten – selbstständig mit der Sicherung durch Sandsäcke begonnen. Belegt werden sollte diese Darstellung durch einen Verweis auf das beigefügte Protokoll, denn in diesem

---

124 Informationsvorlage des Oberbürgermeisters, Mannheim, betr. Hochwasserschutz – Wasserwehr in der Zeit vom 18.06.1987 bis 22.06.1987 bzgl. Stellungnahme zum Pressebericht des Mannheimer Morgens vom 23.06.1987, Nr. 407/87 (25.06.1987). In: Marchivum | Bestand HR 2/2001 Akte Nr. 411: o.P.

125 Ebd.: o.P.

126 Ebd.: o.P.

127 Ebd.: o.P.

waren erste Maßnahmen bereits zu Beginn des Hochwassers vermerkt. Allerdings war auch nachzulesen, dass der nördliche Teil – an dem es drei Tage später zum Dammbruch kam – „schlecht kontrollierbar wegen zu hohen Graswuchses“[128] war. Die folgenden Sicherungsmaßnahmen bezogen sich eher auf den südlichen Abschnitt und hielten an, bis am 21. Juni bei einem morgendlichen Kontrollgang eine „Schadstelle im nördlichen Bereich entdeckt“[129] wurde. Ab diesem Zeitpunkt schildert das kurze Protokoll ein zähes Ringen, das sich über den ganzen Tag zog. Dutzende Sandsäcke wurden aufgelegt, bis es wieder zu Wasseraustritten kam, denen die Wasserwehr wiederum mit Sandsäcken begegnete. Ohne Erfolg – gegen 18 Uhr sei der Damm an dieser Stelle schließlich auf einer Breite von 10 Metern gebrochen.[130]

7.3 Zwischenfazit

Der Umgang mit Hochwasserereignissen war im Untersuchungszeitraum maßgeblich von den politischen Rahmenbedingungen abhängig. Wie gezeigt werden konnte, lassen sich zunächst die Auswirkungen von Diktaturen und Demokratien auf den Hochwasserschutz grundlegend unterscheiden.

Die dominierenden politischen Ideologien der autoritären Regime konnten die entwickelten Preparedness & Prevention-Strategien der Städte nachhaltig beeinträchtigen. Am Beispiel Mannheims während der Zeit des Nationalsozialismus wurde deutlich, dass aus politischen Gründen langjährige Akteure und mit ihnen das für den Hochwasserschutz der Stadt wichtige Erfahrungswissen aus der Organisation der Wasserwehr gedrängt wurden. Zudem kollidierten die vorherrschenden antisemitischen Einstellungen mit der Strategie der Vorratshaltung von Sandsäcken, wie ebenfalls für Mannheim exemplarisch ersichtlich wurde. In diesen Fällen stellten die Akteure die eigene politische Ideologie über den Hochwasserschutz der Stadt und nahmen somit eine verringerte Resilienz in Kauf.

Für die DDR konnte unter anderem am Beispiel der Stadt Dresden gezeigt werden, dass eine politische Strategie auch darin bestehen konnte, die Hochwasserereignisse selbst ideologisch aufzuladen. So unternahmen Funktionäre auf verschiedenen politischen Ebenen den Versuch, das eigene Regime vor dem Hintergrund des Hochwassers zu inszenieren. Die Kernbotschaft sollte suggerieren, dass der

---

128 Informationsvorlage des Oberbürgermeisters, Mannheim, betr. Hochwasserschutz – Wasserwehr in der Zeit vom 18.06.1987 bis 22.06.1987 bzgl. Stellungnahme zum Pressebericht des Mannheimer Morgens vom 23.06.1987, Nr. 407/87 (25.06.1987). In: Marchivum | Bestand HR 2/2001 Akte Nr. 411: o.P.

129 Ebd.: o.P.

130 Ebd.: o.P.

sozialistische Staat und sein Rückhalt in der Bevölkerung selbst die erfolgreichste Abwehrstrategie darstellten.

Es konnte allerdings ebenso gezeigt werden, dass nicht nur die autoritären Regime Einfluss nahmen, sondern gleiches für die demokratischen Systeme galt. Hierbei lassen sich insbesondere die parlamentarischen Diskurse und die freie Presse als Zugriffsmöglichkeit verstehen. In den Plenarsälen debattierten die Abgeordneten über die Ausrichtung einzelner Organisationen wie TN und THW oder Vorstöße in der Zivil- und Katastrophenschutzgesetzgebung. In diesen Fällen trat vor allem die Opposition als treibender Faktor auf. Sie befürchtete, dass auf diese Weise andere Motive, wie etwa die Schwächung der Streikbewegung durch die TN oder gar verdeckte Kriegsvorbereitungen mittels eines novellierten Katastrophenschutzgesetzes, verfolgt werden sollten. Die so geführten Diskussionen sorgten unter anderem dafür, dass sich die Organisationen sowie der Staat selbst zunehmend dem Themenfeld des Katastrophenschutzes zuwandten.

Einen weiteren wichtigen Bestandteil demokratischer Systeme stellt die freie Presse dar. Sie wurde zum einen von Politikerinnen und Politikern genutzt, um die Debatten auch außerhalb der Parlamente anzuregen, im Falle des geplanten Rheinausbaus auf Gefahren hinzuweisen und zugleich ihre eigene Position zu unterstreichen. Zum anderen betätigten sich die Medien jedoch nicht nur als Sprachrohr, sondern klagten auch selbst Missstände an oder boten eine Plattform für Kritik und Sorgen der vom Hochwasser betroffenen Bürgerinnen und Bürger.

8 Krieg und Nachkriegszeit

Kriegerische Auseinandersetzungen können vielfältig auf Staat und Gesellschaft einwirken. Krieg kann massiv „als externer Schock“[1] auf die weitere Stadt- und Infrastrukturentwicklung einzelner Städte Einfluss ausüben, wie zuletzt Dieter SCHOTT anhand des Ersten Weltkriegs nachwies. Darauf aufbauend ergibt sich die Frage, ob solche Prozesse auch auf den ‚Schutz‘ der Städte und Infrastrukturen vor Naturereignissen wie Hochwasser zu übertragen sind. Dabei sollte Krieg nicht als ein homogener (Kriegs-)Zustand verstanden werden, sondern viel mehr als dynamischer Prozess. Es wird nicht nur die Zivilbevölkerung stark beansprucht, sondern es kann auch zur Verschiebung territorialer Grenzen, zur Bindung von Ressourcen und Arbeitskräften und Veränderungen in der staatlichen Organisationsstruktur kommen. In Kriegszeiten und den folgenden Monaten und Jahren bildet sich durch dieses Zusammenspiel ein ganz eigener Faktor, der im Folgenden auf seine spezifischen Auswirkungen auf den Umgang mit Hochwasserereignissen untersucht werden soll. Im ersten Abschnitt werden exemplarisch Situationen aus dem Mannheimer Raum während des Kriegs herangezogen, wohingegen im zweiten Abschnitt konkreter auf die langfristigeren Wirkungen während der Nachkriegsjahre, nun insbesondere in Bezug auf die Lage in Dresden, eingegangen wird.

8.1 Hochwasserschutz im Krieg

Im Folgenden werden Einflüsse untersucht, die sich aus dem Alltag des Zweiten Weltkriegs ergaben. So wird nach den Auswirkungen der Fliegerangriffe gefragt, die mitunter auch Schutzbauten beschädigten. Insbesondere um ihre Wiederherstellung entwickelten sich zwischen den unterschiedlichen Behörden und Organisationen Konflikte. Die Linien verliefen dabei zwischen der Aufrechterhaltung des Hochwasserschutzes und der totalen Kriegsmobilisierung, die bereit war, lokale Hochwasserschutzstrategien zu ignorieren.

8.1.1 Luftkrieg über Mannheim

Die Auswirkungen des Luftkriegs auf den Hochwasserschutz deutscher Städte lassen sich besonders gut am Beispiel der Stadt Mannheim untersuchen. Mannheim war – anders als Dresden, das erst ab 1944 massiv und gezielt bombardiert wurde – bereits ab 1940 Ziel der alliierten Flieger und gehörte somit zu einer der ersten be-

---

1 SCHOTT 2018.

https://doi.org/10.1515/9783110734676-008

troffenen Städte. Zudem gilt sie als die am häufigsten bombardierte Stadt im Raum des heutigen Baden-Württemberg.[2]

Als erster *Großangriff* auf die Stadt sind die Abwürfe Mitte Dezember 1940 zu werten. Die *Royal Air Force* (RAF) versuchte sich dort erstmals an der Taktik des *area bombing*. Knapp 130 britische Flugzeuge warfen über 130 Sprengbomben und zehnmal so viele Stabbrandbomben über dem Stadtgebiet ab. Großbritannien deklarierte diesen Angriff als Vergeltung für die zuvor erfolgten Bombardierungen der Städte Coventry und Southampton durch die deutsche Luftwaffe. Die besondere Struktur der Mannheimer Innenstadt und ihre rasterförmige Straßenanordnung konnten allerdings zusätzlich als interessante Testfläche für die Auswirkungen von Bombenabwürfen genutzt werden. Vor Ort waren schließlich 35 Todesopfer, neun zerstörte Gebäude und rund 65 schwer beschädigte Gebäude zu beklagen.[3]

Die Beschädigungen von Dammanlagen auf der Gemarkung Mannheim durch den Luftkrieg sind gleichermaßen gut dokumentiert. So liegen zu den verschiedenen Ereignissen der Schriftverkehr zwischen dem Tiefbauamt Mannheim und dem Oberbürgermeister der Stadt und darüber hinaus zwischen dem Oberbürgermeister und dem Landesminister des Inneren sowie der Feststellungsbehörde in Karlsruhe vor. Aus diesen Berichten lassen sich das Ausmaß der Schäden und gelegentliche Einschätzungen dazu entnehmen. Weiterhin finden sich Informationen über die durch das Land zur Wiederherstellung ausgezahlten Entschädigungen. Die so dokumentierten Fälle erstreckten sich von Dezember 1940 bis September 1944. Während dieser Zeitspanne variierten Schadensumfang und -summe zwischen wenigen hundert und einigen tausend Reichsmark. Die Berichte zum bereits eingangs erwähnten achtstündigen Angriff vom 16. und 17. Dezember 1940 wiesen in der Summe eine Schadenshöhe von knapp 5.000 RM aus und belegten Bombentrichter am Rheindamm „durch Angriff feindlicher Flieger"[4] sowie an einem ebenfalls am Rhein gelegenen Hochwasserdamm, der auf einer Länge von über 150 m „teilweise gerissen, abgerutscht und stark beschädigt"[5] wurde. Als ursächlich dafür wurde die „Sprengwirkung von 4 Bomben"[6] bezeichnet. Mannheims Oberbürgermeister Renninger beschrieb schließlich gegenüber der Feststellungsbehörde die Notwendigkeit der Wiederherstellungsarbeiten und gab weitere Details zur geplanten Ausführung der Arbeiten und zum benötigten Material. Abschließend resümierte er: „Der Bestand des Dammes und damit der Hochwasserschutz an diesen Stellen ist gefähr-

---

2 Friedrich 2003: 279.

3 Vgl. Caroli 1993: 71–72.

4 Tiefbauamt, Mannheim an Oberbürgermeister, Mannheim (19.12.1940). In: Landesarchiv Baden-Württemberg, Generallandesarchiv Karlsruhe | Bestand 236 Akte Nr. 23869: o.P.

5 Oberbürgermeister, Mannheim an Feststellungsbehörde, Karlsruhe (09.01.1941). In: Landesarchiv Baden-Württemberg, Generallandesarchiv Karlsruhe | Bestand 236 Akte Nr. 23869: o.P.

6 Ebd.: o.P.

det."[7] Für das untersuchte Konvolut ist diese klare Benennung der Gefahrenlage einzigartig und daher besonders bemerkenswert. Interessanterweise spiegelte sich diese Besorgnis des Oberbürgermeisters hingegen nicht auf kommunaler Ebene wider: In einer am 19. Dezember 1940 abgehaltenen nicht-öffentlichen Beratung Renningers mit den Ratsherren wurden die Angriffe der vorherigen Tage zwar thematisiert – wenn auch nur unter dem letzten Tagesordnungspunkt „21. Verschiedenes" –, allerdings kamen die Beteiligten nicht auf die offensichtlich bestehenden Dammschäden und die mögliche Gefährdung zu sprechen. Vielmehr berichtete der Oberbürgermeister den Ratsherren, wie der Fliegerangriff gegenüber der Stadtgesellschaft politisch behandelt werden sollte. Nach Absprache mit dem örtlichen Gauleiter verkündete er:

> „Es sei wichtig, von vornherein darnach [sic] zu streben, dass die politische Betreuung der Volksgenossen richtig gehandhabt werde; die Zusammenarbeit zwischen Stadtverwaltung und Parteidienststelle müsse aus diesem Anlass ganz besonders in Erscheinung treten."[8]

Über eine mögliche Gefahrenlage bei einem Hochwasserereignis verlor er hingegen kein Wort.

Bei den Angriffen im Mai und August/September 1941 wurden abermals Hochwasserschutzanlagen beschädigt. Während der *Großangriff* im Frühjahr, unter Einsatz von 300 Spreng- und 6.000 Stabbrandbomben,[9] vor allem Dämme und Vorländer am Neckar betraf, litten im Sommer insbesondere die Dammanlagen zum Schutz der Friesenheimer Insel.[10] Das Tiefbauamt informierte den Oberbürgermeister über die Schäden und forderte, die betroffenen Anlagen müssten „wieder instand gesetzt werden"[11]. Ein so deutlicher Appell wie noch ein Jahr zuvor unterblieb in diesen Tagen allerdings. Trotz der Schäden lässt sich die These des Historikers Michael CAROLI, dass der Luftkrieg zu diesem Zeitpunkt „noch ‚verwaltbar'"[12] schien, durch die recht detaillierten Berichte der städtischen Behörden bestätigen.

---

7 Oberbürgermeister, Mannheim an Feststellungsbehörde, Karlsruhe (09.01.1941). In: Landesarchiv Baden-Württemberg, Generallandesarchiv Karlsruhe | Bestand 236 Akte Nr. 23869: o.P.

8 Ratsprotokoll, Mannheim (19.11.1940). In: Marchivum | Bestand A 1/1900 Akte Nr. 306: Bl. 31.

9 Vgl. CAROLI 1993: 72.

10 Zu den Schäden der Angriffe von Mai 1941 siehe: Tiefbauamt, Mannheim an Oberbürgermeister, Mannheim (20.05.1941). In: Landesarchiv Baden-Württemberg, Generallandesarchiv Karlsruhe | Bestand 236 Akte Nr. 24631: o.P. Zu den Schäden der Angriffe von August 1941 siehe: Tiefbauamt, Mannheim an Oberbürgermeister, Mannheim (16.12.1941). In: Landesarchiv Baden-Württemberg, Generallandesarchiv Karlsruhe | Bestand 236 Akte Nr. 24705: o.P. Zu den Schäden der Angriffe von September 1941 siehe: Tiefbauamt, Mannheim an Oberbürgermeister, Mannheim (18.09.1941). In: Landesarchiv Baden-Württemberg, Generallandesarchiv Karlsruhe | Bestand 236 Akte Nr. 24631: o.P.

11 Ebd.: o.P.

12 CAROLI 1993: 80.

Nachdem Mannheim im Jahr 1942 weitestgehend von schweren Luftangriffen verschont geblieben war, kam es ab dem Frühjahr 1943 abermals zu massiven Abwürfen und enormen Beschädigungen. Innerhalb weniger Stunden erfolgte in der Nacht vom 16. zum 17. April der Abwurf von vier Landminen, über 500 Sprengbomben und knapp 14.500 Stabbrandbomben, hinzu kam der Einsatz von Phosphorbomben.[13] Die Hochwasserdämme an Rhein, Neckar und Neckarkanal wurden durch Sprengbomben an mehreren Stellen – teilweise über hunderte Meter hinweg – stark beschädigt. Gegenüber dem Oberbürgermeister schätzte das Tiefbauamt die so entstandene Schadenssumme auf insgesamt ca. 3.700 RM.[14] Für die *Großangriffe* im August und September 1943, bei denen Hunderttausende von Bomben abgeworfen wurden und über 400 Todesopfer zu beklagen waren, konnten allerdings keine weiteren Zerstörungen der Hochwasserschutzanlagen rekonstruiert werden.[15] Es ist schwer vorstellbar, dass es bei solch massiven Angriffen zu keinen Beschädigungen kam. Es wird daher angenommen, dass der Hochwasserschutz zu diesem Zeitpunkt wohl bereits in den Hintergrund gerückt war und deshalb nicht dokumentiert wurde. Da auch im Allgemeinen die Berichte deutlich kürzer wurden, lässt sich vermuten, dass – wie CAROLI argumentiert – „das Chaos [...] bürokratisch kaum noch zu bewältigen [war].“[16]

Die nächsten überlieferten detaillierten Aufzeichnungen über zerstörte Hochwasserschutzanlagen des Tiefbauamtes stammen erst wieder vom Jahresanfang 1944. Verschiedene Deichsysteme wiesen zwischen einem und acht Sprengtrichtern auf, wodurch – so schätzte die Behörde zu diesem Zeitpunkt – ein Schaden von ca. 5.900 RM entstanden sei.[17] Bis Juni 1944 waren die Anlagen nur teilweise wiederhergestellt und das Wasserwirtschaftsamt Heidelberg sah sich veranlasst, die Schadenssumme gegenüber der Feststellungsbehörde um ca. 2.770 RM nach oben zu korrigieren.[18] In den folgenden Sommermonaten stieg die Zahl der massiven Bombardierungen und damit die Beschädigungen verschiedener Abschnitte der Rhein-

13 Vgl. CAROLI 1993: 73.

14 Zum Neckarhochwasserschutzdamm siehe: Tiefbauamt, Mannheim an Oberbürgermeister, Mannheim (17.05.1943). In: Landesarchiv Baden-Württemberg, Generallandesarchiv Karlsruhe | Bestand 236 Akte Nr. 24731: o.P. Zum Rheinhochwasserdamm siehe: Tiefbauamt, Mannheim an Oberbürgermeister, Mannheim (17.05.1943). In: Landesarchiv Baden-Württemberg, Generallandesarchiv Karlsruhe | Bestand 236 Akte Nr. 24735: o.P. Zum Neckarkanaldamm siehe: Tiefbauamt, Mannheim an Oberbürgermeister, Mannheim (17.05.1943). In: Landesarchiv Baden-Württemberg, Generallandesarchiv Karlsruhe | Bestand 236 Akte Nr. 24736: o.P.

15 Vgl. CAROLI 1993: 73, 75, 80.

16 Ebd.: 88.

17 Vgl. Tiefbauamt, Mannheim an Oberbürgermeister, Mannheim (22.03.1944). In: Landesarchiv Baden-Württemberg, Generallandesarchiv Karlsruhe | Bestand 236 Akte Nr. 25049: o.P.

18 Vgl. Wasserwirtschaftsamt, Heidelberg an Feststellungsbehörde, Karlsruhe (29.06.1944). In: Landesarchiv Baden-Württemberg, Generallandesarchiv Karlsruhe | Bestand 236 Akte Nr. 25049: o.P.

hochwasserdämme. Die durch das Tiefbauamt geschätzte Summe zur Wiederherstellung belief sich auf ca. 8.500 RM.[19] Trotz dieser hohen Bezifferung enthalten die Berichte lediglich die knappen Hinweise, dass der Deichschutz „teilweise“[20] oder „an mehreren Stellen“[21] unterbrochen sei. Ein expliziter Verweis auf die Gefährdungslage bei Hochwasserereignissen und die davon abzuleitende Relevanz des Dammes für die Stadt und ihre Infrastruktursysteme blieb jedoch aus. Der Umstand, dass ein halbes Jahr nach den Angriffen im Januar der Damm noch nicht wieder vollständig hergestellt werden konnte, ist ein Indiz dafür, dass der Hochwasserschutz deutlich an Priorität gegenüber den ersten Kriegsjahren verloren hatte.

Noch deutlicher wird der gesunkene Stellenwert in einer Rückschau nach dem Krieg: Während der Reorganisation der Wasserwehr im Jahr 1948 ließ das Tiefbauamt verlauten, dass „letztmals im Jahre [19]43, [...] die Deichschutzanlagen und die Bestände der nach dieser Wasserwehrordnung vorrätig und bereitzuhaltenden Wasserwehrgeräte bei dem durch die Staatsbehörde (Bezirksamt und Wasserstraßenamt) jeweils angeordneten Deichschauen überprüft“[22] wurden. Eigentlich war eine jährliche Untersuchung vorgeschrieben. Die Wasserwehrgeräte seien „durch Kriegseinwirkungen [...] größtenteils vernichtet worden“[23] und während des Kriegs gelang es nicht, die Wasserwehr wieder auszustatten. Beide Umstände sprechen für eine deutliche Abwertung des Hochwasserschutzes seit Mitte des Kriegs. Dies lässt sich nur bedingt mit der oben beschriebenen Überforderung der Verwaltung durch den ausgeweiteten Luftkrieg erklären. Ein anderer wichtiger Faktor scheint zu sein, dass der anhaltende Krieg dazu führte, dass die Beurteilung sämtlicher Aufgaben zunehmend von ihrer Kriegs(un)wichtigkeit abgeleitet wurde.

8.1.2 Prüfstein Kriegswichtigkeit

Wie gezeigt, sorgten die Bombenabwürfe nicht nur für Schäden an Infrastruktur und zivilen Gebäuden, sondern gleichermaßen für Zerstörungen an Hochwasserschutzdämmen und Wasserwehrgeräten. Die städtischen Behörden pochten, wenn auch

---

19 Vgl. Tiefbauamt, Mannheim an Oberbürgermeister, Mannheim (15.09.1944). In: Landesarchiv Baden-Württemberg, Generallandesarchiv Karlsruhe | Bestand 236 Akte Nr. 25063: o.P.; Tiefbauamt, Mannheim an Oberbürgermeister, Mannheim (19.09.1944). In: Landesarchiv Baden-Württemberg, Generallandesarchiv Karlsruhe | Bestand 236 Akte Nr. 25063: o.P.

20 Tiefbauamt, Mannheim an Oberbürgermeister, Mannheim (15.09.1944). In: Landesarchiv Baden-Württemberg, Generallandesarchiv Karlsruhe | Bestand 236 Akte Nr. 25063: o.P.

21 Tiefbauamt, Mannheim an Oberbürgermeister, Mannheim (19.09.1944). In: Landesarchiv Baden-Württemberg, Generallandesarchiv Karlsruhe | Bestand 236 Akte Nr. 25063: o.P.

22 Tiefbauamt, Mannheim an Stadtverwaltung Mannheim, Abt. II (17.03.1948). In: Marchivum | Bestand HR 42/1975 Akte Nr. 619: Bl. 91.

23 Ebd.: Bl. 92.

mit abnehmender Intensität, entsprechend auf die Reparatur und Wiederherstellung der Anlagen. Ob und wie diese Arbeiten während des Kriegs ausgeführt werden konnten, soll im Folgenden geklärt werden. Kriegszeiten bringen es mit sich, dass es an Ressourcen und Arbeitskraft mangelt. Beide wurden im Rahmen der Kriegsführung gebunden und somit anderen Diensten, wie eben der Wasserwehr, entzogen. Die Beschäftigung in der Rüstungsindustrie ermöglichte es zwar, sich unabkömmlich stellen zu lassen und der Einberufung zu entgehen, allerdings waren zu Kriegsbeginn wenige Rüstungsbetriebe in Baden angesiedelt, sodass die Region Mannheim besonders vom Abzug der Arbeitskräfte betroffen war. Mit zunehmender Kriegsdauer stellten jedoch viele Mannheimer Betriebe auf Rüstungsproduktion um, bekamen Beschäftigte zugewiesen und konnten ihren Umsatz steigern.[24]

In diesen Jahren wurden nahezu alle Vorhaben anhand des Kriteriums der Kriegswichtigkeit beurteilt. Dies führte dazu, dass selbst Bauprogramme der Stadt, beispielsweise im Bereich des Wohnungsbaus oder der Verkehrsplanung, in den Jahren 1940/41 auf die Zeit nach einem erhofften siegreichen Kriegsausgang verschoben wurden. Dieser Baustopp hing ebenso mit der großen Rohstoffnachfrage der Rüstungsindustrie zusammen, denn die Ausrufung des *totalen Kriegs* einhergehend mit der *totalen Mobilisierung* durch Goebbels im Jahr 1943 verstärkte das Rohstoffdefizit zusätzlich.[25]

Im November und Dezember 1944 sorgte das Rheinhochwasser für einen Dammbruch und führte zu einer Überschwemmung der Friesenheimer Insel auf der Gemarkung Mannheim. Die Auswirkungen des vernachlässigten Hochwasserschutzes wurden damit für jedermann eindeutig sichtbar. Das Tiefbauamt – als formal verantwortliche städtische Behörde – distanzierte sich allerdings rasch von der Verantwortung und sah die Ursache in den kriegsbedingten Strukturen und Priorisierungen übergeordneter Stellen. Namentlich verwies die Behörde in einem Bericht an den Oberbürgermeister auf die *Organisation Todt* (OT). Dieser Vorgang liefert einen Hinweis auf die zunehmenden Strukturprobleme der nationalsozialistischen Herrschaft. Die Vielzahl an Organisationen und Behörden deckten teilweise gleiche Zuständigkeitsbereiche ab, die sie jedoch mit unterschiedlichen Intuitionen und Herangehensweisen bearbeiteten. Die unübersichtlichen Hierarchien und gegenseitige Konkurrenz erschwerten die Arbeit zusätzlich, andererseits bot sich dadurch die Gelegenheit, unliebsame Verantwortungsbereiche abzutreten, wie es das Tiefbauamt in diesem Fall versuchte.

Die Organisation Todt war bereits 1938 unter der Führung ihres Namensgebers Fritz Todt ins Leben gerufen worden. Todt war zunächst als Generalbevollmächtigter für die Regelung der Bauwirtschaft zuständig und nahm später als Reichsminis-

24 Vgl. Dagenbach 1993: 142; Caroli 2009: 362–365.

25 Vgl. Schenk 2006: 91, 94; Caroli 2009: 365–366, 409–410, 412–415.

ter für Bewaffnung und Munition eine machtvolle Position ein. Nach seinem Tod 1942 wurde die OT vom gebürtigen Mannheimer und damaligen Rüstungsminister Albert Speer geführt. Sie gewann seit Kriegsbeginn stetig an Bedeutung und kann als eine der kriegswichtigsten Organisationen bezeichnet werden. Bereits das erste Projekt, an dem die OT maßgeblich mitwirkte – die Errichtung des Westwalls –, wies einen Kriegsbezug auf. Ab 1939 wurde die OT in eine militärisch organisierte Bautruppe umstrukturiert, die hauptsächlich in den besetzten Gebieten und nur teilweise auf deutschem Territorium zu Baumaßnahmen eingesetzt wurde. Zu diesem Zeitpunkt wurden die Arbeitskräfte allerdings noch wesentlich aus der eigenen Bevölkerung rekrutiert, ab 1942 umfasste die Arbeiterschaft der OT zusätzlich Kriegsgefangene sowie Zwangsarbeiterinnen und -arbeiter, ab 1943/44 auch KZ-Insassinnen und -Insassen sowie andere Häftlinge. Zur gleichen Zeit verstärkte sich zudem der Einsatz im Deutschen Reich, nun handelte es sich vor allem um Wiederherstellungsarbeiten.

Solche Arbeiten wurden auch in Mannheim nötig, worüber das Tiefbauamt – nach eigener Aussage – die zuständige OT in Kenntnis setzte. Diese nahm eine Bewertung der Bombenschäden an den Dammanlagen vor, die zum Ergebnis kam, dass keine Behebung der Schäden durchgeführt werden sollte. Gegenüber dem Oberbürgermeister hieß es:

> „Der örtl. Einsatzleiter der OT. Reg.-Bau-Ass. Tetzen in Weinheim, dem wir sowohl die zwingend notwendigen Ausbesserungen der Bombenschäden an Ort und Stelle am 11. November 1944 vorgetragen und der auf die Folgen bei Hochwassereinbruch aufmerksam gemacht worden war, war der Meinung, diese Arbeiten seien nicht kriegswichtig, auch für den Fall nicht, daß die Felder überflutet würden.“[26]

Wenige Seiten später bekräftigte das Tiefbauamt nochmals, auch an anderer Stelle selbst früh genug informiert zu haben:

> „Wir verweisen in diesem Zusammenhang noch auf das am 6. September 1944 an den Herrn Polizeipräsidenten gerichtete Schreiben, worin ausdrücklich auf die möglichen Folgen einer Hochwasserkatastrophe hingewiesen worden ist.“[27]

Schließlich lässt sich an der Einschätzung der mangelnden *Kriegswichtigkeit* durch die OT Kritik erkennen. Das Tiefbauamt machte deutlich, dass es bei einer möglichen Überschwemmung der Friesenheimer Insel keinesfalls nur um die Gefährdung der Lebensmittelbestände ginge, sondern dass „auch die auf der Insel eingesetzten Wehrmachtstellen [...] ihre sämtlichen Einrichtungen im Stiche lassen und vor den

---

26 Tiefbauamt, Mannheim an Oberbürgermeister, Mannheim (16.12.1944). In: Marchivum | Bestand HR 42/1975 Akte Nr. 619: Bl. 2.
27 Ebd.: Bl. 4.

eindringenden Wassermassen fliehen [müssten].“[28] Demnach ließe sich auch auf dieser Ebene das Ereignis Hochwasser nicht vom Ereignis Krieg entkoppeln. Das Tiefbauamt versuchte, die OT einer Fehleinschätzung zu bezichtigen. Dabei griff es konsequent die Argumente der Kriegswichtigkeit auf – und verwies als Höhepunkt der Argumentation auf direkte Betroffenheit von Armee-Einheiten durch Hochwasser. Dies belegt, dass das Argument der Kriegswichtigkeit in der Behördenkommunikation sämtliche anderen Erwägungen verdrängen konnte.

Im selben Bericht schob das Tiefbauamt wiederholt der Organisation Todt eine Mitverantwortung zu. Dabei ging es noch um eine zweite Angelegenheit, nämlich um den Erhalt des Sommerdamms bei Sandhofen-Scharhof. Es sei nicht möglich gewesen, den Damm, „nachdem die Schadensstellen, infolge der Wegnahme der seit 17. Oktober 1944 eingesetzten Ost-Arbeiter – am 8.–11. November 1944 durch den Einsatzleiter der OT. –[,] nicht restlos beseitigt werden konnten, zu halten.“[29] Die daran anschließende Überflutung von landwirtschaftlichem Gelände führte außerdem zu Konflikten mit den betroffenen Landwirten, die ihre Beschwerde in Sachen Hochwasserschutz an die städtische Behörde richteten und „den Einwand, daß die Stadtverwaltung unter den kriegsbedingten Verhältnissen auf den Wegzug der Einsatzkräfte durch die OT. keinen Einfluß hat, nicht gelten lassen [wollten].“[30] Die kriegsbedingt veränderten Organisationsstrukturen wurden ebenfalls in der Rückschau kritisch bewertet und als Grund für einen beeinträchtigten Hochwasserschutz gesehen. So äußerte sich das Tiefbauamt nur knapp drei Jahre nach Kriegsende im Zuge der Reorganisation der Wasserwehr folgendermaßen zur damaligen Situation:

> „Die Stadt hatte ihren Hochwasserschutz ausschl. mit ihren Kräften und Einrichtungen organisiert. Mit dem Auftreten der vielen Kommandostellen im ‚3. Reiche‘, vor allem im Verlaufe des Krieges, wurde die Wasserwehrorganisation der Stadt stark verwässert und gestört.“[31]

Durch ihre Befugnisse hatte die Organisation Todt oftmals Einfluss auf die Ausführungen des Hochwasserschutzes, ohne tatsächlich für diesen zuständig zu sein. Die Verantwortung für die mangelhafte Wiederherstellung des Dammes vor dem Hochwasserereignis und für die Folgen des Deichbruchs wurde jedoch durch das Tiefbauamt auf die OT übertragen. Argumentiert wurde, dass eine Schadensbeseitigung und ein Wiederaufbau der Schutzanlage von der Zuweisung sogenannter *Ost-Arbeiter* durch die OT abhängig gewesen sei.

---

28 Tiefbauamt, Mannheim an Oberbürgermeister, Mannheim (16.12.1944). In: Marchivum | Bestand HR 42/1975 Akte Nr. 619: Bl. 2.

29 Ebd.: Bl. 1.

30 Ebd.: Bl. 2.

31 Tiefbauamt, Mannheim an Stadtverwaltung Mannheim, Abt. II (17.03.1948). In: Marchivum | Bestand HR 42/1975 Akte Nr. 619: Bl. 92.

Hinter dem zeitgenössischen Begriff *Ost-Arbeiter* verbargen sich Zwangsarbeiterinnen und -arbeiter, die vor allem aus der teilweise besetzten Sowjetunion verschleppt worden waren. Damit eröffnet sich ein Einblick in einen weiteren Aspekt des Kriegsgeschehens und seiner Auswirkungen: Zwangsarbeit oder unfreiwillige Arbeitseinsätze. Wie bereits erwähnt, wurden zum einen *Ost-Arbeiter* eingesetzt, an anderer Stelle bemerkte das Tiefbauamt, man habe nach langer Arbeitskraftsuche unter anderem „auch tscheschiche [sic!] Maurer"[32] und „5 ausländische Hochbaumaurer"[33] mit Arbeiten betrauen müssen. Andererseits berichtete dasselbe Amt nicht ohne Stolz von der gemeinsamen Verteidigung der Hauptdämme, die – anders als die Sommerdämme – standhielten:

> „Entgegen allen Erwartungen konnten die geflickten Stellen der Hochwasserdämme mit ausländischen Hilfskräften (Franzosen) teilweise durch Verdämmung gehalten und ein Durchbruch verhindert werden."[34]

Ob es sich bei den hier genannten *Franzosen* und dem Euphemismus der *ausländischen Hilfskräfte* ebenfalls um Zwangsarbeitende und/oder Kriegsgefangene handelte, ist stark anzunehmen, kann aber nicht abschließend geklärt werden. Fest steht allerdings, dass bereits kurz nach Kriegsbeginn, also noch im Spätsommer 1939, ca. 400 Bewohnerinnen und Bewohner des *Protektorats Böhmen und Mähren* zur Zwangsarbeit in Mannheim eingesetzt wurden. Im Sommer 1940 folgten Gefangene und Verschleppte aus Polen und den westlichen Gebieten Belgien, Niederlande und Frankreich, ab 1941 trafen die ersten russischen Kriegsgefangenen ein. Parallel zur Zuteilung von Kriegsgefangenen folgte die Zuweisung von Arbeiterinnen und Arbeitern aus verbündeten Ländern, wie beispielsweise Italien, und wiederum sogenannte *ausländische Zivilarbeiter* aus den eroberten und besetzten Gebieten. Während diese zunächst überwiegend privat untergebracht wurden oder in der Obhut der jeweiligen Betriebe standen, fristeten die Kriegsgefangenen, Zwangsarbeiterinnen und -arbeiter ein Dasein in Gefangenenlagern. Eingesetzt wurden sie zum einen in der Rüstungsindustrie, vereinzelt in der Landwirtschaft, aber auch in der Baubranche sowie zur teilweise lebensgefährlichen Trümmerbeseitigung oder zu Wiederherstellungsarbeiten.[35] Dazu zählten auch Arbeiten an den Dammanlagen zum Hochwasserschutz.

Aus dem genannten Bericht des Tiefbauamtes geht entsprechend hervor, dass eine Kolonne zu einem mehrwöchigen Einsatz am Sommerdamm Sandhofen-Schar-

32 Tiefbauamt, Mannheim an Oberbürgermeister, Mannheim (16.12.1944). In: Marchivum | Bestand HR 42/1975 Akte Nr. 619: Bl. 4.

33 Ebd.: Bl. 4.

34 Ebd.: Bl. 1.

35 Vgl. Dagenbach 1993: 142–146.

hof beordert wurde. Allerdings wurde dieser Trupp noch vor der vollständigen Wiederherstellung des Schutzes wieder abgezogen, vermutlich da der Auftrag zum Zeitpunkt des Abbruchs nicht mehr dem Prüfstein der Kriegswichtigkeit standhielt. Zu einer anderen – womöglich auch angesichts des Hochwasserereignisses spontan getroffenen – Entscheidung kamen die Verantwortlichen im Falle des Hauptdamms: Dieser konnte dank des Einsatzes von Arbeitskräften verteidigt werden.

Die Einschätzungen, in diesem Beispiel der Organisation Todt, waren entscheidend dafür, ob ein Hochwasserdamm und somit der Hochwasserschutz der Stadt nach Kriegsbeschädigungen wiederhergestellt wurde oder nicht. Ein elementares Moment der Bewährungsprobe war der Faktor der Kriegswichtigkeit, der wiederum abhängig vom Kriegsverlauf Schwankungen unterlag. Vor dem Hintergrund dieser Frage wurden Ressourcen und Arbeitskräfte verteilt. Ein drohendes Hochwasserereignis war von nachgeordnetem Stellenwert.

8.1.3 Mittelbare Kriegseinwirkungen

Wie bisher gezeigt werden konnte, hatten der Luftkrieg und die mangelnde Wiederherstellung massive Auswirkungen auf den Hochwasserschutz der Stadt. Allerdings zeichnete sich darüber hinaus bei dem bereits angesprochenen Hochwasserereignis im Winter 1944/45 ab, dass lokale Kriegshandlungen, viele Kilometer von Mannheim entfernt, auf den Umgang mit Hochwasserereignissen wirkten.

Grundsätzlich griffen die Angehörigen des Tiefbau- und des Wasserstraßenamtes auf die Werte diverser Pegelstationen am Rhein zurück, um Berechnungen über den Zeitpunkt der Ankunft und das Ausmaß der Hochwasserwelle in Mannheim anstellen zu können. Durch die Vielzahl an Daten ließen sich Szenarien modellieren und Wahrscheinlichkeiten angeben. So konnte in der Regel ein gewisser Rahmen, vor allem zeitlicher Ausprägung, für Maßnahmen abgesteckt werden – anders verhielt es sich im Mannheimer Winter 1944/45. Im Rückblick berichtete das Tiefbauamt gegenüber dem Oberbürgermeister von einer schwierigen Situation: Das lokale Wasserstraßenamt hatte am 24. November 1944 mitgeteilt, dass die benötigten Werte vorab nicht ausreichend erhoben werden konnten, denn „infolge der Kriegsverhältnisse waren die Pegelstände von Straßburg und aufwärts nicht mehr zu erhalten. Ein genaues Bild der Wasserganglinien war nicht mehr möglich, wir mußten uns mit den Meldungen ab Maxau zufrieden geben.“[36] Die örtlichen Behörden waren somit bereits zu diesem Zeitpunkt direkt vom Kontrollverlust des Deutschen Reiches betroffen und das, obwohl es bis zur Rheinüberquerung der Alliierten noch einige Monate dauern sollte. Amerikanischen Truppen war zwei Tage zuvor ein militäri-

36 Tiefbauamt, Mannheim an Oberbürgermeister, Mannheim (16.12.1944). In: Marchivum | Bestand HR 42/1975 Akte Nr. 619: Bl. 1.

scher Vorstoß in Straßburg gelungen, unter anderem mit der Folge, dass die Informationen dieser Pegelstation für deutsche Behörden nicht mehr verfügbar waren. Eine Berechnung auf Grundlage der Werte aus Karlsruhe-Maxau, der nächsten verfügbaren Station, war zwar durchaus möglich, bedeutete allerdings einen deutlichen Zeitverlust in der Vorbereitungsphase. So halbierte sich das Reaktionsfenster durch die fehlenden Daten aus Straßburg. Das Tiefbauamt sprach in seinem Bericht an den Oberbürgermeister entsprechend von dem „heurigen, überraschend aufgetretenen Hochwasser"[37]. Die Erfahrungswerte der vergangenen Jahre allein reichten offensichtlich nicht aus, um genauere Vorhersagen zu treffen. Ein Blick in die Pegelmessungen der vorherigen Jahrzehnte verrät nämlich, dass weder November noch Dezember zuvor als überwiegend hochwasserfreie Monate aufgefallen waren. Ohne zeitnah gemessene Pegelstände waren diese Informationen allerdings nur bedingt zu nutzen. Bildlich gesprochen transportierte der Rhein also in diesen Wochen nicht nur die Hochwasserwelle nach Mannheim, sondern auch die Konsequenzen lokaler Kriegsauswirkungen.

Die einzelnen Elemente wie Schäden durch Luftangriffe, Mangel an Arbeitskraft zur Wiederherstellung und fehlende Pegelwerte konnten jeweils für sich genommen die Vorbereitungsphase des Hochwasserschutzes bereits empfindlich einschränken. Besonders prekär wurde allerdings das Zusammenspiel aller drei Faktoren im Winter 1944/45 mit zeitgleich erhöhten Pegelwerten. Im Vergleich zur eindringlichen Schilderung des Tiefbauamtes gegenüber dem Oberbürgermeister, die etwa auch Hinweise auf verärgerte Landwirte enthielt, ist erstaunlicherweise festzustellen, dass die einzige verfügbare Tageszeitung das Hochwasserereignis nicht explizit erwähnte. Ende November erschien lediglich ein Artikel im *Hakenkreuzbanner*, der auf die Lage in den vergangenen Jahrhunderten aufmerksam machte und dabei von den „Hochwasserkatastrophen jener Zeit"[38] sprach. Verschiedene wasserbauliche Maßnahmen, insbesondere jene, die auf Johann Gottfried Tulla zurückgingen, „verminderte[n] die Hochwassergefahr [...] sehr."[39] Einzig der abschließende Appell des Artikels könnte als eine chiffrierte Botschaft anlässlich des aktuellen Hochwassers gedient haben, denn dort heißt es: „Die Abwehr von gemeinsamen Gefahren führt immer zu den solidesten und kräftigsten Gemeinschaftsbildungen nach altem Naturgesetz: Volksnot schützt vor Volkstod!"[40] Da die Gefahr allerdings nicht weiter definiert wurde, könnte es sich auch um eine der zeitgenössischen Durchhalteparolen handeln, wie sie in diesen Tagen häufig verkündet wurden. Grundsätzlich do-

---

37 Tiefbauamt, Mannheim an Oberbürgermeister, Mannheim (16.12.1944). In: Marchivum | Bestand HR 42/1975 Akte Nr. 619: Bl. 1.[Hervorhebung durch NaT]

38 [o.V.], Volksnot schützt vor Volkstod. In: Hakenkreuzbanner (27.11.1944).

39 Ebd.

40 Ebd.

minierten neben den amtlichen Bekanntmachungen die nahen und fernen Kriegshandlungen die lokale Berichterstattung.

8.2 Hochwasserschutz in der direkten Nachkriegszeit

Wie bereits deutlich wurde, beachtet das Wetter weder Kriegs- noch Friedenszeiten und lässt die Flusspegel auch in denkbar schlechten Situationen steigen. Für Städte an Flüssen war daher selbst in der direkten Nachkriegszeit ein Hochwasserkonzept mehr als ratsam. Beeinflusst wurde der Umgang mit Naturgefahren in dieser Zeit insbesondere durch die Besatzung der alliierten Kräfte, die bis ins Jahr 1949 reichte, und durch die weitreichenden Beschädigungen der Innenstädte Mannheims und Dresdens. Die neuen Machtstrukturen wirkten vielfältig auf den Alltag und die Verwaltung der Städte. Wenngleich alle Alliierten ähnliche Motive verfolgten, verlief die praktische Besatzungspolitik abhängig von der jeweiligen Zone doch recht unterschiedlich. Die größte Einigkeit ist wohl für das Sicherheitsbedürfnis nachzuweisen, sodass zwischen den Alliierten Übereinkunft in den Fragen der Entmilitarisierung und Entnazifizierung bestand. Bereits strittiger war die Motivgruppe der Bestrafung und Wiedergutmachung. Während der juristische Umgang mit den deutschen Beteiligten nicht weiter für Diskussionsstoff sorgte, hielt die Debatte zu Fragen von Reparation und Demontage weiter an.[41] Bereits in dieser Phase zeigten sich ideologische Unterschiede, deren Ausprägungen sich bis zum Umgang mit Hochwasserereignissen nachweisen lassen und auf die nachstehend eingegangen wird. Die materielle Ausgangslage der beiden Fallstädte Dresden und Mannheim war hingegen vergleichbar: Durch Fliegerangriffe wiesen weite Teile der Stadtgebiete hochgradige Beschädigungen auf. Davon nicht betroffene Bauten, wie beispielsweise städtische Brücken, zerstörte die Wehrmacht an Rhein, Neckar und Elbe selbst noch in den letzten Kriegstagen, um ein weiteres Vorrücken zu erschweren.

8.2.1 Neue Machtstrukturen – Neue Wege im Hochwasserschutz?

Der Krieg endete je nach Frontverlauf zwar zu unterschiedlichen Zeitpunkten, doch stets sahen sich die verbliebenen Einwohnerinnen und Einwohner damit konfrontiert, neuen Machthabern gegenüberzustehen. Auf den Konferenzen von Jalta und Potsdam hatten die alliierten Siegermächte die zukünftige Besetzung des Landes vereinbart, neu verhandelt und ab 1945 umgesetzt. Dresden fiel folglich in die Zone der UdSSR, Mannheim in den Bereich der US-Amerikaner.

---

41 Siehe dazu u.a. Benz 1999.

Als die US-amerikanischen Streitkräfte in den letzten Märztagen des Jahres 1945 Mannheim einnahmen, hatte sich die nationalsozialistische Stadtverwaltung unter Oberbürgermeister Carl Renninger bereits abgesetzt. Vor Ort waren lediglich einige Angehörige einer Art Interimsverwaltung anzutreffen und unter ihnen Oberbaurat Josef Braun. Da die US-Kräfte an einer raschen Wiederaufnahme des städtischen Verwaltungsgeschehens – gewiss unter ihrer Kontrolle – interessiert waren, erkundigten sie sich bei regionalen Vertrauenspersonen über geeignetes Personal. Auf diesem Weg rückte Braun in den Fokus ihrer Aufmerksamkeit und musste sich an den Ostertagen umfangreichen Befragungen stellen.[42] In einer Niederschrift aus dem April 1945 berichtet er selbst folgendermaßen vom Ablauf der „erste[n] Besprechung mit dem Führer der Militärverwaltung“[43]:

> „Ich wurde höflich begrüßt, und es wurden mir die nachstehenden Fragen vorgelegt: Sind Sie Beamter? Ich bejahte diese Frage: seit 1911. [20] Waren Sie Stadtrat? Ich bejahte diese Frage: von 1919–1933. Und als ich dies erklärte, frug man mich, ob ich Nationalsozialist sei. Ich betonte, ich war Zentrumsmann und ich konnte als solcher meine innere Auffassung nicht ändern und habe, obwohl meine Meinung nicht geändert werden konnte, meinen Platz nicht verlassen brauchen. Auf die Frage, welcher Partei ich angehörte, erklärte ich daß ich Zentrumsmann war, und da es schien, daß man dieses nicht gleich begriffen hat, versicherte ich nochmals, richtiger Katholik zu sein. Hiermit war die Verhandlung praktisch zu Ende. Man legte mir Verwaltungsfragen vor, die ich behandelte. Man frug mich über die Zusammensetzung des Stadtrates, über den Verbleib der bis vor Tagen im Amt gebliebenen Stadtverwaltung, den ich aber nicht sagen konnte, um zum Schluß auf die wirtschaftlichen Strukturen der Stadt selbst einzugehen.“[44]

Es folgten das ganze Wochenende hindurch noch weitere Unterredungen dieser Art, woraufhin die amerikanische Militärregierung unter Stadtkommandant Charles D. Winning das Vertrauen in Braun gewann. Dieser zeigte sich allerdings deutlich skeptischer, als die Bitte an ihn herangetragen wurde, die Führung der Stadt vorerst als Oberbürgermeister zu übernehmen. Es bedurfte noch weiterer Gespräche, bis er sich der Aufgabe stellte. Seinen Widerwillen brachte er schließlich deutlich zum Ausdruck, indem er gegenüber den US-Verantwortlichen erklärte: „Als guter Deutscher, der ich mein Vaterland liebe, will ich, wenn Sie keinen Besseren finden können, dieses schwere und undankbare Amt, das ich nicht gesucht habe, übernehmen.“[45]

Ihm wurde ein Beirat aus Walter Kaiser vom Zentrum, Rudolf Kohl von der KPD, dem Sozialdemokraten Jakob Trumpfheller und drei Angehörigen der Wirtschaftskammer zur Seite gestellt. Außerdem gelang es, ehemalige Dezernenten zurückzu-

---

42 Vgl. Hübel 2009: 435–436; Irek 1983: 33–35.

43 Zit. nach: Irek, Schadt 1983: 19.

44 Zit. nach: Ebd.: 19–20.

45 Zit. nach: Ebd.: 20.

holen, darunter Fritz Cahn-Garnier, Richard Böttger (beide SPD) und August Kuhn (Zentrum). Die Protagonisten waren allesamt vor 1933 aktiv in der Mannheimer Kommunalpolitik und -verwaltung gewesen und hatten die letzten Jahre überwiegend inhaftiert verbringen müssen. Ihnen konnte aufgrund ihrer Erfahrung Kompetenz für die anstehenden Aufgaben zugesprochen werden und sie galten zugleich als politisch unbelastet. Dies war ein nicht zu unterschätzender Aspekt, da sich diese Vorgänge in Mannheim noch vor der offiziellen Kapitulation der Wehrmacht am 8. Mai 1945 ereigneten.[46]

Braun selbst erhielt als Oberbürgermeister zunächst eingeschränkte Handlungsbefugnisse und hatte sich in erster Linie an die Anweisungen der lokalen Militärregierung zu halten. Innerhalb der deutschen Verwaltung hatten ihm allerdings alle Unterstellten Folge zu leisten, da die Deutsche Gemeindeordnung vom 30. Januar 1935[47], die das Führerprinzip auf lokaler Ebene installiert hatte, weiterhin gültig war und durch die Besatzung zunächst nicht außer Kraft gesetzt wurde. Zum Ende des Jahres 1945 wurden der eingesetzte Beirat sowie die ihm eingeräumten Kompetenzbereiche nochmals erweitert. Denn obwohl es zunächst nicht so vorgesehen war, zogen sich die Amerikaner rasch aus dem lokalen Verwaltungsgeschehen zurück, wenngleich sie sich noch regelmäßig Bericht erstatten ließen. Zentrale Aufgaben der Verwaltung waren zu dieser Zeit die Bewältigung der Versorgungsengpässe und der Wiederaufbau der Stadt selbst. Einige der genannten Akteure blieben über Jahre der Kommunal- oder Landespolitik erhalten.[48]

In Dresden verlief die Phase nach der Machtübernahme der Alliierten auf gänzlich andere Weise. Unmittelbar nachdem die Stadt im Mai eingenommen worden war, gingen die Kommunisten Hermann Matern und Kurt Fischer an die Arbeit der Reorganisation der Dresdner Stadtverwaltung. Beide waren als Teil der sogenannten *Gruppe Anton Ackermann* eingereist und hatten sich zuvor in der UdSSR aufgehalten. Obwohl sie auf keine lokalpolitischen Kenntnisse über Dresden zurückgreifen konnten, waren sie für die sowjetischen Besatzungsmächte politisch höchst zuverlässig und zudem ideologisch geschult. Sie nahmen alsbald vor Ort Kontakt zu Kommunistinnen und Kommunisten auf und erkundigten sich nach Personalia für die Stadtverwaltung, welche sie dem sowjetischen Kommandanten dann zur Genehmigung vorschlugen. Als Oberbürgermeister wurde der ehemalige Sozialdemokrat und KPD-Sympathisant Rudolf Friedrichs bestimmt. Dieser wiederum benannte weitere Ressortleiterinnen und -leiter. Wenngleich unter den Vorgeschlagenen nicht nur KPD-Angehörige waren, so überwog dennoch ihr Einfluss. Auf der Ebene der Angestellten wurden zunächst stark Belastete durch Arbeiterinnen und Arbeiter der

46 Vgl. Irek 1983: 35–38. Siehe zu den Biografien, Brach 1984.

47 Siehe DGO (30.01.1935).

48 Vgl. Hübel 2009: 427–429; Führer 2013: 36–40.

Dresdner Betriebe ausgewechselt. Eine vollständige Entnazifizierung war allerdings mit über 5.000 NSDAP-Angehörigen in der Verwaltung nicht möglich, ohne zugleich an Funktionsfähigkeit einzubüßen. Bei der Auswahl der nachrückenden Angestellten wurde vornehmlich auf ihre politische Zuverlässigkeit geachtet, wohingegen der häufige Mangel an fachlicher Kompetenz in Kauf genommen wurde. Aus diesen Gründen wurden schließlich einige belastete, aber qualifizierte Funktionäre als unverzichtbar eingestuft und auf nachrangige Positionen versetzt. Der KPD-dominierte Dresdner Magistrat widmete sich nicht nur den Verwaltungsaufgaben vor Ort, sondern befasste sich auch mit dem Aufbau der sächsischen Landesregierung. Einige Mitglieder der ersten Stunde, wie Fischer und Friedrichs, wechselten dann alsbald auf die Landesebene. Als Oberbürgermeister folgten für jeweils wenige Monate der parteilose Johannes Müller und der Sozialdemokrat Gustav Leißner. Beide äußerten Kritik an der Besatzungsmacht und konnten sich unter anderem deshalb nicht lange in der Position halten. Der erste langjährige Oberbürgermeister der Nachkriegszeit wurde erst in Walter Weidauer, zunächst KPD, später SED-Mitglied, gefunden. Er amtierte von 1946 bis 1958 im Dresdener Rathaus.[49]

Doch welche Effekte hatten diese Eingriffe in die politische Führung und die Verwaltung auf den Umgang mit Hochwasserereignissen? Ein erster wichtiger Befund ist, dass trotz der offensichtlich turbulenten Umstände und der radikal zugespitzten sozialen Lage – es mangelte insbesondere in den ersten Monaten an Nahrungsmitteln und Wohnraum – die Gefahr eines drohenden Hochwassers stets im Bewusstsein der Verantwortlichen vorhanden war. Die entsprechenden Strategien in beiden Zonen und somit auch Städten unterschieden sich jedoch auf mehreren Ebenen.

Besonders am Beispiel Dresdens lassen sich die Konsequenzen dieser neuen Machtstrukturen für den Umgang mit Hochwasserereignissen gut aufzeigen. Die Verwaltungsorganisation wuchs in den Jahren der direkten Nachkriegszeit zu einem enorm komplexen Gebilde mit diversen Hierarchien und wechselseitigen Abhängigkeiten heran. Es erfolgten mehrfache Umstrukturierungen und Erweiterungen, die lokale bis zonenweite Auswirkungen auf die deutsche Verwaltung und die sowjetische Militäradministration mit sich brachten.[50] Das detaillierte Nachzeichnen dieser Verwaltungsapparate soll hier allerdings unterbleiben, um lediglich die mit dem Hochwasserschutz betrauten Organisationseinheiten in den Blick zu nehmen. Dieser wurde auf mehreren Ebenen bearbeitet: Für die Zeit bis zur Staatsgründung der DDR im Herbst 1949 war die *Sowjetische Militäradministration in Deutschland* (SMAD) mit der Verwaltung der Besatzungszone betraut. Zum einen existierten direkte Anweisungen in Form von SMAD-Befehlen (oftmals ergänzt durch Ausführungsbefehle der SMA der Länder), zum anderen war darüber hinaus die deutsche

49 Vgl. u.a. Widera 2006 u. siehe zu den Biografien der Akteure: Baumgartner, Hebig 1996.
50 Siehe dazu u.a. Koslow, et al. 2009.

Verwaltung eingebunden. Die Frage, die nach wie vor Teil des geschichtswissenschaftlichen Diskurses ist, inwieweit bei der deutschen Verwaltung auf sowjetischem Besatzungsgebiet tatsächlich von einer Selbstverwaltung gesprochen werden kann, stellt sich auch hier. Die SMAD, als oberstes Verwaltungsorgan der Sowjetunion in Deutschland, beschäftigte sich schon in ihrem ersten Winter mit der Gefährdung durch Hochwasser. So erließ der *Oberste Chef der SMAD* den ersten nachgewiesenen Befehl zur Hochwassergefahr bereits am 8. Dezember 1945 unter dem Betreff *Maßnahmen zur Vorbereitung der Brücken auf Hochwasser und Eisgang 1945–1946*. Nach seiner Bekanntgabe am 24. Dezember war er am 27. Dezember für die Bewohnerinnen und Bewohner der sowjetischen Zone in der *Berliner Zeitung* nachzulesen.[51] Konkret richtete er sich an verschiedene Ebenen der deutschen Verwaltung, namentlich an die Präsidenten der Provinzen und Länder sowie an die Verantwortlichen der Eisenbahnen und der Wasserstraßen. Nähere regionale Einschränkungen wurden hingegen nicht vorgenommen, sodass die Vorbereitungen an Oder, Elbe, Saale „und anderen Wasserläufen" durchzuführen seien.[52]

Das Motiv der SMAD, die Infrastrukturen zu schützen, wurde im Beitrag jedoch recht deutlich genannt: Zu Beginn heißt es, die Maßnahmen sollten neben der „Vorbereitung für den gefahrlosen Durchlaß von Hochwasser und Eisgang, gleichfalls für die Erhaltung von Brücken und Wasserbauanlagen"[53] durchgeführt werden. Eine geforderte Maßnahme sah beispielsweise den Abbau aller „niedrig gelegenen Brücken, die von Frühjahrshochwasser oder vom Eisgang bedroht sind", vor, wobei „zwecks Sicherstellung ununterbrochener Autotransportverkehrs [...] Fähren vorgesehen" waren.[54] Sicherlich handelte die SMAD hier nicht uneigennützig: Ein funktionierendes Verkehrs- und Transportnetz war für die Besatzungsmacht unerlässlich. Zum einen waren in der ganzen Zone Kommandanturen und somit auch sowjetische Soldaten eingesetzt, die es zu versorgen galt, zum anderen konnte so die Überführung der demontierten Anlagen in die Sowjetunion sichergestellt werden. Die SMAD übertrug den Adressierten die Verantwortung dafür, die notwendigen Materialien, Werkzeuge und Arbeitskräfte zur Verfügung zu stellen. Diese sollten wiederum vorbereitende Arbeiten an Brücken, Dämmen und Bahnanlagen ausführen, sowie Materiallager an „Knotenpunkten"[55] errichten. Ebenso delegierte die sowjetische Militäradministration augenscheinlich die Aufgabe, festzustellen, welche Brücke gefährdet sein könnte und welcher Damm zu brechen drohe. Hierbei eröffnete sich also ein gewisser Handlungsspielraum für lokale Akteure, der in diesem zonenweit

51 Bekannt gegeben am 24. Dezember 1945 vgl., Sowjetischen Militärverwaltung in Deutschland 1946: 56. Ausarbeitung bereits am 8. Dezember 1945 vgl. Foitzik 1994: 84. Veröffentlicht in: Berliner Zeitung (27.12.1945).

52 Sowjetischen Militärverwaltung in Deutschland 1946: 56.

53 Ebd.

54 Ebd.

55 Ebd.

ausgesprochenen Befehl doch bemerkenswert ist. Auffällig ist zudem der angeordnete Rückgriff auf die Nachrichtenordnungen vergangener Jahre, denn so hieß es: „Wiedererrichtet werden die früher existierenden Wasserstandsposten."[56] Wohl vor allem aus Gründen des Pragmatismus wurden hier bewährte Praktiken und Verfahren des Hochwasserschutzes zunächst übernommen und weitergeführt.

Für die folgenden Winter gab der SMAD ähnliche Befehle heraus, zuletzt am 3. November 1948.[57] Es scheint so, dass der Ausführung lokaler Routinen zunächst kein tieferes Vertrauen entgegengebracht wurde und sich der Oberste Chef der sowjetischen Militärverwaltung häufig veranlasst sah, das Startzeichen für die Vorbereitungen zu geben. Allerdings schalteten sich die sowjetischen Militärverwaltungen der Provinzen und Länder zunehmend durch zusätzliche Ausführungsbefehle, die eher den regionalen Gegebenheiten entsprachen, in den Hochwasserschutz ein. Die SMAS hatte Befehlsrecht gegenüber der Stadt Dresden, was sich exemplarisch an den Abläufen um die Hochwasservorbereitungen 1947/48 zeigt. Bezugnehmend auf den SMAD-Befehl Nr. 252 vom 11. November 1947 erteilten der Chef der *Sowjetischen Militäradministration in Sachsen* (SMAS), der Stabschef der SMAS sowie der Chef der Transportabteilung der SMAS einen Befehl „um durch rechtzeitige Vorbereitungsmaßnahmen der Gefährdung durch Hochwasser und Eisgang vorzubeugen sowie zum Schutze der Brücken, hydrotechnischen Anlagen und Dämme an den Flüssen, Neiße, Spree, Elbe, Mulde und Kanälen des Landes Sachsen"[58]. Konkret wurde darin der amtierende Ministerpräsident Max Seydewitz aufgefordert,

> „den entsprechenden Ministerien die Anweisung zu erteilen, unverzüglich mit den Vorbereitungen zum Schutz der Eisenbahn- u. Autobrücken sowie der Industrie- und hydrotechnischen Bauten, Dämme, Kanäle und Wirtschaftssysteme gegen Hochwasser und Eisgang zu beginnen."[59]

Aus dieser Motivation lässt sich bereits erkennen, dass auch für die Landesebene der Militärverwaltung die Transportinfrastruktur eine gewisse Relevanz aufwies. Zudem suggerierten die Formulierungen einen präventiven Ansatz. Bemerkenswert in diesem Zusammenhang ist allerdings die Verzögerung, mit der der Ausführungs-

---

56 Sowjetischen Militärverwaltung in Deutschland 1946: 56.
57 Siehe dazu SMAD-Befehl Nr. 346 vom 21.12.1946 – Maßnahmen zur Vorbereitung der Brücken und Wasserbauten auf das Hochwasser und den Eisgang 1946/47 vgl. Foitzik 1994: 120; SMAD-Befehl Nr. 252 vom 11.11.1947 – Maßnahmen zur Vorbereitung von Brücken, wasserwirtschaftlichen Bauten und Meliorationsanlagen für den Eisgang 1947/48 vgl. Ebd.: 144; SMAD-Befehl Nr. 170 vom 03.11.1948 – Über die Vorbereitung von Brücken, hydrotechnischen Anlagen und Systemen der Wasserwirtschaft zum Durchleiten von Hochwasser und Eisgang 1948/49 vgl. Ebd.: 161.
58 Sächsisches Ministerium für Wirtschaft und Wirtschaftsplanung, Abt. Verkehr, Dresden an Sächsische Landesdirektion für Wasserwesen, Dresden. darin: Abschrift des SMAS-Befehls (02.12. 1947). In: Sächsisches Staatsarchiv, Hauptstaatsarchiv Dresden | Bestand 11394 Akte Nr. 2458: Bl. 73.
59 Ebd.: Bl. 73.

befehl ausgegeben wurde. Knapp zwei Wochen verstrichen zunächst nach dem SMAD-Befehl, sodass sich die Vorbereitungszeit drastisch verkürzte. Verzögerungen dieser Art innerhalb der Befehlskette blieben außerdem in der Folge keine Ausnahme.

Der Befehl richtete sich, wie bereits erwähnt, hauptsächlich an Seydewitz. Neben seinen Anweisungen gegenüber den Ministerien wurde er zudem aufgefordert, Regierungskommissionen mit Beteiligung der Polizei einzurichten und diese mit weiterreichenden Befugnissen, wie beispielsweise dem „Recht zur Mobilisierung deutscher Transportmittel und Arbeitskräfte“[60], auszustatten. Außerdem seien bis zum 15. Dezember der Zustand aller gefährdeten Brücken, Bauten und Anlagen zu prüfen und „das für ihre Wiederherstellg. und ihren Schutz gegen Eisgang und Hochwasser benötigte Material zu sichern bzw. sicherzustellen.“[61] Während diese terminliche Vorgabe zur Vorbereitung noch aus organisatorischen Gründen nachvollzogen werden kann, verwundert der folgende Abschnitt jedoch, in dem es heißt:

> „Zum 15. Januar 1948 die für die Wiederherstellung, den Schutz und die Befestigung der Bauten sowie zur Säuberung der Kanäle benötigten Arbeiten durchzuführen und an denjenigen Stellen, wo man mit einer Überflutung der landwirtschaftlichen Flächen rechnen muß, die für die Beseitigung der durch Hochwasser und Eisgang hervorgerufenen Schäden benötigten Materialien und Geräte zu beschaffen.“[62]

Pegelwerte der vergangenen Jahre gaben Hinweise darauf, dass die Winterhochwasser in Dresden unter Umständen erst im Februar oder März eintreffen können. Eine Phase der Wiederherstellung und Schadensbeseitigung zum 15. Januar scheint daher nicht an den Rhythmus der Elbe angepasst zu sein und vergleichsweise pauschal ausgesprochen. Regionalspezifische und konkretere Angaben fanden sich hingegen im Anhang, zum einen auf der „Liste der wichtigsten Eisenbahnbrücken, die von der deutschen Verwaltung für den gefahrlosen Durchgang des Hochwassers und des Eises in der Zeit 1947/48 vorzubereiten sind“[63] und zum anderen im ebenfalls beigelegten Pendant zu „wichtigen Autobrücken“[64]. Dresden war dort mit der Eisenbahnbrücke, die auf einer Länge von 426,9 m zu sichern war, der 486 m langen Autobahnbrücke und der innerstädtischen Augustusbrücke (328 m) vertreten.

Mehr Entscheidungsspielraum wurde Ministerpräsident Seydewitz hingegen bei der Einrichtung der Notkommandos überlassen. Diese sollten „während des Eisgangs und Hochwassers an besonders bedrohten Stellen [...] ununterbrochen Tag

---

60 Sächsisches Ministerium für Wirtschaft und Wirtschaftsplanung, Abt. Verkehr, Dresden an Sächsische Landesdirektion für Wasserwesen, Dresden. darin: Abschrift des SMAS-Befehls (02.12. 1947). In: Sächsisches Staatsarchiv, Hauptstaatsarchiv Dresden | Bestand 11394 Akte Nr. 2458: Bl. 73.

61 Ebd.: Bl. 73.

62 Ebd.: Bl. 73.

63 Ebd.: Bl. 75.

64 Ebd.: Bl. 76.

und Nacht Dienst tun und mit den notwnedigen [sic] Mitteln des Nachrichtendienstes und der nötigen Anzahl an Bo[o]ten sowie mit Material und Geräten versehen [sein]"[65] – allerdings ohne, dass durch die sowjetische Verwaltung eine nähere Definition von Hochwasser, bedrohten Stellen oder notwendigen Mitteln gegeben wurde. Hier war also wiederum die Ortskenntnis der untergeordneten Akteure gefragt, die sich jedoch nicht der Kontrolle durch die Besatzungsmacht entziehen konnten. Denn abschließend führte die SMAS aus:

> „Zum 30. November d. Js. [und somit nur 5 Tage nachdem der Befehl eingegangen war, NaT] über die Transportabteilung der SMA des Landes Sachsen einen genauen Plan über die Konkreten [sic] Maßnahmen im Rahmen dieses Befehls sowie ab 1. Dezember [19]47 (jeden 1., 10. und 20. d.Mts) Bericht über die durchgeführten Arbeiten vorzulegen."[66]

Inwiefern dieser Berichtsrhythmus eingehalten wurde, lässt sich anhand der vorliegenden Quellen nicht nachweisen, allerdings gibt der Kommunikationsvorgang rund um den folgenden Hochwasserzyklus 1948/49 Auskunft. Dort finden sich zudem Hinweise auf ein mittlerweile selbstständigeres Handeln der deutschen Verwaltung auch unabhängig von den jährlichen Hochwasserbefehlen der sowjetischen Administration. So traf sich die durch den SMAS-Befehl 262 im Jahr 1947 eingerichtete Landeskatastrophenkommission ebenfalls Ende Oktober 1948, und zwar ohne weitere Anregung durch SMAD oder SMAS. Bei dieser Sitzung waren das Amt für Gewässerkunde, die Wasserstraßendirektion, das Landesbrandschutzamt sowie das Finanzministerium, die Abteilung Verkehr und die Abteilung Straßenverkehr des Landes Sachsen vertreten. Darüber hinaus nahmen ein Oberpolizeirat, ein Inspekteur und ein Kommandeur teil – die gleichfalls eingeladene FDGB erschien nicht. Ebenso finden sich keine Indizien für die Teilnahme eines sowjetischen Vertreters. Wie dem Protokoll zu entnehmen ist, wurde zu Beginn des Treffens zunächst die vergangene Hochwassersaison reflektiert. Obwohl dazu keine näheren Details überliefert wurden, lässt die weitere Diskussion doch darauf schließen, dass aus dem Geschehenen gelernt werden sollte. Aus diesem Grund wurde vorgeschlagen, die Verfügung des letzten Jahres für die Katastrophenkommissionen auf Stadt- und Kreisebene zu ergänzen, um

> „insbesondere durch Aufnahme bestimmter Punkte, die bisher aufgetretenen Mängel in Bezug auf Hochwassermeldedienst, Benzinzuteilung, Finanzfrage, Sprengstoff, Fernsprechmeldun-

---

65 Sächsisches Ministerium für Wirtschaft und Wirtschaftsplanung, Abt. Verkehr, Dresden an Sächsische Landesdirektion für Wasserwesen, Dresden. darin: Abschrift des SMAS-Befehls (02.12.1947). In: Sächsisches Staatsarchiv, Hauptstaatsarchiv Dresden | Bestand 11394 Akte Nr. 2458: Bl. 73.

66 Ebd.: Bl. 74.

gen, Lebensmittelfonds, Versicherung und Bekleidung der eingesetzten Hilfskräfte, in Zukunft zu unterbinden."[67]

Die Verfügung sowie ihre Ergänzung wurden durch die Landespolizeibehörde ausgesprochen – somit waren die Anweisungen eines weiteren Akteurs, diesmal aus der deutschen Verwaltung auf Landesebene, vor Ort zu beachten.

Die ohnehin schon komplizierte Situation erhielt durch die Internationalität der Flüsse noch eine weitere Komponente. So stellten Vertreter der deutschen Verwaltung im August 1947 fest, dass „Verhandlungen mit den Tschechen und Polen" notwendig seien, „weil das Wasser an der Grenze nicht halt macht"[68]. Erst wenige Monate zuvor war den Dresdnerinnen und Dresdnern diese übernationale Dimension des Flusses und die Abhängigkeit von den Handlungen der östlichen Nachbarländer abermals deutlich vor Augen geführt worden. Um der eigenen Hochwasserlage Herr zu werden, öffneten die Verantwortlichen in der Tschechoslowakei teilweise die Schleusen der Dämme. Erst mit fünfstündiger Verspätung erreichte ein Rundspruch des Polizeireviers die Stadtbezirke in Dresden, die sich daraufhin auf einen „starken Anstieg der Elbe in dieser Nacht"[69] vorbereiten konnten.[70] Wenngleich in diesem Fall die Zeit noch reichte, um die nötigen Sicherungen vorzunehmen, schien eine Absprache zwischen den beteiligten Akteuren über die Landesgrenzen hinweg sinnvoll. Angesichts der Nachkriegssituation war dies aber offensichtlich nicht ohne Probleme möglich, wie ein Ausschnitt aus einem Schreiben an die SMA aus dem Winter 1948 offenlegt:

> „Die Organisierung des Hochwassermeldedienstes aus der CSR und Polen liegt nicht nur im Interesse der deutschen, sondern auch der polnischen Behörden. Eine bereits im August 1948 von polnischer Seite mit dem Wasserbauamt Görlitz angebahnte Besprechung wurde durch einen russischen Offizier der Grenzwache unterbunden.
> Da bisher alle örtlichen Verhandlungen gescheitert sind, wurde bereits die SMA, Transportabteilung, mit dem Schreiben der Landespolizeibehörde vom 3.11.[19]48 gebeten, mit der CSR und Polen Verhandlungen, zwecks Erstattung der o.a. Hochwasser-Warnmeldungen, aufzunehmen.
> [...]

67 Protokoll der Sitzung der Landeskatastrophenkommission am 30.10.1948 (03.11.1948). In: Sächsisches Staatsarchiv, Hauptstaatsarchiv Dresden | Bestand 11394 Akte Nr. 2500: Bl. 69.

68 Notiz von Rau (31.08.1947). In: Sächsisches Staatsarchiv, Hauptstaatsarchiv Dresden | Bestand 11394 Akte Nr. 2458: Bl. 88.

69 Zentralamt, Dresden, Rundspruch Nr. 34 (15.03.1947). In: Stadtarchiv Dresden | Bestand 5.1.1 Akte Nr. 20: o.P.

70 Die Information aus Prag stammte von 8.50 Uhr, der Rundspruch erging erst gegen 13.45 Uhr, sodass nahezu die Hälfte der Vorbereitungszeit bereits verstrichen war. Siehe: 6. Polizeirevier, Dresden, Rundspruch (15.03.1947). In: Stadtarchiv Dresden | Bestand 5.1.4 Akte Nr. 29: o.P.

> Die SMA wird nochmals, in Anbetracht der drohenden Gefahr gebeten, diese Angelegenheit vordringlich zu behandeln."[71]

Der Appell offenbart nicht nur, dass Mitglieder der sowjetischen Armee anscheinend die Kommunikation kontrollieren wollten, sondern unterstreicht auch die Dringlichkeit, die die deutsche Verwaltung diesen Verhandlungen beimaß. Die vielschichtigen Organisations- und Machtebenen in den besetzten Gebieten haben diese Absprachen nicht vereinfacht.

Nachdem die Hochwassermaßnahmen der sowjetischen Administration auf verschiedenen Ebenen besprochen wurden, gilt der Fokus nun den regionalen deutschen Verwaltungen. Auf lokaler Ebene wurde, auf Grundlage der Anweisungen und Befehle übergeordneter Organe, eine Katastrophenkommission eingerichtet. Für Dresden wurde ihre Leitung dem Polizeipräsidium zugesprochen. Der Kommission waren noch weitere Ämter untergeordnet, deren Kompetenzbereiche im Folgenden anhand eines Rundspruchs aus dem Winter 1948/49 erläutert werden:

> „Auf Anordnung der Kommission wurde für die Stadt Dresden das Zentralamt und die unterstehenden Stadtbezirke (Verwaltungsvollzug) als Exekutivorgan für die Bekämpfung eingetretener Katastrophen eingesetzt. Um eine schnellere und wirksamere Bekämpfung eingetretener Katastrophen vornehmen zu können, sind in den Stadtbezirken Einsatzkolonnen aus Betriebsbelegschaften zu bilden, die im Gefahrenfalle sofort eingesetzt werden können. Den Einsatz und die Lenkung dieser Kolonnen übernimmt der zuständige Stadtbezirksleiter, der normalerweise seine Anweisungen durch das Zentralamt erhält."[72]

Es ist nach der Quellenauswertung davon auszugehen, dass bereits mindestens seit dem vorherigen Jahr die lokale Organisation des Hochwasserschutzes so gehandhabt wurde, weshalb für den Winter 1947/48 von einem ähnlichen Organigramm ausgegangen werden kann. Zwei Punkte sind in dieser Erläuterung besonders hervorzuheben: Zum einen, dass die kleinste Organisationseinheit in den Stadtbezirken zu finden war, für Dresden waren das zu diesem Zeitpunkt immerhin 26. Es handelte sich folglich um eine sehr kleinteilige Organisation. Zum anderen erhielt das Zentralamt stets die Oberhand über die Maßnahmen und wurde zugleich wiederum von anderen Stellen kontrolliert.

Anhand des Hochwasserereignisses im Februar und März 1947 lassen sich die Befehlsströme und Zuständigkeiten auf lokaler Ebene gut fassen. Am 22. Februar 1947 verkündete das Zentralamt der Stadt gemeinsam mit dem Organisationsamt gegenüber den Bezirksverwaltungen eine Anweisung zum Katastropheneinsatz bei Hochwassergefahr. Darin hieß es unter anderem, dass die Stadtbezirke im Zuge der

71 N.N. an SMAS, Transportabt., Dresden (11.12.1948). In: Sächsisches Staatsarchiv, Hauptstaatsarchiv Dresden | Bestand 11394 Akte Nr. 2500: Bl. 53r.

72 Zentralamt, Dresden an Stadtbezirk Mitte, Dresden (30.11.1948). In: Stadtarchiv Dresden | Bestand 4.1.5 Akte Nr. 179: Bl. 37.

Vorbereitung umgehend zu prüfen hätten, welche Gebiete potenziell gefährdet seien und dass diese Informationen innerhalb von drei Tagen an das Zentralamt gemeldet werden müssten. Zugleich wurden offensichtlich auch Versorgungs- und Infrastrukturbetreiber um eine Einschätzung und um die Darstellung des Vorbereitungsstandes gebeten. Die *Dresdner Verkehrsgesellschaft* ließ beispielsweise verlauten:

> „Durch die Dresdner Verkehrsgesellschaft AG sind relativ kleine Vorkehrungs- und Sicherheitsmassnahmen notwendig. Das wichtigste sind die notwendigen Umleitungen für den Fall, daß die Augustusbrücke gesperrt werden muss. Diese sind restlos vorbereitet und können jederzeit durchgeführt werden.“[73]

Selbst für den Fall möglicher Gleisunterspülungen zeigte man sich gerüstet. Nicht minder gewappnet präsentierten sich zudem die *Dresdner Gas-, Wasser- u. Elektrizitätswerke AG* (Drewag), indem sie von den offenbar reibungslos verlaufenden Vorkehrungsmaßnahmen in den Wasserwerken Saloppe, Tolkewitz und Hosterwitz berichteten. Als kritisches Gut identifizierten sie die Trinkwasserversorgung, welche „in Bezug auf Keimfreiheit während dieser Zeit in chemisch und bakteriologischer Hinsicht besonders scharf überwacht“ werde.[74] Der Rat der Stadt selbst meldete acht „wichtige städtische Betriebe bzw. Anlagen [...] im Hochwasser-Gefahrenbereich“[75]. Im Schreiben wurden zwar die zu treffenden Maßnahmen erläutert, allerdings wurde ebenso explizit auf Probleme der Ressourcenknappheit hingewiesen.

Neben der Analyse der vulnerablen Gebiete forderte das Zentralamt zudem, bereits im Vorfeld Kontakt zur örtlichen Polizei herzustellen, Nachtdienste einzurichten und Hilfskolonnen mit Angehörigen der Parteien und Betriebe zu organisieren. Mit zunehmendem Pegel wurde diese Anweisung am 6. März noch etwas detaillierter ausgeführt:

> „Die Bezirksverwaltungen haben allerschnellstens dafür zu sorgen, daß jeder Stadtbezirk, der zum Katastropheneinsatz herangezogen wird, einen Organisationsplan dem Zentralamt übermittelt. [...] Es ist besonders darauf hinzuweisen, daß die einzelnen Kolonnenführer schon jetzt sich mit den jeweiligen Betrieben, die für den Katastropheneinsatz mit herangezogen werden, in Verbindung setzen, damit der Einsatz planmäßig und schlagartig erfolgen kann.“[76]

---

73 Dresdner Verkehrsgesellschaft AG, Dresden an Stadt Dresden, Dez. Technik und kommunale Betriebe (06.03.1947). In: Stadtarchiv Dresden | Bestand 4.1.7 Akte Nr. 12: Bl. 144.

74 DREWAG, Dresden an Stadt Dresden, Dez. Technik und kommunale Betriebe (06.03.1947). In: Stadtarchiv Dresden | Bestand 4.1.7 Akte Nr. 12: Bl. 145.

75 Rat der Stadt Dresden an Stadt Dresden, Dez. Technik und kommunale Betriebe (07.03.1947). In: Stadtarchiv Dresden | Bestand 4.1.7 Akte Nr. 12: Bl. 143–143r.

76 Zentralamt, Dresden an Stadtbezirke, Dresden (06.03.1947). In: Stadtarchiv Dresden | Bestand 4.1.5 Akte Nr. 179: Bl. 44.

Einen Tag später erstellte der Stadtbezirksleiter einen entsprechenden Vordruck, der um die Zurverfügungstellung „eine[r] oder mehrere[r] Ihrer Arbeitskräfte mit Werkzeug“[77] bat. In welchem Umfang dieses Anschreiben versandt wurde, konnte nicht nachvollzogen werden, allerdings liegen einige der Antworten vor: So meldeten mindestens zwei ansässige Betriebe dem 26. Stadtbezirk einzelne Angestellte mit ihren Kontaktdaten.[78] Deutlich größer scheint die Resonanz jedoch in den Parteien gewesen zu sein. Der Stadtverband der LDPD / *Stadtgruppe Gustav Stresemann* meldete nach wenigen Tagen fünf Personen „für den evtl. notwendig werdenden Katastrophen-Einsatz bei Hochwasser“[79]. Der Bezirksverband der CDUD konnte zusätzlich fast die dreifache Anzahl aufbringen: Elf Personen für den Katastropheneinsatz plus drei weitere für den Meldedienst.[80] Am 7. März verkündete das Zentralamt zudem, dass in der folgenden Nacht erstmals „die Katastropheneinsätze in Bereitschaft stehen“[81] müssten. Obgleich es sich dabei offensichtlich um eine verbindliche Anweisung einer übergeordneten Ebene handelte, erläuterte noch am selben Tag die Bezirksverwaltung IV ihr abweichendes Vorgehen:

> „Wegen der ungeheizten Räume im Stadthaus Theaterstrasse ist eine Durchführung von Nachtwachen nicht möglich ebenso würde auch der geringe Personalstand nicht die Gewähr für einen tatsächlichen Einsatz geben. Wir haben deshalb erreicht, dass das 6. Polizei-Revier die Funktion für uns übernimmt. Nach einem von uns aufgestellten Plan sind unter der Bevölkerung 6 Stützpunkte mit 25 Personen geschaffen worden. [...]
> Wir glauben damit alles Notwendige getan zu haben.“[82]

Obwohl eigenständig eine Alternative gefunden wurde, ist dieser Vorgang dennoch bemerkenswert, da er den klaren Anweisungen widersprach und diese Form der Eigeninitiative so nicht vorgesehen war. Offenbar gelang es jedoch nicht, eine funktionierende Einsatzkolonne im Bezirk aufzustellen. Zudem enthält die Begründung mit dem Verweis auf die ungeheizten Räume einen Hinweis auf die allseits herrschende Ressourcenknappheit in diesen Tagen.

---

77 26. Stadtbezirk, Dresden an div. Betriebe und Parteien, Dresden. [Vordruck] (07.03.1947). In: Stadtarchiv Dresden | Bestand 4.1.5 Akte Nr. 179: Bl. 55.

78 Vgl. Max Thürmer Kommanditgesellschaft, Dresden an 26. Stadtbezirk, Dresden (07.03.1947). In: Stadtarchiv | Bestand 4.1.5 Akte Nr. 179: Bl. 50. Otto Bastian & Co, Dresden an 26. Stadtbezirk, Dresden (08.03.1947). In: Stadtarchiv Dresden | Bestand 4.1.5 Akte Nr. 179: Bl. 49.

79 LDPD, Dresden an 26. Stadtbezirk, Dresden (11.03.1947). In: Stadtarchiv Dresden | Bestand 4.1.5 Akte Nr. 179: Bl. 48.

80 CDUD, Dresden an 26. Stadtbezirk, Dresden (12.03.1947). In: Stadtarchiv Dresden | Bestand 4.1.5 Akte Nr. 179: Bl. 51.

81 Zentralamt, Dresden an Stadtbezirke, Dresden, Rundspruch (07.03.1947). In: Stadtarchiv Dresden | Bestand 5.1.1 Akte Nr. 20: o.P. und zugleich Zentralamt, Dresden an Stadtbezirke, Dresden, Rundspruch (07.03.1947). In: Stadtarchiv Dresden | Bestand 5.1.4 Akte Nr. 29: o.P.

82 Bezirksverwaltung IV, Dresden an Zentralamt, Dresden (07.03.1947). In: Stadtarchiv Dresden | Bestand 5.1.4 Akte Nr. 29: o.P.

Die Anweisung vom 22. Februar gab außerdem bekannt, dass der Eintritt der Hochwassergefahr zwar durch das Zentralamt verkündet werde, jedoch habe auch „jede Bezirksverwaltung und jeder Stadtbezirk die Wasserstandsmeldung zu verfolgen“[83]. Eine konkrete Pegelmarke, ab der mit den Maßnahmen begonnen werden sollte, wurde hingegen nicht benannt. Wenige Tage später spezifizierte das Zentralamt das Prozedere, demgemäß die Hochwassermeldungen ihren Weg in die Öffentlichkeit finden sollten. Vom Wasserbauamt sollten die Informationen zum Zentralamt gelangen, das wiederum telefonisch die Bezirksverwaltungen benachrichtigen sollte. Diese hatten ihrerseits die Stadtbezirke in Kenntnis zu setzen sowie die Übertragung des Wortlauts auf bereitgestellte Plakate und die Veröffentlichung an „Hauptverkehrsstellen der unmittelbar hochwassergefährdeten Gebiete“[84] sowie in den Räumen der Reviere und Verwaltungen zu veranlassen. Die überlieferten Unterlagen aus den Beständen der Bezirksverwaltungen offenbaren, dass die Informationen teilweise sehr lange brauchten, bis sie öffentlich zugänglich waren. Ursächlich dafür war die langwierige Informationskette, die einige Instanzen mit verschiedenen Kommunikationsmitteln überwinden musste. Während des Hochwassers im März 1947 konnte dieser Weg über drei Stunden dauern: So wurde beispielsweise am 17. März der morgendliche Pegel um 8.00 Uhr bei 664 cm abgelesen, diese Information erreichte jedoch erst um 11:00 Uhr durch das Zentralamt die Bezirksverwaltungen, welche wiederum gegen 11:15 Uhr die betreffenden Stadtbezirke informieren konnten.[85] Dabei handelte es sich um keinen Einzelfall, denn auch die folgenden Pegelmessungen wurden erst verzögert übermittelt. Das Ergebnis der nachmittäglichen Ablesung – immerhin schon 669 cm – erreichte erst nach 2 Stunden und 15 Minuten die Bezirksverwaltung, am folgenden Tag wurde selbst diese Zeit nochmals um eine Viertelstunde überschritten.[86] Da gerade in diesen Tagen von einer akuten Gefährdung durch das Hochwasser ausgegangen werden musste, verwundern die langen Übertragungszeiten noch mehr. Schmälerten sie doch die Handlungsmöglichkeiten der Akteurinnen und Akteure vor Ort, indem wichtige Minuten und Stunden zur Durchführung geplanter Maßnahmen auf dem Übertragungsweg verloren gingen. Die Gründe für diese Verzögerung lassen sich nicht eindeutig benennen. Die doppelt aufgebaute und streng hierarchische Verwal-

---

83 Zentralamt, Dresden an Stadtbezirke, Dresden (22.02.1947). In: Stadtarchiv Dresden | Bestand 4.1.5 Akte Nr. 59: Bl. 59.

84 Zentralamt, Dresden an Stadtbezirke, Dresden (26.02.1947). In: Stadtarchiv Dresden | Bestand 4.1.5 Akte Nr. 179: o.P. und zugleich Zentralamt, Dresden an Stadtbezirke, Dresden (26.02.1947). In: Stadtarchiv Dresden | Bestand 5.1.3 Akte Nr. 19: o.P.

85 Zentralamt, Dresden an Bezirksverwaltungen, Dresden (17.03.1947). In: Stadtarchiv Dresden | Bestand 5.1.1 Akte Nr. 20: o.P.

86 Vgl. Zentralamt, Dresden an Bezirksverwaltungen, Dresden (17.03.1947). In: Stadtarchiv Dresden | Bestand 5.1.4 Akte Nr. 29: o.P.; Zentralamt, Dresden an Bezirksverwaltungen, Dresden (18.03.1947). In: Stadtarchiv Dresden | Bestand 5.1.1 Akte Nr. 20: o.P.

tungsstruktur erwies sich jedoch nicht als förderlich für eine rasche Informationsweitergabe.

Es sei zudem noch auf den bemerkenswerten Umstand verwiesen, dass zusätzlich Personal mit der Sicherung dieser Plakate beauftragt werden sollte, denn das Zentralamt wies am 26. Februar 1947 an:

> „Zur Verhütung von Unfug sind die Anschläge und Aushänge von den Vollzugsangestellten laufend zu beobachten. Es ist z.B. früher eine zum Zwecke der Beunruhigung der Bevölkerung böswillig vorgenommene Änderung der Wasserstandsvoraussage von 3 m in 8 m festgestellt worden.“[87]

Auf welches Ereignis sich der Leiter des Zentralamtes hierbei bezog, konnte leider nicht rekonstruiert werden, allerdings wird deutlich, dass den Aspekten Sicherheit und Kontrolle der Maßnahmen hohe Relevanz beigemessen wurden. Dies wurde bereits in den Anweisungen vom 22. Februar deutlich, in denen es allgemein hieß: „Nach dem Eintreten von Hochwasser sind von den Stadtbezirken alle getroffenen Maßnahmen zu überprüfen und Mangel sofort abzustellen oder dem Zentralamt zu melden.“[88] Während des Hochwassers wurden die Leiter der Bezirksverwaltungen zur „gewissenhaften Kontrolle“[89] gemahnt und dabei offenbar auch selbst kontrolliert. Am 6. März erreichte einige Stadtbezirke eine Meldung, die mit „Anweisung des Zentralamtes“ und „eilt sehr“ betitelt war. Darin heißt es:

> „Eine durchgeführte Kontrolle hat ergeben, dass ein Teil Firmen und Hausbesitzer die Anweisung, wegen drohendem Hochwasser ihre Lagerplätze und Lagerräume sofort zu räumen, nicht befolgt haben.
> Es ist s o f o r t eine strenge Kontrolle durchzuführen, dass alle Firmen und Hausbesitzer die Räumungen schnellstens durchführen.“[90]

Von sowjetischer Seite erfolgten ebenfalls auf verschiedenen Ebenen Kontrollen, nachvollziehbar sind sie für die Phase der Vorbereitung. So veröffentlichte das Zentralamt der Stadt im Dezember 1947 einen Rundspruch, in dem es heißt: „Da durch Tauwetter in den nächsten Tagen mit Hochwasser auf den Nebenflüssen der Elbe zu rechnen ist, werden die Stadtbezirke angewiesen, den Katastropheneinsatz in Be-

---

87 Zentralamt, Dresden an Stadtbezirke, Dresden (26.02.1947). In: Stadtarchiv Dresden | Bestand 4.1.5 Akte Nr. 179: o.P. und zugleich Zentralamt, Dresden an Stadtbezirke, Dresden (26.02.1947). In: Stadtarchiv Dresden | Bestand 5.1.3 Akte Nr. 19: o.P.

88 Zentralamt, Dresden an Stadtbezirke, Dresden (22.02.1947). In: Stadtarchiv Dresden | Bestand 4.1.5 Akte Nr. 59: Bl. 59.

89 Zentralamt, Dresden an Stadtbezirke, Dresden, Rundspruch (07.03.1947). In: Stadtarchiv Dresden | Bestand 5.1.1 Akte Nr. 20: o.P.

90 Bezirksverwaltung III, Dresden an Stadtbezirke, Dresden (06.03.1947). In: Stadtarchiv Dresden | Bestand 5.1.3 Akte Nr. 19: o.P. [Hervorhebung im Original].

reitschaft zu halten."[91] Darüber hinaus wurden die Bezirksleitungen aufgefordert, an einem nachmittäglichen Treffen teilzunehmen und dort den aktuellen Stand der Organisation vorzustellen. Bis dahin handelte es sich um keine außerordentlich bemerkenswerte Anordnung des Zentralamtes. Die Anweisung endete jedoch mit dem Hinweis, dass bei diesem Treffen „ein russischer Offizier"[92] anwesend sein werde. In welcher Funktion dieser Offizier agierte, wird aus dem kurzen Aufruf nicht ersichtlich. Es kann allerdings davon ausgegangen werden, dass er die sowjetische Militärregierung über den Fortschritt der Vorbereitungen informieren und zugleich durch seine angekündigte Anwesenheit eine gewisse Disziplin erwirkt werden sollte.

Solche Berichte waren keine Seltenheit. Im folgenden Winter meldete sich beispielsweise die Landesregierung Sachsens bei der Transportabteilung der SMAS und teilte den Stand der Vorbereitungsarbeiten und Kontrollen mit. Für den Raum Dresden war dabei auch von der Autobahnbrücke und der innerstädtischen Augustusbrücke die Rede. Auffällig dabei sind die unterschiedlichen Zuständigkeiten: Für die Vorbereitungen der Autobahnbrücke war ein Herr Krippendorf, Leiter des sächsischen Straßenbauamtes, verantwortlich. Er führte die Kontrolle gemeinsam mit einem Herrn Bergmann, Straßenmeisterei Hellerau, und einem Herrn Franke vom Dezernat Straßenwesen durch.[93] Es erfolgte also eine Kooperation von Landes- und Lokalebene, wobei der Angehörige der Landesebene die gesamte Verantwortung trug. Für die Bereitstellung von Personal und Materialien war hingegen die Straßenmeisterei vor Ort zuständig. Im Falle der Augustusbrücke – wiederum ein Teil der Reichsstraße 97 und somit von überregionalem Interesse – wurde die Verantwortlichkeit lokal ausgewiesen. Sie lag bei Stadtbaurat Ulbricht, Angehöriger der Abteilung Brückenbau im Tiefbauamt Dresden. Die Kontrolle der Vorbereitungen wurde hingegen abermals in Anwesenheit des Herrn Franke durchgeführt. Im Katastrophenfall sollte auf Gerät und Personal der mit dem Wiederaufbau beschäftigten Firma Mibau zurückgegriffen werden, wohingegen die Stadt Dresden selbst Transportmittel und gegebenenfalls die ansässige Feuerwehr einsetzen konnte.[94]

Wie am Beispiel Dresdens deutlich wurde, war der Hochwasserschutz in der SBZ ab der ersten Saison auf verschiedenen Verwaltungsebenen organisiert. Allerdings kam es eher zum Einsatz regional unspezifischer Konzepte mit starren Taktungen. Dies lässt sich auf die zentralistische Struktur der Administration, den ideologisch ausgerichteten Aufbau der deutschen Verwaltungen und das mangelnde Erfah-

91 Zentralamt, Dresden an Bezirksverwaltungen, Dresden, Rundspruch Nr. 214 (29.12.1947). In: Stadtarchiv Dresden | Bestand 5.1.1 Akte Nr. 20: o.P.

92 Ebd.: o.P.

93 Vgl. N.N. an SMAS, Transportabt., Dresden (11.12.1948). In: Sächsisches Staatsarchiv, Hauptstaatsarchiv Dresden | Bestand 11394 Akte Nr. 2500: Bl. 50.

94 Vgl., Ebd.: Bl. 50r.

rungswissen sowie den eingeschränkten Handlungsspielraum der dortigen Akteure zurückführen. Hervorzuheben ist die Beachtung der besonders vulnerablen Stellen, wie der Behelfsbrücken, denn hier wurden Schutzstrategien an die zeitgenössischen Umstände angepasst. Doch dieses Vorgehen lässt sich nicht auf alle Besatzungszonen übertragen, wie ein Blick auf das durch die USA besetzte Mannheim zeigt.

Die Quellenlage ist hier recht karg, denn es liegen keine Befehle der amerikanischen Militärregierung, die sich explizit mit der Hochwassergefahr beschäftigten, vor. Ebenso fehlen Anweisungen übergeordneter deutscher Behörden zum Hochwassereinsatz an Rhein und Neckar. Allerdings lässt sich aus den überlieferten Dokumenten schließen, dass die lokale Verantwortlichkeit bei den Angehörigen des Tiefbauamtes und ihrem Leiter Oberstadtbaurat Adolf Elsaesser lag. Dieser kehrte nach dem Krieg in seine Funktion zurück, nachdem er 1933 aus politischen Gründen abgesetzt worden war.[95] Augenscheinlich bemühte sich das Tiefbauamt, die vor Ort bewährten Strategien im Hochwasserschutz weiterzuführen. Diese sahen die unter seiner Verantwortung stehenden regelmäßigen Deichschauen, die Überprüfung der Wasserwehrgeräte und das Aufstellen von Personal für die Wasserwehr vor. Die Stadt Mannheim hatte somit „ihren Hochwasserschutz ausschl. mit ihren Kräften und Einrichtungen organisiert."[96] Andererseits konnte selbst im Frühjahr 1948 noch nicht auf die vollständige Stärke der Hochwasserabwehr zurückgegriffen werden, so konstatierte das Tiefbauamt:

> „z.Zt. ist sie [die Wasserwehrorganisation, NaT] aus Mangel eines geeigneten Kräfteeinsatzes nicht aktionsfähig. Durch Kriegseinwirkungen sind auch die bereitgehaltenen Wasserwehrgeräte größtenteils vernichtet worden. Sie konnten bis jetzt nur zum Teil neu beschafft werden. Dagegen konnten inzwischen die Deichanlagen wieder vollkommen in Ordnung gebracht werden."[97]

Wenngleich es offenbar noch Mängel gab, bemühten sich die Verantwortlichen um eine rasche und planvolle Wiederaufnahme der Abwehrstrategien. Von übergeordneter Ebene wurde dieses Vorgehen wohl geschätzt: Als es im Jahr 1948 zu einer Neuorganisation des Hochwassernachrichtendienstes kommen sollte, wurden explizit die Erfahrungen und Einschätzungen der lokalen Tiefbauämter abgefragt und auf dieser Grundlage eine neue Anordnung ausgearbeitet. An diesem Vorgang fällt auf, dass die amerikanische Militärregierung offenbar nicht am Aushandlungsprozess beteiligt war und somit keinen Einfluss auf die neue Formulierung nahm. Dabei handelte es sich um einen Umstand, der sich für den Hochwasserschutz in Dresden zur selben Zeit nur schwer vorstellen lässt. Gerade in diesem Vergleich scheint es,

95 Siehe dazu Kapitel 7.1.

96 Tiefbauamt, Mannheim an Stadtverwaltung Mannheim, Abt. II (17.03.1948). In: Marchivum | Bestand HR 42/1975 Akte Nr. 619: Bl. 92.

97 Ebd.: Bl. 92.

als ob in Mannheim die Thematik Hochwasser völlig losgelöst von den Besatzungskräften bearbeitet wurde.

Dieses Verhalten ist jedoch nicht mit Desinteresse gleichzusetzen, denn für die entstandenen Hochwasserschäden interessierten sich die US-Amerikaner sehr wohl. Das Büro des Stadtkommandanten Mannheims, mittlerweile waren Winning und seine Nachfolger versetzt worden und Charles H. Rue im Amt, ließ zum Beispiel schon vor Ablauf des ganzen Hochwassers beim Tiefbauamt anfragen, „wie hoch die im Stadtgebiet Mannheim entstandenen Hochwasserschäden zu bewerten seien."[98] Weil das Ereignis allerdings noch in vollem Gange war, konnte das Amt zunächst keine adäquate Antwort geben, woraufhin man sich darauf einigte, „daß dem Herrn Stadtkommandanten nach Ablauf des Hochwassers und nach Feststellung der Schäden (das dürfte in etwa in 4 Wochen möglich sein), ein ausführlicher Bericht gegeben wird"[99]. Das Einholen der Schadensberichte schien sich zudem als eine recht heikle Angelegenheit zu erweisen. Bereits das Tiefbauamt wies gegenüber Oberbürgermeister Braun darauf hin, dass „eine gewisse Gefahr darin [besteht], daß außenstehende Stellen aus einer derartigen Anfrage gegebenenfalls Schlüsse auf eine etwaige Entschädigungsmöglichkeit ziehen."[100] Und auch der Oberbürgermeister trug diesen Hinweis weiter, indem er seinen Ersten Bürgermeister Trumpfheller mit der Aufgabe betraute und sogleich bat, „das Schreiben an die Dienststellen vorsichtig abzufassen, damit nicht auf diese bequeme Art versucht wird, sich Gelder zu verschaffen, die auf geordnetem Wege sonst nicht erhältlich sind."[101] Die Adressaten auf der nächsten Ebene erreichte schließlich gut eine Woche später das Schreiben des Ersten Bürgermeisters, das mit folgender Erklärung schloss:

> „Es wird darauf hingewiesen, dass nur solche Schäden anzuführen sind, die einer Nachprüfung durch die Militärregierung auch tatsächlich standhalten. Irgendwelche Schlüsse auf eine etwaige Entschädigungsmöglichkeit können aus dieser Anfrage nicht gezogen werden."[102]

Obwohl sich die US-Militärregierung im Vergleich zur sowjetischen wohl deutlich zurückhaltender zeigte, konnte auch hier – als Pendant zum bereits erwähnten „russischen Offizier" in Dresden – die Figur des kontrollierenden Besatzers zur Disziplinierung der untergebenen Dienststellen innerhalb der deutschen Verwaltung eingesetzt werden. Inwiefern dies tatsächlich vonnöten war, lässt sich schwer rekonstruieren. Die nur bescheiden ausfallenden Schadensmeldungen lassen die

98 Tiefbauamt, Mannheim an Oberbürgermeister, Mannheim (07.01.1948). In: Marchivum | Bestand HR 42/1975 Akte Nr. 619: Bl. 11.

99 Ebd.: Bl. 11r.

100 Ebd.: Bl. 11r.

101 Tiefbauamt, Mannheim an Oberbürgermeister, Mannheim. handschriftlich hinzugefügt am 10.01.1948 (07.01.1948). In: Marchivum | Bestand HR 42/1975 Akte Nr. 619: Bl. 11r.

102 Erster Bürgermeister, Mannheim an div. Abt., Mannheim (13.01.1948). In: Marchivum | Bestand HR 42/1975 Akte Nr. 619: Bl. 15.

angefragten Ämter allerdings in einem rechtschaffenen Licht erscheinen. Einige der Adressierten hatten lediglich Fehlanzeige zu erstatten, darunter das Ernährungs- und Wirtschaftsamt[103], der Schlacht- und Viehhof[104], das städtische Maschinenamt[105] und verschiedene Abteilungen der Stadtverwaltung[106]. Zwei weitere negative Meldungen sind aus Perspektive der Verkehrsinfrastruktur besonders interessant: Am 20. Januar 1948 meldeten sich zum einen die Stadtwerke, Abt. Verkehrsbetriebe, mit einer Fehlanzeige zurück und einen Tag darauf folgte das Straßenverkehrsamt.[107] Der zuständige Leiter schrieb: „Irgendwelche im Stadtgebiet Mannheim durch das Hochwasser entstandenen Schäden, die den Straßenverkehr betreffen, sind hier nicht gemeldet und auch nicht bekannt geworden. Es wird daher Fehlanzeige erstattet."[108]

Anders als diese Meldungen erwarten lassen, kam es jedoch sehr wohl zu Schäden an der Verkehrsinfrastruktur und zu Beeinträchtigungen anderer Infrastruktursysteme. Den Antwortschreiben sind Schäden an Gehwegen, Straßen und Brücken zu entnehmen, wobei die Gehwegschäden im Bereich des Waldparks und der Reißinsel identifiziert wurden. Wenngleich das Hochbauamt für die Wiederherstellung bis zu 4.140 RM (davon allerdings 3.600 RM Lohnkosten) veranschlagte, sind diese Schäden infrastrukturell wohl eher zu vernachlässigen.[109] Drastischer waren die Auswirkungen am Mannheimer Hafen. Das badische Hafenamt berichtete, dass „die Hafenstraßen stark verschlammt sind und an einigen Stellen sich gesenkt haben."[110] Des Weiteren wurden Dämme und Hafenbecken eingerissen und waren von Verschlammung betroffen. Die Stadtwerke meldeten sich erneut zu Wort, diesmal kam ihre Nachricht jedoch aus der Energie-Abteilung und nannte Schäden verschiede-

---

103 Hier wurde lediglich der Verlust von Brennholz bei Wertheim/Baden im Wert von knapp 4.500 RM angegeben, weiter hieß es: „Im Stadtgebiet selbst sind uns Schäden nicht entstanden.", Meldung des Ernährungs- und Wirtschaftsamtes, Mannheim (23.01.1948). In: Marchivum | Bestand HR 42/1975 Akte Nr. 619: Bl. 19.

104 Siehe dazu, Meldung des Schlacht- und Viehhofs, Mannheim (30.01.1948). In: Marchivum | Bestand HR 42/1975 Akte Nr. 619: Bl. 37.

105 Siehe dazu, Meldung des Städtischen Maschinenamts, Mannheim (21.01.1948). In: Marchivum | Bestand HR 42/1975 Akte Nr. 619: Bl. 53.

106 Siehe dazu, Meldung der Stadtverwaltung Mannheim, Abt. II (19.01.1948). In: Marchivum | Bestand HR 42/1975 Akte Nr. 619: Bl. 39. Meldung der Stadtverwaltung Mannheim, Abt. V (15.01.1948). In: Marchivum | Bestand HR 42/1975 Akte Nr. 619: Bl. 59 u. nochmals Stadt Mannheim, Abt. V. (17.01.1948). In: Marchivum | Bestand HR 42/1975 Akte Nr. 619: Bl. 61.

107 Siehe dazu, Meldung der Stadtwerke, Abt. Verkehrsbetriebe, Mannheim (20.01.1948). In: Marchivum | Bestand HR 42/1975 Akte Nr. 619: Bl. 31.

108 Meldung des Straßenverkehrsamtes, Mannheim (21.01.1948). In: Marchivum | Bestand HR 42/1975 Akte Nr. 619: Bl. 21.

109 Meldung des Städtischen Hochbauamtes, Mannheim (21.01.1948). In: Marchivum | Bestand HR 42/1975 Akte Nr. 619: Bl. 47.

110 Meldung des Badischen Hafenamtes, Mannheim (20.01.1948). In: Marchivum | Bestand HR 42/1975 Akte Nr. 619: Bl. 33.

nen Ausmaßes: Mit veranschlagten 800 RM war die Beleuchtungsanlage an der Jungbuschbrücke, die „vernichtet und abgeschwemmt“[111] wurde, relativ günstig wiederherzustellen. Einen noch niedrigeren Betrag setzten die Stadtwerke für die „Abschwemmung von Generatorenholz“[112], welches im Stadtpark gelagert worden war, an. Komplizierter und somit auch teurer schienen allerdings die Schäden durch eingedrungenes Wasser in Gebäude. Betroffen war zum einen der Kabelkanal im Umspannwerk I, dort entstand ein Schaden in Höhe von 1.000 RM. Zum anderen schlugen die Schäden an der Heizungsanlage des Magazingebäudes – ebenfalls durch Eindringen des Wassers, diesmal in den Rauchabzugfuchs – mit 7.000 RM deutlich zu Buche. Inklusive weiterer kleinerer Aufwendungen beispielsweise für Absperrungen meldete diese Abteilung der Stadtwerke eine Gesamtsumme von 9.600 RM.[113]

Es ist aufschlussreich, wenn man die eingesandten Schadensmeldungen dem Bericht des Bürgermeisters Trumpfheller an die Militärregierung vom 5. Februar 1948[114] gegenüberstellt. Darin wurden einige Beträge mehr oder weniger großzügig aufgerundet, ohne dass ein rechnerischer Grund dafür zu erkennen wäre. Die Aufstellung der Berufsfeuerwehr von exakt 2.879,80 RM, entstanden in 33 Einsätzen mit 440 Arbeitsstunden, wurde beispielsweise ungerundet übernommen.[115] Meldungen der städtischen Ämter wurden hingegen höher angegeben, sodass die bereits genannten Schäden an Gehwegen gegenüber den US-Amerikanern mit 4.200 RM (statt 4.140 RM[116]) beziffert wurden, obgleich das Amt selbst einen recht genauen Kostenvoranschlag aufgestellt hatte. Dieses Verhalten ist vor allem deshalb interessant, da Oberbürgermeister und Bürgermeister zunächst die Befürchtung hatten, die Ämter könnten Beträge angeben, die einer Überprüfung nicht standhalten würden. Dies war offensichtlich nicht der Fall, sodass sich die Stadtoberen selbst einen gewissen Spielraum zugestanden.

Im Mannheim der Nachkriegsjahre schien der Hochwasserschutz offenbar wie die Jahre und Jahrzehnte zuvor vorbereitet und praktiziert worden zu sein und war somit den lokalen Begebenheiten entsprechend. Bei diesem Vorgehen war sicher-

---

111 Meldung der Stadtwerke, Mannheim (22.01.1948). In: Marchivum | Bestand HR 42/1975 Akte Nr. 619: Bl. 35.

112 Ebd.: Bl. 35.

113 Vgl. Ebd.: Bl. 35.

114 Siehe auch für die folgenden Beträge, Bürgermeister Trumpfheller, Mannheim an US-Militärregierung, Stadtkommandant Oberst Rue, Mannheim (05.02.1948). In: Marchivum | Bestand HR 42/1975 Akte Nr. 619: Bl. 79.

115 Vgl. Meldung der Berufsfeuerwehr, Mannheim (19.01.1948). In: Marchivum | Bestand HR 42/1975 Akte Nr. 619: Bl. 17.

116 Meldung des Städtischen Hochbauamtes, Mannheim (21.01.1948). In: Marchivum | Bestand HR 42/1975 Akte Nr. 619: Bl. 47.

lich der frühe Rückzug der Besatzungskräfte aus dem städtischen Tagesgeschäft und der Einsatz von erfahrenen Personen in der Stadtverwaltung hilfreich. Problematisch erscheint jedoch, dass die Anpassung an die besonderen zeitlichen Umstände nicht forciert wurde, sodass Beschädigungen an Behelfsbauten und -brücken entstanden.

8.2.2 Kriegsschäden und Trümmerbeseitigung

Der Krieg hinterließ in beiden Städten sichtbare Schäden. Während Mannheim bereits recht früh Ziel von Luftangriffen wurde und sich schon während des Kriegs mit der Problematik der Trümmerbeseitigung auseinandersetzen musste, trafen die alliierten Bomber Dresden erst in den letzten Kriegsmonaten. Der so erreichte Zerstörungsgrad der Gebäude und Infrastruktursysteme in der Innenstadt war jedoch nicht minder beachtlich.

Um die Grundlagen für ein neues Dresden zu schaffen, war die Wiederherstellung der Infrastrukturen ein entscheidendes Element. Nicht zu unterschätzen ist allerdings auch, dass die Trümmer der Stadt den Raum für eben diesen Wiederaufbau blockierten und deshalb zügig abgeräumt werden mussten. In dieser durch Mangel geprägten Zeit erwies es sich jedoch als Problem, dass in Innenstadtlage keine ausgewiesenen Lagerflächen existierten. Die so notwendige Trümmerablagerung entwickelten sich deshalb zu einem bürokratischen Drahtseilakt, der von städtischen Dezernaten und Landesbehörden vollführt werden musste. Ursächlich für diese komplexe Lage war zum einen, mit neustrukturierten, teilweise unterbesetzten Behörden, deren Alltag wechselnde Kompetenzbereiche, Vorgaben der sowjetischen Besatzer und Ressourcenknappheit prägten, zu verhandeln, und zum anderen – das interessiert in diesem Kontext besonders – die Einhaltung der vorherrschenden Hochwasserschutzkonzepte für die Elbe, die den Krieg und teilweise schon den Nationalsozialismus überlebt hatten. Der Dresdner Stadtverwaltung, genauer der Abteilung für Wiederaufbau, war bereits wenige Monate nach dem Krieg eine pragmatische Lösung eingefallen, wo und wie die Trümmermassen abgelagert werden könnten: Die freien Wiesenflächen auf der linken Elbseite boten ihrer Meinung nach ausreichend Platz. Nach ersten Gesprächen mit der Landesdirektion im Jahr 1945 bat die Stadtverwaltung schließlich im Februar 1946 bei der Sächsischen Abteilung für Wasserwesen um die Genehmigung zur „Unterbringung der Trümmerschuttmassen im Stadtbereich Dresden“[117]. Verwunderlich schein hierbei zunächst der Adressat, da die Verbindung zwischen Trümmerbeseitigung und Was-

---

117 Rat der Stadt Dresden, Abt. Wiederaufbau an Sächsische Landesdirektion, Abt. Wasserwesen, Dresden. Abschrift (13.02.1946). In: Sächsisches Staatsarchiv, Hauptstaatsarchiv Dresden | Bestand 11394 Akte Nr. 2461: Bl. 2.

serwesen nicht direkt offensichtlich ist. Ein näherer Blick in die Dokumente offenbart jedoch die Lage, die die Einbindung dieser Abteilung erforderlich machte: Die anvisierte Fläche lag innerhalb der Hochwasserlinie und war somit potenzielles Überflutungsgebiet im Hochwasserfall. Bereits seit einigen Jahrzehnten war es gängige Praxis, dass (auch nur temporäre) bauliche Errichtungen auf diesem Gebiet einer besonderen Genehmigung bedurften und bei positivem Bescheid hohe Auflagen zu erfüllen hatten (siehe dazu Kapitel 4.1). Durch diese Reglementierung sollte der störungsfreie Ablauf des Wassers, insbesondere bei erhöhten Pegelständen, gewährleistet werden. Gerade die Elbauen südöstlich der Innenstadt sind bis heute wichtige Bestandteile der Hochwasserschutzinfrastruktur für den Dresdener Stadtkern.[118]

Den Akteuren auf Stadt- und Landesebene tat sich somit ein Dilemma auf: Einerseits war ein rascher Aufbau der Stadt politisch gewollt, andererseits schienen die Vorgaben zum Hochwasserschutz die augenscheinlich einfachste Lösung der raschen Landgewinnung im stadtnahen Bereich zu versperren. Um dieser Situation zu entkommen, kam aus dem Haus der Stadtverwaltung ein ausgesprochen pragmatischer Vorschlag: Sie bat in ihrem Schreiben um die „Neufestlegung der Hochwasserlinie lt. §86 des Wassergesetzes vom 12.3.1909 dieses Geländes", um dann „zwischen dem Käthe-Kollwitz-Ufer und der neufestgelegten Hochwasserlinie die Trümmerschuttmassen aus dem Stadtbereich Dresden bis zur Höhe der Uferstraße lt. § 96 des Wassergesetzes vom 12.03.1909 zwischen Stromschnitt 709 und 751 aufzuschütten."[119] Die Prüfung dieses Anliegens dauerte über zehn Monate, doch zum Jahresende 1946 teilte die Wasserstraßendirektion schließlich mit, dass sie „nach gutachtlicher Bearbeitung an die Sächs. Landesdirektion für Wasserwesen das Ersuchen gestellt hat, das Verfahren nach §86 des Wassergesetzes vom 12.3.1909 zur Neufestsetzung der Hochwasserlinie an der Prinzenaue und auf dem Vogelwiesengelände einzuleiten."[120] Gegenüber der Landesdirektion begründete sie ihren Zuspruch mit „Ergebnissen der durchgeführten Berechnungen"[121]. Dieses und auch der lange Bearbeitungszeitraum weisen auf eine eingehende Prüfung, auch im Sinne eines funktionierenden Hochwasserschutzes, hin. Zudem blieb das Vorhaben nicht ohne Auflagen: Zum einen wurde vorgeschrieben, den vorhandenen Mutterboden

118 Siehe bspw. dazu: Korndörfer 2001.

119 Rat der Stadt Dresden, Abt. Wiederaufbau an Sächsische Landesdirektion, Abt. Wasserwesen, Dresden. Abschrift (13.02.1946). In: Sächsisches Staatsarchiv, Hauptstaatsarchiv Dresden | Bestand 11394 Akte Nr. 2461: Bl. 2.

120 Wasserstraßendirektion, Dresden an Rat der Stadt Dresden, Abt. Wiederaufbau. Durchschlag (30.12.1946). In: Sächsisches Staatsarchiv, Hauptstaatsarchiv Dresden | Bestand 11394 Akte Nr. 2461: Bl. 3.

121 Wasserstraßendirektion, Dresden an Sächsische Landesdirektion, Abt. Wasserwesen, Dresden (30.12.1946). In: Sächsisches Staatsarchiv, Hauptstaatsarchiv Dresden | Bestand 11394 Akte Nr. 2461: Bl. 1.

abzutragen, um ihn für spätere Nutzung zu schützen, zum anderen wurden Vorgaben gemacht, die dem Hochwasserschutz zuträglich sein sollten. So durften „die Anschüttungen [...] nicht zungenartig zur Elbe vorgetrieben werden [...] um dem HW. [= Hochwasser, NaT] jederzeit einen glatten Verlauf zu gewährleisten.“[122] Einen zusätzlichen Hinweis darauf, dass zumindest bei der Wasserstraßendirektion ein Bewusstsein für die Folgen dieser Neufestlegung vorhanden war, gibt der abschließende Absatz in ihrem Schreiben an die Stadt Dresden:

> „Es wird mitgeteilt, daß die im Jahre 1945 angegebene ungefähre Schüttungsgrenze am Loschwitzer Hafen zu große Wasserspiegelhebungen ergeben hatte. Um diese Wasserspiegelhebungen abzumindern, mußte die geplante Hochwasserlinie auf der Strecke zwischen Stromquerschnitt 706 u. 720 im Mittel um 50 m landwärts verdrückt werden.“[123]

Offensichtlich wurden also zu diesem Zeitpunkt aus den Erfahrungen der Schuttablagerung am rechtselbischen Ufer bereits erste Schlüsse gezogen.

Das Resultat der Prüfung war also, dass die Anschüttung der Trümmermassen, wenn auch unter Vorbehalt, auf dem gewünschten Terrain ausgeführt werden konnte. Den Akten lassen sich Hinweise darauf entnehmen, dass mehrfach Überprüfungen der Auflagen erfolgten. Dies geschah nicht immer mit zufriedenstellendem Ergebnis, wie die Wasserstraßendirektion beispielsweise gegenüber der Sächsischen Landesdirektion für Wasserwesen berichtete:

> „Eine am 6.5.1947 stattgefundene Begehung der Trümmerschuttaufschüttungsfläche an der Vogelwiese ergab, daß bei der Auffüllung des Vorgeländes der von der Wasserstraßendirektion Dresden gestellten Forderung, den Rasen abzuziehen und den darunter liegenden Mutterboden zu sichern, nicht nachgekommen wird.“[124]

Zwar handelte es sich angesichts der Ressourcenknappheit um einen ernst zu nehmenden Verstoß, interessanterweise sind jedoch keine Mängel in Bezug auf den Hochwasserschutz festgestellt worden, sodass davon ausgegangen werden kann, dass die dazu erlassenen Auflagen eingehalten wurden. Bis die Hochwasserlinie endgültig in Richtung des Flusses verschoben werden konnte, musste ein umfassendes Prozedere durchlaufen werden. Die neu erstellten Pläne hatten mehrere Wochen in den entsprechenden Dezernaten auszuliegen und die Anwohnerinnen

122 Wasserstraßendirektion, Dresden an Sächsische Landesdirektion, Abt. Wasserwesen, Dresden (30.12.1946). In: Sächsisches Staatsarchiv, Hauptstaatsarchiv Dresden | Bestand 11394 Akte Nr. 2461: Bl. 1.

123 Wasserstraßendirektion, Dresden an Rat der Stadt Dresden, Abt. Wiederaufbau. Durchschlag (30.12.1946). In: Sächsisches Staatsarchiv, Hauptstaatsarchiv Dresden | Bestand 11394 Akte Nr. 2461: Bl. 3.

124 Wasserstraßendirektion, Dresden an Sächsische Landesdirektion, Abt. Wasserwesen, Dresden (30.12.1946). In: Sächsisches Staatsarchiv, Hauptstaatsarchiv Dresden | Bestand 11394 Akte Nr. 2461: Bl. 6.

und Anwohner sollten zudem über die Presse auf die gewünschte Neufestlegung hingewiesen werden. Während dieser Zeit waren die beteiligten Abteilungen teilweise umstrukturiert oder in neue Verwaltungsapparate eingruppiert worden. Auf Landesebene zeichnete nun beispielsweise das Ministerium für Land- und Forstwirtschaft, Hauptabt. Wasserwesen verantwortlich, für die Aufgaben der städtischen Trümmerbeseitigung war mittlerweile die neugegründete *Neuaufbau Dresden GmbH* zuständig. Erst im Juni 1949 erfolgte die Bekanntmachung der neu festgesetzten Hochwasserlinie durch die beteiligten Ämter, auf möglicherweise erfolgte Einsprüche gibt es keine Hinweise.[125]

Während dieser Vorgang in den letzten Zügen lag, war die Stadtverwaltung – insbesondere das Stadtplanungsamt, Dezernat Bauwesen – auf der Suche nach zusätzlichen Flächen. Im April 1949 wandte sie sich deshalb ein weiteres Mal an die Wasserstraßendirektion und schlug ein „Trümmerauffüllungsgebiet im Ostragehege“[126] vor, denn dort ließen sich „über 1 Million cbm Schuttmassen unterbringen.“[127] Zudem standen zu diesem Zeitpunkt nicht mehr nur die rasche Ablagerung der Trümmer im Vordergrund, sondern ebenso planerische Interessen, denn, so die Stadtverwaltung weiter, die Schuttauffüllung wäre „auch im Sinne einer landschaftlichen Gestaltung“[128]. Gegen möglicherweise aufkommende Bedenken bezüglich des Hochwasserschutzes argumentierte der Baurat bereits vorbeugend, dass „es sich bei dem [Bl. 40r] mit hohen Dämmen abgeschlossenen Sportplatz sowieso um einen zur Hälfte im Hochwassergebiet liegenden Fremdkörper handelt“[129]. Daraus schlussfolgerte er, die Hochwasserlinie an dieser Stelle sei „praktisch bedeutungslos.“[130] Aufgrund dessen plädierte er für eine Neufestsetzung der Hochwasserlinie auf dem Gebiet des Ostrageheges, betonte, dass die Durchlässigkeit für die Elbe an der Marienbrücke weiter gewährleistet sei und „dass irgendwelche Befürchtungen in wassertechnischer Hinsicht durch die Auffüllung nordwestlich des D.S.C-Platzes [= besagter Sportplatz auf dem Gelände des Ostrageheges, NaT] nicht zu erwarten sein dürften.“[131] Die Bewertung durch Wasserstraßendirektion und Landesbehörde erfolgte in diesem Fall vergleichsweise zügig, bereits im August erhielt die Stadt eine positive Antwort. Wie im letzten Verfahren wurde auch nun eine öffentliche Bekanntmachung zur Voraussetzung gemacht. Zusätzlich zu den bereits bekannten

---

125 Bekanntmachung des Kreisrats zu Dresden, Amt für Landwirtschaft, Wasserabteilung (07.06.1949). In: Sächsisches Staatsarchiv, Hauptstaatsarchiv Dresden | Bestand 11394 Akte Nr. 2461: Bl. 38.

126 Rat der Stadt Dresden an Wasserstraßendirektion, Dresden (08.04.1949). In: Sächsisches Staatsarchiv, Hauptstaatsarchiv Dresden | Bestand 11394 Akte Nr. 2461: Bl. 40.

127 Ebd.: Bl. 40.

128 Ebd.: Bl. 40.

129 Ebd.: Bl. 40–40r.

130 Ebd.: Bl. 40r.

131 Ebd.: Bl. 40r.

Auflagen, worunter unter anderem die Bergung des Mutterbodens gehörte, wurde die Stadt außerdem dazu aufgefordert, folgenden Passus schriftlich zu bestätigen:

> „Die Stadt Dresden haftet für alle Schäden und Nachteile, die etwa dem Land Sachsen oder der Wasserstraßenverwaltung durch den Bauvorgang oder den Bestand der Auffüllung entstehen sollten und hat auch für Schadensersatzansprüche aufzukommen, die aus gleichem Anlaß von Dritten gegen das Land Sachsen oder die Wasserstraßenverwaltung erhoben werden sollten. Um solche Schäden nach Möglichkeit vorzubeugen, sind feinsandige Schuttmassen so zu schütten, daß sie bei Elbhochwasser möglichst nicht durch Wasserwirbel fortgetragen werden können."[132]

Der Stadtbaurat erkannte stellvertretend die Bedingungen an und erbat lediglich einen Erlass der Gebühren in Höhe von 11,50 DM.[133] Diesen Beitrag berechnete nun nämlich – anders als beim vorherigen Vorgang am Käthe-Kollwitz-Ufer – die Abteilung für Wasserwirtschaft. Schließlich kam die Landesregierung der Stadt mit einer reduzierten Gebühr von 5,75 DM entgegen, bestand allerdings auf die Zahlung, obwohl „die genehmigungspflichtige Maßnahme – wie dies sehr oft der Fall ist – ausschließlich im Interesse der gesamten Oeffentlichkeit nötig wird."[134]

Die Verantwortlichen auf städtischer Seite hatten also einen recht pragmatischen Weg gefunden, den Wiederaufbau Dresdens voranzutreiben. Durch die Umwidmung der Flächen flussaufwärts an der Vogelwiese und flussabwärts am Ostragehege war eine wichtige Voraussetzung zur Enttrümmerung gegeben. Die Umgehung des bis dahin geltenden Hochwasserschutzes, mit der Hochwasserlinie als Orientierungsmarke, wurde zwar mit den jeweiligen Behörden abgestimmt, allerdings schien die drohende zunehmende Vulnerabilität nur teilweise im Bewusstsein gewesen zu sein. Insbesondere im Antrag zum Ostragehege wurde durch das Bauwesen von Beginn an argumentiert, dass die bisherige Regelung nicht den Vorgaben entspreche, und darauf aufbauend die Position vertreten, dass keine Vorkommnisse zu befürchten seien. Allerdings versäumte es die Stadtverwaltung, stichhaltige Belege (wie beispielsweise Abflussberechnungen, die diese Einschätzung stützen könnten) vorzulegen. Der Wiederaufbau der Stadt und ihre Neugestaltung scheinen hier eindeutig gegenüber den Hochwasserschutzkonzepten überwogen zu haben. Ausschlaggebend dafür war womöglich auch ein psychologischer Faktor, denn was hatte eine so weitreichend zerstörte Stadt noch an Beschädigungen durch die Natur zu befürchten?

---

132 Sächsisches Ministerium für Landwirtschaft, Hauptabt. Wasserwirtschaft, Dresden an Rat der Stadt Dresden (11.08.1949). In: Sächsisches Staatsarchiv, Hauptstaatsarchiv Dresden | Bestand 11394 Akte Nr. 2461: Bl. 47.

133 Rat der Stadt Dresden an Hauptabt. Wasserwirtschaft, Dresden (20.08.1949). In: Sächsisches Staatsarchiv, Hauptstaatsarchiv Dresden | Bestand 11394 Akte Nr. 2461: Bl. 46.

134 Hauptabt. Wasserwirtschaft an Rat der Stadt Dresden (07.09.1949). In: Sächsisches Staatsarchiv, Hauptstaatsarchiv Dresden | Bestand 11394 Akte Nr. 2461: Bl. 48.

8.3 Zwischenfazit

In der Kriegs- und direkten Nachkriegszeit zeigten sich die in den vorangegangenen Kapiteln bereits untersuchten Einflussfaktoren in extremen Formen und forderten somit die städtischen Hochwasserstrategien auf besondere Weise heraus.

Die Kriegshandlungen und hier insbesondere die Bombenabwürfe über Mannheim zerstörten nicht nur weite Teile des Stadtbildes und Elemente der Infrastruktursysteme, sondern ebenso die an Rhein und Neckar angelegten Schutzbauten. Diese waren zwar für den Hochwasserschutz der Stadt, jedoch nicht für den militärischen Erfolg notwendig und somit nicht kriegswichtig. Aufgrund dessen wurde die Frage ihrer Reparatur Gegenstand von Aushandlungsprozessen zwischen mehreren Behörden und Organisationen. Nur in wenigen Fällen konnte der bauliche Hochwasserschutz die Prüfung auf Kriegswichtigkeit bestehen und wurde wiederhergestellt. Der Luftkrieg wirkte sich allerdings nicht nur durch das Bombardement von Dämmen aus, sondern seine Folgen durchkreuzten selbst Jahre nach Kriegsende noch die eigentlichen Preparedness & Prevention-Strategien des städtischen Hochwasserschutzes. Denn vor dem Wiederaufbau der Städte mussten diese zunächst von den entstandenen Trümmerbergen befreit werden. Als Lagerort boten sich in Dresden die unbebauten Elbauen an. Da diese jedoch zugleich Retentionsraum und somit Überschwemmungsgebiet waren, durfte dort aus Gründen des Hochwasserschutzes eigentlich nichts aufgeschüttet werden. In Anbetracht der zeitgenössischen Rahmenbedingungen entschied sich die Stadt allerdings auch in diesem Fall gegen die Hochwasserschutzstrategie, legte eine neue Hochwasserlinie fest und begann mit der Trümmeraufschüttung.

Nach Kriegsende galt es nicht nur die Gebäude der Städte, sondern auch ihre Verwaltungen wieder aufzubauen. Je nach Zone setzten die Besatzungsmächte unterschiedliche Schwerpunkte: In Mannheim wurden durch die US-Amerikaner vor allem erfahrene, aber politisch unbelastete Personen in die Verwaltung eingebunden. Die zuvor entwickelten Strategien im Umgang mit Hochwasser konnten somit weitestgehend unabhängig weitergeführt werden. Der Wiederaufbau der Dresdner Stadtverwaltung folgte hingegen vor allem ideologischen Gesichtspunkten. Dadurch und ebenso durch die zentralistische Befehlsstruktur wurden die lokalen Spezifika nur wenig beachtet, sodass der Hochwasserschutz in den ersten Jahren vor allem der Aufrechterhaltung übergeordneter Infrastrukturen galt.

9 Fazit

Es passiert Historikerinnen und Historikern selten, dass ihr Untersuchungsgegenstand Teil von Brennpunkten und Sondersendungen wird. Bedauerlicherweise trat dieser Fall allerdings noch während der Arbeit an diesem Buch ein, als Tief Bernd im Juli 2021 für massive Niederschläge in West- und Mitteleuropa und somit für eine weitere Hochwasserkatastrophe sorgte. Allein in Deutschland starben in dieser Zeit über 180 Menschen, zahlreiche weitere wurden verletzt, viele obdachlos oder über Wochen von Infrastrukturnetzen abgeschnitten. Dermaßen zerstörerisch wirkten jedoch weniger die großen Flüsse, wie der Rhein, sondern eher die kleineren, vermeintlich harmlosen Wasserläufe wie Ahr, Kyll, Swist oder Prüm.[1]

Allerdings können die im Jahr 2021 überfluteten Gebiete oftmals, wie auch die in dieser Analyse untersuchten Fallstädte Dresden und Mannheim, auf eine eigene Hochwassergeschichte zurückblicken. Bereits erforscht und rekonstruiert wurden beispielsweise die historischen Hochwasserereignisse im stark betroffenen Ahrtal durch die Geographen Thomas Roggenkamp und Jürgen Herget.[2] Während die historischen Bezüge in der Berichterstattung zum jüngsten Ereignis eher seltener aufgegriffen werden, sind jedoch gelegentliche Verweise auf die eingangs beschriebenen Überschwemmungen der Elbe von 2002 und 2013 zu konstatieren. Festzuhalten bleibt, dass Hochwasserereignisse bis heute eine besondere Herausforderung für die Bewohnerinnen und Bewohner der gefährdeten Gebiete sowie für die vernetzte Stadt am Fluss selbst darstellen.

Zugleich können die Städte auf eine teils jahrhundertelange Historie im Umgang mit dieser Gefährdung zurückblicken. Dennoch kommt es immer wieder – wie zuletzt im Juli 2021 – zu einer Vielzahl an Toten und Verletzten und zu beträchtlichen Schäden an Gebäuden und Infrastruktureinrichtungen. Die vorliegende Arbeit widmete sich diesem vermeintlichen Widerspruch und richtete ihren Fokus auf den Umgang mit Hochwasserereignissen im kurzen 20. Jahrhundert. Nach der quellennahen und empirischen Darstellung im Hauptteil werden an dieser Stelle die zentralen Erkenntnisse zusammengefasst und übergeordnete Überlegungen vorgestellt.

Zunächst wurde anhand der beiden Fallstädte Mannheim und Dresden nach den Handlungen vor, während und nach einem Flusshochwasser gefragt. Die verschiedenen Strategien lassen sich in drei Phasen einteilen, die in ihrer zeitlichen Relation zum Ereignis verstanden werden. Dieser so identifizierte Zyklus setzt allerdings voraus, dass die Verantwortlichen auf frühere Aufzeichnungen der Flussbeobachtungen zurückgreifen konnten. Daraus lässt sich ableiten, dass ein gewisses Be-

1 Siehe dazu: Schäfer, et al. 21.07.2021.

2 Vgl. Roggenkamp, Herget 2014; Roggenkamp, Herget 2015.

https://doi.org/10.1515/9783110734676-009

wusstsein dafür bestand, dass in vergangenen Zeiten bereits Hochwasserereignisse stattgefunden hatten und sich dies in Zukunft wiederholen würde. Diese Erkenntnis bildet die Grundlage für die in der Vorbereitungsphase angestrebten Preparedness & Prevention-Strategien. In einem ersten Schritt wurden die historisch gewonnenen Flussdaten sowie mögliche Prognosen mit der Topografie der Stadt kontrastiert. Dadurch konnten Überschwemmungsgebiete, Gefahrenpunkte und Verwundbarkeiten festgestellt und sichtbar gemacht werden. Insbesondere die grafischen Darstellungen vermittelten so einen Eindruck eines möglichen Szenarios. Wenngleich die Zeitgenossinnen und Zeitgenossen nicht den Begriff nutzten, so handelte es sich dabei um eine Form des Vulnerabilitäts-Mappings, wie es auch heute noch beispielsweise bei Hochwassergefahrenkarten Anwendung findet. Verborgen bleiben dabei hingegen die politischen und wirtschaftlichen Faktoren, die den Grad an Vulnerabilität beeinflussen können, wie im zweiten Teil des Buchs ausgeführt wurde.

Durch die Betrachtung dieses Vorgehens über einen längeren Zeitraum und somit über politische Brüche hinweg wurde zudem deutlich, wie sehr die Praxis der Kritikalitätszuschreibung auch eine Machtausübung darstellt, indem verhandelt wurde, welche Infrastrukturelemente schützenswert sind. Ausgehend von dieser Analyse wurden parallel mehrere Strategien verfolgt: Zum einen sollten durch raumplanerische Instrumente, wie beispielsweise Bebauungsverbote im Hochwassergebiet, möglichen Gefährdungen vorgebeugt werden, zum anderen sollten bauliche Maßnahmen, wie Dämme und Flutmauern, bereits genutzte und gefährdete Flächen schützen. Neben diesem präventiven Ansatz wurden zugleich Konzepte vorbereitet, die sich mit dem Umgang mit einem dennoch eingetretenen Hochwasser und seinem Gefahrenpotenzial auseinandersetzten. Unter diesem Punkt wurden vor allem organisatorische Fragen zur Aufstellung und Ausrüstung des Hochwasserdienstes subsumiert. Die Laufzeiten dieser vorbereitenden Phase wiesen während des Untersuchungszeitraumes unterschiedliche Längen auf. In den Fällen, in denen mehrere Ereignisse kurz hintereinander auftraten, waren die Zeitspannen entsprechend geringer. Im Gegenzug boten längere hochwasserfreie Perioden die Möglichkeit, sich intensiver mit Schutzstrategien auseinanderzusetzen und dadurch längerfristige Prozesse anzustoßen. Der Eintritt eines Hochwasserereignisses wurde zwar zu weiten Teilen durch die meteorologischen Bedingungen bestimmt, sodass sich für manche Jahreszeiten und Wetterlagen eine erhöhte Wahrscheinlichkeit annehmen ließ, und dennoch ist bis heute eine langfristige und konkrete Vorhersage nicht möglich. Dies hatte zur Folge, dass erst mit dem Aufkommen erhöhter Pegel- und Abflusswerte festgestellt werden konnte, ob es sich um ein Hochwasser handelte, welches eine aktive Abwehr erforderte – Fehleinschätzungen waren dabei ebenso wenig auszuschließen wie unvorhergesehene Ereignisse.

Sobald das Hochwasserereignis jedoch als solches wahrgenommen worden war, kam es zur Anwendung der zuvor entwickelten Strategien. Diese beinhalteten die Sicherung der zuvor präventiv errichteten Schutzbauten ebenso wie temporäre Maßnahmen für nun akut bedrohte Flächen. Besondere Aufmerksamkeit kam hierbei den städtischen Infrastrukturen zu; vor allem einzelne Komponenten der Verkehrs-, Energie- und Kommunikationsnetze konnten rasch betroffen sein, sodass hier größere Anstrengungen nötig wurden, um entweder die Verbindungen dennoch aufrechtzuerhalten oder sie durch Alternativen kurzfristig und provisorisch zu ersetzen. Die weitere Nutzung einzelner Straßenzüge wurde dann beispielsweise durch Stege und Kähne sichergestellt, die Energieversorgung mittels Generatoren gewährleistet und gestörte Telefonverbindungen durch Funkgeräte oder persönliche Nachrichtenüberbringung überbrückt. Der Ausfall dieser Strukturen war zumindest in geringem Umfang in den zuvor erarbeiteten Strategien einbezogen worden, sodass es sich dabei nicht um eine unvorhergesehene Situation handelte. In einem gewissen Rahmen können diese Strategien als resilient angesehen werden, und das, obwohl es zu Störungen oder Ausfällen kam. Die Resilienz liegt in diesem Fall darin begründet, dass es durch die entsprechende Vorbereitung möglich war, im Sinne eines *Bouncing Back* die ursprüngliche Funktion wiederherzustellen. Wenn also eine beschädigte Leitung zum Energieausfall führte und dieser aber (temporär) durch einen Generator behoben werden konnte, erwies sich das System als solches – Dank der Vorsorge – für diesen Moment als resilient.

Zu Überraschungsmomenten kam es allerdings dennoch und obwohl sich die Akteure dessen bewusst waren, mussten sie in diesen Fällen ohne längere Vorbereitungszeiten kurzfristig agieren. Problematische Lagen konnten sich beispielsweise aufgrund von unkooperativem Verhalten von Anwohnenden und Schaulustigen, dem Zusammentreffen mehrerer Ereignisse in einem Zeitfenster sowie dem Versagen von Schutzkonzepten entwickeln. Die in diesen Fällen getroffenen Ad-hoc-Entscheidungen wurden meist durch Einzelpersonen in führender Position und mit persönlichem Erfahrungswissen vertreten.

Im Anschluss an das jeweilige Ereignis konnte für den gesamten Untersuchungszeitraum eine Phase der Nachbereitung identifiziert werden. Zum einen wurden die hydrologischen und meteorologischen Daten ausgewertet und für die im Anschluss wieder aufgenommenen Vorbereitungen nutzbar gemacht. Zum anderen fand eine bemerkenswert reflektierte Analyse des eigentlichen Einsatzes statt. So kam es zu sehr detaillierten Abfragen über die organisatorischen Abläufe und die personelle sowie materielle Ausstattung. In diesem Rahmen war ebenfalls Raum geboten, um Missstände und Mängel aufzuzeigen sowie Alternativen und Lösungen zu erarbeiten. Wenngleich diese Mechanismen in allen untersuchten Nachbereitungsphasen zu erkennen waren, erfolgte nicht immer eine Übernahme der so gewonnenen Erkenntnisse in die anschließende Vorbereitungsphase. Einige Missstände, wie mangelhafte Kommunikationsmittel während des Einsatzes, mussten über mehrere Jahre kritisch angemerkt werden, bevor alternative Methoden fest in die Vorbereitungsphase einfließen konnten. Ähnlich ungewiss war die Zukunft der Handlungen, die sich erst aus dem Einsatz selbst ergeben hatten. Hier sind beispielsweise unbürokratische und auf persönlicher Ebene organisierte Hilfseinsätze zu nennen. Durch die positive Wirkung im Ereignisfall wurde zwar eine Verstetigung angestrebt, sie kam allerdings aus verschiedenen Gründen nicht direkt zustande. Leichter war es hingegen, Optimierungen an bereits bestehenden Strategien und Bauten vorzunehmen. Kam es zu Dammbrüchen oder konnten diese nur knapp verhindert werden, machte die anschließende Analyse oft erst die Ursachen sichtbar und wies auf mögliche Maßnahmen hin. Organisatorische Anforderungen, wie eine gründlichere Deichschau, waren recht einfach umzusetzen. Längerfristig musste hingegen der (Neu-)Bau von Dammkomponenten und -systemen geplant werden, sodass es auch hier selten zu einer direkten Anpassung kam. War dies allerdings der Fall und es bildeten sich konkrete Anpassungen technischer oder organisatorischer Art heraus, kann dies durchaus als eine Erhöhung der Resilienz im Sinne eines *Bouncing Forward* verstanden werden, da nicht nur der Status quo oder die Funktion einzelner Systeme wiederhergestellt, sondern ihre Resilienz gegenüber Hochwassergefahren durch weitere Maßnahmen gestärkt wurde.

Bemerkenswert und zugleich das zentrale Ergebnis des ersten Teils der Untersuchung ist eine gewisse Konstanz dieser Phasen im Umgang mit Hochwasserereignissen. Dieser Zyklus ist für beide Fallstädte im Untersuchungszeitraum historisch belegbar. Die Mechanismen des Umgangs überdauerten somit mehrere Systemwechsel, Konjunkturschwankungen sowie Kriegs- und Krisenauswirkungen. Trotz dieser überraschenden Beständigkeit werden insbesondere im 20. Jahrhundert – dem Zeitalter der Extreme – Verschiebungen, Neugewichtungen und Spezifika je nach historischem Kontext sichtbar.

Vulnerabilität und Resilienz sind, wie einführend erwähnt, stets kontextbezogen zu verstehen. So lässt sich die Vulnerabilität oder Resilienz von Städten und Infrastrukturen gegenüber Hochwasserereignissen nicht nur anhand ihres technischen Zustands oder der Schwere des Ereignisses erklären, sondern es gibt weitere Einflussfaktoren. Im zweiten Teil der Untersuchung wurde deshalb nach den jeweiligen Auswirkungen der Stadtentwicklung, der ökonomischen Verhältnisse und der vorherrschenden politischen Rahmenbedingungen auf den Umgang mit Hochwasserereignissen gefragt. Abschließend wurden der Zweite Weltkrieg, als zentrales Ereignis des kurzen 20. Jahrhunderts, und die sich anschließende Besatzungszeit herausgegriffen.

Insbesondere das Wachstum der Städte und der Ausbau der sie zunehmend durchziehenden Infrastruktursysteme wirkten auf die Vorbereitungsphasen. Die Entwicklungen der Städte im topografischen Sinne brachten zugleich neue Gefahrenstellen und Verwundbarkeiten mit sich, für deren Schutz weitere Anpassungen der bestehenden Strategien nötig wurden. Diese Vorgänge waren wiederum Teil komplexer Aushandlungsprozesse, in denen eine Vielzahl an Motiven sichtbar wurde. So wurden in einigen Fällen Bedenken bezüglich des Hochwasserschutzes aus ästhetischen Gründen, etwa zugunsten einer ansprechenden Uferbebauung, zurückgestellt.

In Fragen des Infrastrukturausbaus war zwar die technische Notwendigkeit unbestritten, zugleich sollten die dadurch bedingten Einschränkungen im Hochwasserschutz durch Auflagen gering gehalten werden. Die neu angelegten und erweiterten Systeme konnten wiederum während des Hochwassereinsatzes selbst zum wichtigen Bestandteil werden. Telefonleitungen ermöglichten eine schnellere Übertragung der Messwerte und eine einfachere Alarmierung der Einsatzkräfte. Strom und Beleuchtung gestalteten die Einsatzsituation übersichtlicher und etwas komfortabler, zusätzliche Verkehrswege und Transportmöglichkeiten konnten im Ernstfall rechtzeitig Personen und Material an die kritischen Stellen bringen. Insbesondere die Infrastruktursysteme und ihre Ausweitung stellten also nicht nur neue Anforderungen an den Hochwasserschutz, sondern konnten ihn zugleich erleichtern. Dies traf allerdings nur zu, wenn die Systeme funktionierten und in ihrem vorgesehenen Sinne genutzt werden konnten.

Weniger raumbezogen scheint hingegen der Einfluss der ökonomischen Rahmenbedingungen. Hierbei wurde nach den Auswirkungen einzelner Konjunkturphasen sowie dem Einfluss der realsozialistischen Planwirtschaft und der mit dieser Wirtschaftsform einhergegangenen Einbindung von vergesellschafteten Betrieben und Produktionsstätten gefragt. Die Untersuchung ergab hier mehrere kontraintuitive Ergebnisse: Zum einen konnten Zeiten der Rezession und dadurch bedingter Massenarbeitslosigkeit unter bestimmten Bedingungen positive Wirkungen auf den Hochwasserschutz haben. Dieser Effekt konnte dann eintreten, wenn es bereits zuvor konkrete Pläne zur Errichtung von Schutzbauten gab und diese in der Phase des Abschwungs unter Einsatz von arbeitsmarktlenkenden Strategien, wie Arbeitsbeschaffungsprogrammen, rasch und kostengünstig realisiert wurden. Standen allerdings die Arbeitsbeschaffungsmaßnahmen selbst, beispielsweise aus propagandistischen Motiven, und nicht der Hochwasserschutz im Mittelpunkt des Vorhabens, konnte sich die Wirkung hingegen umkehren. In einigen Fällen stellten sich die so erbauten Hochwasserdämme selbst als zusätzliche Gefahrenquellen heraus, suggerierten sie doch Schutz, den sie jedoch aufgrund der geringen Qualität und der kurzfristig gedachten Planung nicht bieten konnten. Grundsätzlich bestand die Möglichkeit, einzelne Prevention-Strategien insbesondere in wirtschaftlich schwachen Jahren umzusetzen. In den Zeiten des Aufschwungs und der Hochkonjunktur ergaben sich wiederum neue Herausforderungen. Nun mangelte es an Fachkräften, die im Einsatz über ausreichend Erfahrungswissen verfügten. Zudem schränkten verkürzte Arbeitszeiten und ein gewisser Wohlstand die Verfügbarkeit des Einsatzpersonals zusätzlich ein.

Neben den konjunkturellen Schwankungen nahm das übergeordnete Wirtschaftssystem selbst Einfluss. Am Beispiel Dresdens wurde deutlich, wie sich die Planwirtschaft der DDR und die Etablierung der vergesellschafteten Betriebe auf den Hochwasserschutz auswirkten. Durch die Verstaatlichung war im Hochwasserfall eine rasche und kontrollierte Mobilisierung von Personal, Fahrzeugen und Material möglich geworden. Zugleich setzten jedoch die Wirtschaftspläne enge Grenzen für spontane Handlungen und bremsten durch bürokratische Verfahren initiative Maßnahmen aus. Der Widerspruch zwischen diesen starren Strukturen und dem nicht-planbaren, dynamischen Hochwasser offenbarte sich insbesondere während der Ereignisphase.

Wesentlich drastischer zeigten sich die Ergebnisse zu Fragen nach den Auswirkungen von Politik und Staatsform. In diesem Kapitel wurden die demokratischen Systeme den deutschen Diktaturen gegenübergestellt und nach den jeweiligen Mechanismen im Umgang mit Hochwasser gefragt. Besonders die nationalsozialistische Ideologie wirkte tief auf die damals bereits etablierten Vorbereitungsstrategien ein. So wurden langjährige und vor allem erfahrene Angehörige des Hochwasserdienstes aus politischen Gründen entlassen und durch weniger qualifizierte Parteimitglieder und -sympathisanten ersetzt. Die vorherrschende antisemitische Ideologie überwog in solch hohem Maße, dass selbst die zuvor als notwendig angesehenen Lieferabkommen zu Hochwasserschutzmaterialien auf ihre politische Vertretbarkeit geprüft und gegebenenfalls eingestellt wurden. Die städtische Führung ignorierte somit aus einer antisemitischen Motivation heraus zuvor selbst erstellte Vorbereitungspläne. Zwar nahm die politische Ebene in der zweiten deutschen Diktatur ebenfalls Einfluss auf den Hochwasserschutz, allerdings ideologiebedingt mit weniger drastischen Mitteln. Hier eröffnete sich hingegen ein anderer Blick, und zwar auf die wechselseitige Beziehung von Naturereignis und Politik. In der DDR versuchte die politische Führung auf nahezu allen Ebenen Hochwasserereignisse für propagandistische Zwecke zu nutzen, indem unter anderem die Hilfsbereitschaft und Solidarität der eigenen Bevölkerung idealisiert wurde. Die autoritäre Regierung ging dabei so weit, dass sie aus dem Umgang mit Hochwasser die Rechtfertigung des eigenen Staates und des Sozialismus abzuleiten versuchte. Diese Inszenierung verfolgte zudem das Ziel, Anreize für eine weitreichende Beteiligung der Bevölkerung am Hochwasserdienst zu setzten. Abgesehen von dem politischen Motiv, welches vor allem darin bestand, die Verbindung zwischen der Bevölkerung und der Partei zu stärken und somit den jungen Staat zu festigen, führte eine hohe Zahl von Freiwilligen bei den Einsätzen zudem zu einer nicht unerheblichen Kostenersparnis.

Mit Blick auf die Weimarer Jahre und die spätere Bundesrepublik konnte gezeigt werden, wie auch in demokratischen Systemen der Umgang mit Hochwasserereignissen politisch und gesellschaftlich geformt und verändert wurde. Zentral sind hierbei die parlamentarisch und medial geführten Debatten. Sie trugen nicht nur dazu bei, dass sich der Fokus der Katastrophenschutzorganisationen auf den Bereich der Naturgefahren verlagerte, sondern übernahmen zugleich eine Kontrollfunktion, indem sie auf Missstände im Hochwasserschutz hinwiesen. Von den so angestoßenen Prozessen profitierte vor allem die Phase der Nachbereitung – ein Umstand, der in autoritären Systemen so nicht möglich war.

Krieg und Nachkriegszeit stellen jeweils extreme Formen der zuvor untersuchten Rahmenbedingungen dar, die sich für eine nähere Betrachtung besonders anbieten. Stadtbild und Infrastruktur wurden zunächst während der Kriegshandlungen massiv beschädigt und nach dem Krieg wiederaufgebaut. Zudem schufen die Umstellung auf Kriegswirtschaft, die anschließend geforderten Reparationen und der vorherrschende Ressourcenmangel verschärfte wirtschaftliche Rahmenbedingungen, die sich auch auf den Umgang mit Hochwasser niederschlugen. Eine weitere Ausnahmesituation stellten die politischen Verhältnisse der Nachkriegsjahre dar. Die jeweiligen Besatzungsmächte verfolgten unterschiedliche Strategien im Umgang mit dem Wiederaufbau der kommunalen Verwaltung, der Wiederherstellung und dem Schutz der Infrastrukturen. Dies wirkte sich schließlich ebenso auf den Umgang mit dem hochwasserbezogenen Erfahrungswissen aus.

Das zentrale Ergebnis des zweiten Teils besteht in der Feststellung, dass die historischen Rahmenbedingungen einen erheblichen Einfluss entwickeln konnten. Obwohl der zyklische Umgang mit Hochwasserereignissen weiterhin bestehen blieb, beeinflussten Prozesse der Stadtentwicklung, ökonomische Faktoren sowie politische Verhältnisse die einzelnen Maßnahmen. Die Auswirkungen zeigten sich zum einen durch die Verschiebung von Kritikalitätszuweisungen sowie variablen Vulnerabilitätswerten und zum anderen, indem sie direkt und indirekt Anpassungen der Vorsorge- und Präventionsstrategien herbeiführten.

Abschließend kann so gezeigt werden, dass trotz der historischen Kontinuitäten im Hochwasserschutz stets ein Bewusstsein für die Rahmenbedingungen seiner Entwicklung und Anpassung bestehen muss. So lässt sich die Analyse vor allem als Plädoyer für eine umfassende Einbeziehung der jeweiligen Kontexte verstehen. Ein selbstreflexiver Umgang und das Bewusstsein für die kontextualen Bedingungen stellen somit nicht nur für die historischen, sondern ebenso für heutige und zukünftige Wege des Katastrophenschutzes eine wichtige Komponente dar.

Diese Erkenntnis kam maßgeblich durch den methodischen Zugang mittels der Brückenkonzepte des Graduiertenkollegs auf die historischen Quellen zustande. Politische und gesellschaftliche Zäsuren wie auch die ausgemachten Kontinuitäten in der Geschichte des 20. Jahrhunderts konnten damit aus einer neuen Perspektive betrachtet werden. Vielfach bestätigen die Ergebnisse der Arbeit die Wirkkraft dieser historischen Einschnitte und unterstreichen ihren analytischen Wert. Zugleich zeigte die Nutzbarmachung dieses Zugangs aber auch Momente, in denen sich die Entwicklungen im Hochwasserschutz quer zu den gängigen Narrativen verhielten. In der empirischen Analyse und der folgenden Darstellung erwiesen sich hingegen die Quellenbegriffe gegenüber den Brückenkonzepten als ergiebiger. Erst durch die nahe Betrachtung der Quellensprache sind die Aussagen über den historischen Umgang mit Hochwasser und dessen oft auch sehr feine Veränderungen möglich geworden.

Bei der Untersuchung der beiden ausgewählten Fallbeispiele ergaben sich mehrfach Hinweise darauf, dass sich diese Ergebnisse auch auf andere deutsche Städte im 20. Jahrhundert übertragen lassen. Trotz der Unterschiede, die sich im Umgang mit Hochwasser in Dresden und Mannheim gezeigt haben, wurden zugleich zahlreiche Symmetrien festgestellt, die offenbar allgemeinere Trends und Entwicklungen abbilden. Hier könnten Folgearbeiten ansetzen und gestützt auf einer noch breiteren Quellenbasis weitere Abstraktionen vollziehen. Ebenso ließen sich ähnlich gelagerte wiederkehrende Naturereignisse heranziehen. Zusätzlich bietet sich ein Vergleich an, der auch den Umgang mit unvorhersehbaren Ereignissen und Gefährdungen, wie beispielsweise Erdbeben, miteinbezieht.

Ausgehend von den Flüssen scheint zudem eine europäische oder zumindest transnationale Perspektiverweiterung attraktiv. Rhein, Elbe und Oder könnten hierbei als Untersuchungsräume angesehen werden. Von ihnen ausgehend lassen sich Fragen nach Gemeinsamkeiten und Unterschieden im Umgang mit Hochwasserereignissen stellen. Insbesondere vor dem Hintergrund der weiter zunehmenden länderübergreifenden Vernetzung der Infrastruktursysteme könnte eine solche Arbeit zu Erhöhung der Resilienz beitragen.

Verzeichnisse

Abbildungsnachweise

Abb. 1: Eigene Darstellung auf Basis der Daten in: GROẞ, Reiner; JOHN, Uwe (Hgg.), Geschichte der Stadt Dresden. Vom Ende des Dreißigjährigen Krieges bis zur Reichsgründung. Bd. 2, Stuttgart 2006; STARKE, Holger; JOHN, Uwe (Hgg.), Geschichte der Stadt Dresden. Von der Reichsgründung bis zur Gegenwart. Bd. 3, Stuttgart 2006; NIEẞ, Ulrich; CAROLI, Michael (Hgg.), Geschichte der Stadt Mannheim. 1801–1914. Bd. 2, Heidelberg, Ubstadt-Weiher, Basel 2007; NIEẞ, Ulrich; CAROLI, Michael (Hgg.), Geschichte der Stadt Mannheim. 1914–2017. Bd. 3, Heidelberg, Ubstadt-Weiher, Basel 2009; ZIMMER, Wolfgang, Bevölkerungsentwicklung und Sozialstruktur in der Stadt nach 1871. In: Dresdner Hefte – Beiträge zur Kulturgeschichte 18 | 61 (2000): 18–27; STADT MANNHEIM, Verwaltungsbericht der Stadt Mannheim. 1977–1980, Mannheim [o.J.]; STADT MANNHEIM, Die Stadtverwaltung Mannheim im Jahrfünft 1933–1937, Mannheim [o.J.]; HELAS, Volker, Die wachsende Stadt – die gefräßige Stadt? Dresden und die Industrialisierung. In: Dresdner Hefte – Beiträge zur Kulturgeschichte 19 | 67 (2001): 5–12.

Abb. 2: EISENLOHR, Moritz, Die Flußkorrektion bei Mannheim und deren Einwirkung auf die Entwicklung der Stadt, Mannheim 1921, o.S.

Abb. 3: EISENLOHR, Moritz, Die Flußkorrektion bei Mannheim und deren Einwirkung auf die Entwicklung der Stadt, Mannheim 1921, o.S.

Abb. 4: Google Arts & Culture / CANAL, G.A.
URL: https://artsandculture.google.com/asset/wd/qQFzYAxekEVoBA

Abb. 5: SLUB Dresden / Deutsche Fotothek / BÖHME, E.; SCHÄFER, W.
URL: https://fotothek.slub-dresden.de/fotos/df/dk/0011000/df_dk_0011865.jpg

Abb. 6: SLUB Dresden / Deutsche Fotothek / WERNER, W.
URL: https://fotothek.slub-dresden.de/fotos/df/dk/0000000/df_dk_0000006.jpg

Abb. 7: SLUB Dresden / Deutsche Fotothek / HAHN, W.
URL: https://fotothek.slub-dresden.de/fotos/df/hauptkatalog/0305000/df_hauptkatalog_0305134.jpg

Abb. 8: Eigene Darstellung auf Basis der Haupttabelle der Abflussjahre 1834–2013, Pegel Elbe/ Dresden, per E-Mail zur Verfügung gestellt durch das WSA Magdeburg am 29.03.2017.

Abb. 9: Eigene Darstellung auf Basis der Haupttabelle der Abflussjahre 1801–1980, Pegel Rhein Mannheim, per E-Mail zur Verfügung gestellt durch das WSA Mannheim am 22.03.2017.

Abb. 10 u. 11: Marchivum | Bestand HR 42/1975 Akte Nr. 619, o.P.

Abb. 12: Das alte Dresden in Bildern / BAUER, G.
URL: https://www.altesdresden.de/pics/erei/97hoy061.jpg

Abb. 13: Marchivum | Bestand III 37/1971 Akte Nr. 521, o.P.

Abb. 14: Marchivum | Bestand VI 54/1963 Akte Nr. 672, o.P.

Abb. 15: Marchivum | Bestand VI 2/1975 Akte Nr. 1929, o.P.

Abb. 16: Stadtarchiv Dresden | Bestand 5.3.4 Akte Nr. 271, Bl. 12.

Abb. 17: Stadtarchiv Dresden | Bestand 5.3.4 Akte Nr. 271, Bl. 13.

Abb. 18: Stadtarchiv Dresden | Bestand 5.3.4 Akte Nr. 271, Bl. 14.

Abb. 19: Das alte Dresden in Bildern / Unbekannt
URL: https://www.altesdresden.de/pics/neus/konuz453.jpg

Abb. 20: Generallandesarchiv Karlsruhe | Bestand 426 Zugang 1980-44 Akte Nr. 318, o.P.

Abb. 21: Generallandesarchiv Karlsruhe | Bestand 426 Zugang 1980-44 Akte Nr. 324, o.P.

Abb. 22: Generallandesarchiv Karlsruhe | Bestand 466 Zugang 2001-68 Akte Nr. 41, o.P

Abb. 23: Generallandesarchiv Karlsruhe | Bestand 466 Zugang 2001-68 Akte Nr. 41, o.P.

https://doi.org/10.1515/9783110734676-010

Abb. 24: SLUB Dresden / Deutsche Fotothek / Steuerlein, A.
URL: https://fotothek.slub-dresden.de/fotos/df/hauptkatalog/0182000/df_hauptkatalog_0182255.jpg

Abb. 25: Ministerium für Umweltschutz und Wasserwirtschaft, Hochwasserschutz in Betrieben und Genossenschaften, o.O. [1988], S. 23.

Abb. 26: Ministerium für Umweltschutz und Wasserwirtschaft, Hochwasserschutz in Betrieben und Genossenschaften, o.O. [1988], S. 29.

Abb. 27: [o.V.], Solidarität wächst von Stunde zu Stunde. Werktätige leisten Soforthilfe. Neubestellung der verwüsteten Felder. Geld- und Sachspenden der Bevölkerung für Hochwassergeschädigte. In: Neues Deutschland 9 | 162 (14.07.1954).

Abb. 28: [o.V.], Hochwasser geht in südlichen Bezirken zurück. Verstärkte Aufräumungsarbeiten. Hauptstrecken der Eisenbahn wieder in Betrieb. In: Berliner Zeitung | 155 (08.07.1958).

Abb. 29: [o.V.], Schutz vor Hochwasser. In: Neue Zeit (31.03.1970).

Abb. 30: Löbchen, Gustav Adolf, Wann ist man zur Hilfeleistung verpflichtet, um drohende Schäden und Gefahren abzuwenden? In: Neue Zeit | 31 (06.02.1975).

Abb. 31: [o.V.], Dresden meldet fallende Tendenz. In: Neue Zeit | 203 (27.08.1977).

Zeitschriften und Zeitungen

Allgemeine Zeitung
Amtsblatt
Arbeiterstimme
Badische Neuste Nachrichten
Badische Presse
Badische Volkszeitung
Badisches Tagblatt
Berliner Zeitung
Das Technische Hilfswerk
Der Führer
Der Spiegel
Die Räder
Die Rheinpfalz
Dresdner Anzeiger
Dresdner Nachrichten
Dresdner Neuste Nachrichten
General-Anzeiger
Hakenkreuzbanner
Lokal Anzeiger
Mannheimer Morgen
Mannheimer Tagblatt
Neue Mannheimer Zeitung
Neue Neckarauer Zeitung
Neue Zeit
Neues Deutschland
Rhein-Neckar-Zeitung
Sächsische Volkszeitung
Stuttgarter Nachrichten
Zentralblatt für Bauverwaltung
Ziviler Bevölkerungsschutz
Zivilschutz Magazin
ZS-Magazin

Archivalien

Sächsisches Staatsarchiv, Hauptstaatsarchiv Dresden

Bestand 10851 | Ministerium der Finanzen
Akte Nr. 13441
Akte Nr. 13540
Bestand 11168 | Ministerium für Wirtschaft
Akte Nr. 966
Bestand 11394 | Landesregierung Sachsen / Ministerium für Land- und Forstwirtschaft
Akte Nr. 2458
Akte Nr. 2461
Akte Nr. 2500

Landesarchiv Baden-Württemberg, Generallandesarchiv Karlsruhe

Bestand 236 | Badisches Innenministerium
Akte Nr. 23869
Akte Nr. 24631
Akte Nr. 24681
Akte Nr. 24705
Akte Nr. 24731
Akte Nr. 24735
Akte Nr. 24736
Akte Nr. 25049
Akte Nr. 25063
Bestand 426 Zugang 1980-44 | Rheinbauamt/Wasser- und Schiffahrtsamt Mannheim: Generalia
Akte Nr. 318
Akte Nr. 319
Akte Nr. 323
Akte Nr. 324
Akte Nr. 329
Akte Nr. 330
Bestand 426 Zugang 1986-45 | Rheinbauamt/Wasser- und Schiffahrtsamt Heidelberg: Generalia
Akte Nr. 81
Bestand 466 Zugang 2001-68 | Regierungspräsidium Nordbaden: Landeskultur, Wasserwirtschaft, Hochwasser, Wasserbau, Neckar
Akte Nr. 41

Stadtarchiv Dresden

Bestand 4.1.5 | Dezernat Innere Verwaltung
Akte Nr. 59
Akte Nr. 179
Bestand 4.1.7 | Dezernat Technik und kommunale Betriebe
Akte Nr. 12
Bestand 4.1.9 | Dezernat Aufbau
Akte Nr. 61
Bestand 4.2.1 | Stadtverordnetenversammlung Protokolle
Akte Nr. 23
Akte Nr. 75
Akte Nr. 84
Bestand 4.2.2 | Ratssitzungen, Protokolle
Akte Nr. 94
Bestand 4.2.5 | Sekretär des Rates
Akte Nr. 111

Bestand 5.1.1 | Bezirksverwaltung I
Akte Nr. 20
Bestand 5.1.3 | Bezirksverwaltung III
Akte Nr. 19
Bestand 5.1.4 | Bezirksverwaltung IV
Akte Nr. 29
Bestand 5.2.2 | Stadtbezirksversammlung und Rat des Stadtbezirkes II
Akte Nr. 5
Bestand 5.3.4 | Stadtbezirksversammlung und Rat des Stadtbezirks West
Akte Nr. 271
Bestand 5.3.5 | Stadtbezirksversammlung und Rat des Stadtbezirks Mitte
Akte Nr. 1435

Marchivum

Bestand III | Recht, Sicherheit und Ordnung 37/1971
Akte Nr. 521
Bestand V | Sozial- und Gesundheitswesen 6/2001
Akte Nr. 45
Bestand VI | Bauwesen 2/1975
Akte Nr. 1928
Akte Nr. 1929
Bestand VI | Bauwesen 3/1974
Akte Nr. 573
Bestand VI | Bauwesen 39/1970
Akte Nr. 752
Akte Nr. 753
Bestand VI | Bauwesen 54/1969
Akte Nr. 666
Akte Nr. 670
Akte Nr. 672
Bestand HR | Haupt- und Dezernatsregistratur 2/2001
Akte Nr. 411
Bestand HR | Haupt- und Dezernatsregistratur 13/1977
Akte Nr. 533
Bestand HR | Haupt- und Dezernatsregistratur 20/1995
Akte Nr. 200
Bestand HR | Haupt- und Dezernatsregistratur 42/1975
Akte Nr. 619
Akte Nr. 620
Akte Nr. 623
Akte Nr. 626

Literatur und gedruckte Quellen

ABELSHAUSER, Werner, Deutsche Wirtschaftsgeschichte. Von 1945 bis zur Gegenwart. Bonn ^{2}2011 (= Bundeszentrale für Politische Bildung: Schriftenreihe Bd. 1204).

AHRENS, Ralf; STEINER, André, Wirtschaftskrisen, Strukturwandel und internationale Verflechtung. In: BÖSCH, Frank (Hg.): Geteilte Geschichte. Ost- und Westdeutschland 1970–2000. Bonn 2015 (= Bundeszentrale für Politische Bildung: Schriftenreihe Bd. 1636): 79–115.

ALLEN, Craig R; HOLLING, C. S; GUNDERSON, Lance H. (Hgg.), Foundations of Ecological Resilience. Washington 2009.

AMBROSIUS, Gerold; HENRICH-FRANKE, Christian, Pfadabhängigkeiten internationaler Infrastrukturnetze. In: Jahrbuch für Wirtschaftsgeschichte 56 | 1 (2015): 291–312.

ARNOLD, Birgit, et al., NS-Grössen. In: SCHENK, Andreas (Hg.): Bauten für Verkehr, Industrie, Gesundheit und Sport. Mannheim 2004 (= Mannheim und seine Bauten 1907–2007 Bd. 4): 41–52.

BANKOFF, Greg, Time is of the Essence. Disasters, Vulnerability and History. In: International Journal of Mass Emergencies and Disasters 22 | 3 (2004): 23–42.

BAUMGARTNER, Gabriele; HEBIG, Dieter (Hgg.), Biographisches Handbuch der SBZ/DDR. München 1996.

BEBERMEIER, Wiebke; HENNIG, Anna-Sarah; MUTZ, Mathias (Hgg.), Vom Wasser. Umweltgeschichtliche Perspektiven auf Konflikte, Risiken und Nutzungsformen. Norderstedt 2008 (= Schriften der Deutschen Wasserhistorischen Gesellschaft (DWhG) e.V. Bd. 4).

BECKER, Thomas, et al., Complex Urban Simulations and Sustainable Urban Planning with Spatial and Social Implications. In: ISPRS Annals of Photogrammetry, Remote Sensing and Spatial Information Sciences II-2/W1 (2013): 43–50. DOI: 10.5194/isprsannals-II-2-W1-43-2013.

BENZ, Wolfgang, Deutschland unter alliierter Besatzung 1945–1949/55. Ein Handbuch. Berlin 1999.

BERNHARDT, Christoph, Im Spiegel des Wassers. Eine transnationale Umweltgeschichte des Oberrheins (1800–2000). Köln, Weimar, Wien 2016 (= Umwelthistorische Forschungen Bd. 5).

BIJKER, Wiebe E; HOMMELS, Anique; MESMAN, Jessica, Studying Vulnerability in Technological Cultures. In: HOMMELS, Anique; MESMAN, Jessica; BIJKER, Wiebe E. (Hgg.): Vulnerability in Technological Cultures. New Directions in Research and Governance. Cambridge, Mass 2014: 1–26.

BLACKBOURN, David, „Time is a Violent Torrent". Constructing and Reconstructing Rivers in Modern German History. In: MAUCH, Christof; ZELLER, Thomas (Hgg.): Rivers in History. Perspectives on Waterways in Europe and North America. Pittsburgh Pa. 2008 (= History of the urban environment): 11–25.

BLÖSCHL, Günter, et al., Changing Climate Shifts Timing of European Floods. In: Science 357 | 6351 (2017): 588–590. DOI: 10.1126/science.aan2506.

BLÜTHGEN, Kai; HEẞLER, Martina, Schuld, Bewährung und Katastrophengedächtnis. Der Zeitungsdiskurs um die Hamburger Sturmfluten 1962 und 1976. In: HEẞLER, Martina; KEHRT, Christian (Hgg.): Die Hamburger Sturmflut von 1962. Risikobewusstsein und Katastrophenschutz aus zeit-, technik- und umweltgeschichtlicher Perspektive. Göttingen, Bristol, Conn. 2014 (= Umwelt und Gesellschaft Bd. 11): 151–169.

BÖSCH, Frank (Hg.), Geteilte Geschichte. Ost- und Westdeutschland 1970–2000. Bonn 2015 (= Bundeszentrale für Politische Bildung: Schriftenreihe Bd. 1636).

BORST, Arno, Das Erdbeben von 1348. Ein historischer Beitrag zur Katastrophenforschung. In: Historische Zeitschrift (1981): 529–569.

BOWKER, Geoffrey C. et al. (Hgg.), Boundary Objects and Beyond. Working with Leigh Star. Cambridge, Mass., London 2015.

BRACH, Wolfgang, Der Mannheimer Gemeinderat 1945–1984. Biographisches Handbuch der Oberbürgermeister, Bürgermeister und ehrenamtliche Mitglieder der Mannheimer Gemeinderats. Mannheim 1984 (= Sonderveröffentlichung des Stadtarchivs Mannheim Bd. 8).

BRAUN, Bruce; WHATMORE, Sarah J. (Hgg.), Political Matter. Technoscience, Democracy, and Public Life. Minneapolis 2010.

BUNDESRAT, Plenarprotokoll 608. Stenographischer Bericht 608. Sitzung. Bonn, Donnerstag, den 21. Dezember 1989. Bonn 1989.

CALDWELL, Peter C., Plan als Legitimationsmittel, Planung als Problem. Die DDR als Beispiel staatssozialistischer Modernität. In: Geschichte und Gesellschaft 34 (2008): 360–374.

CAROLI, Michael, Der Sturz in die Katastrophe. In: NIEß, Ulrich; CAROLI, Michael (Hgg.): Geschichte der Stadt Mannheim. 1914–2017. Bd. 3. Heidelberg, Ubstadt-Weiher, Basel 2009: 352–420.

CAROLI, Michael, Keine „Hauptstadt der Bewegung“. In: NIEß, Ulrich; CAROLI, Michael (Hgg.): Geschichte der Stadt Mannheim. 1914–2017. Bd. 3. Heidelberg, Ubstadt-Weiher, Basel 2009: 224–351.

CAROLI, Michael, Luftkrieg. In: SCHADT, Jörg; BECKER, Barbara (Hgg.): Mannheim im Zweiten Weltkrieg. 1939–1945. Mannheim 1993: 71–90.

CAROLI, Michael; PICH, Sabine, „Machtergreifung“. In: SCHADT, Jörg; CAROLI, Michael (Hgg.): Mannheim unter der Diktatur. 1933–1939. Mannheim 1997: 13–30.

CASTONGUAY, Stéphane; EVENDEN, Matthew D. (Hgg.), Urban Rivers. Remaking Rivers, Cities, and Space in Europe and North America. Pittsburgh, Pa 2012 (= History of the urban environment).

CHANDLER, David; COAFFEE, Jon (Hgg.), The Routledge Handbook of International Resilience. London, New York 2017 (= Routledge Handbooks).

CIOC, Mark, The Rhine. An Eco-Biography 1815–2000. Seattle 2002.

COLLET, Dominik; LASSEN, Thore; SCHANBACHER, Ansgar, Handeln in Hungerkrisen. Göttingen 2012.

CRESPO, Arturo, et al., Relations between the Concepts. In: ENGELS, Jens Ivo (Hg.): Key Concepts for Critical Infrastructure Research. Wiesbaden 2018: 45–52.

CRESPO, Arturo; DOMBOIS, Marcus; HENNING, Jan, Preparedness & Prevention. In: ENGELS, Jens Ivo (Hg.): Key Concepts for Critical Infrastructure Research. Wiesbaden 2018: 39–44.

DAASE, Christopher; OFFERMANN, Philipp; RAUER, Valentin (Hgg.), Sicherheitskultur. Soziale und politische Praktiken der Gefahrenabwehr. Frankfurt am Main, New York 2012.

DAGENBACH, Klaus, „Wir leben von den Ausländern“. Zwangsarbeit während des Zweiten Weltkriegs. In: SCHADT, Jörg; BECKER, Barbara (Hgg.): Mannheim im Zweiten Weltkrieg. 1939–1945. Mannheim 1993: 141–150.

DEUTSCH, Mathias, Zum Hochwasser der Elbe und Saale Ende Februar/ Anfang März 1799. In: DEUTSCH, Mathias; PÖRTGE, Karl-Heinz; TELTSCHER, Helmut (Hgg.): Beiträge zum Hochwasser/Hochwasserschutz in Vergangenheit und Gegenwart. Erfurt 2000 (= Erfurter geographische Studien Bd. 9): 7–44.

DEUTSCH, Mathias; PÖRTGE, Karl-Heinz; TELTSCHER, Helmut (Hgg.), Beiträge zum Hochwasser/Hochwasserschutz in Vergangenheit und Gegenwart. Erfurt 2000 (= Erfurter geographische Studien Bd. 9).

DEUTSCHER BUNDESTAG, Plenarprotokoll 11/151. Stenographischer Bericht 151. Sitzung. Bonn, Mittwoch, den 21. Juni 1989. Bonn 1989.

Die Deutsche Gemeindeordnung. DGO (30.01.1935). In: Reichsgesetzblatt | 6 (30.01.1935): 49–64.

DIN 4049-3. Hydrologie – Teil 3: Begriffe zur quantitativen Hydrologie. Berlin (10.1994).

DISSE, Markus, Hydrologische Grundlagen. In: PATT, Heinz; JÜPNER, Robert (Hgg.): Hochwasser-Handbuch. Auswirkungen und Schutz. Berlin, Heidelberg ^{2}2013: 17–89.

DOERING-MANTEUFFEL, Anselm (Hg.), Strukturmerkmale der deutschen Geschichte des 20. Jahrhunderts. München 2006 (= Schriften des Historischen Kollegs. Kolloquien Bd. 63).

DUCEPPE-LAMARRE, François; ENGELS, Jens Ivo (Hgg.), Umwelt und Herrschaft in der Geschichte. Environnement et pouvoir: une approche historique. München 2008 (= Ateliers des Deutschen Historischen Instituts Paris Bd. 2).

EGLER-HUCK, Gabriele, Zwischen Repräsentation, Bürgerbeteiligung und Jugendprotest. In: NIEß, Ulrich; CAROLI, Michael (Hgg.): Geschichte der Stadt Mannheim. 1914–2017. Bd. 3. Heidelberg, Ubstadt-Weiher, Basel 2009: 508–565.

EIFERT, Stephanie; KNAUF, Alice; THIESSEN, Nadja, Vulnerability. In: ENGELS, Jens Ivo (Hg.): Key Concepts for Critical Infrastructure Research. Wiesbaden 2018: 21–29.

EIFERT, Stephanie; SCHENK, Gerrit Jasper, „Kritische Infrastrukturen" als Ergebnisse individueller und kollektiver Kritikalitätszumessungen – ein Ansatz für die Mediävistik? In: ENGELS, Jens Ivo; NORDMANN, Alfred (Hgg.): Was heißt Kritikalität? Zu einem Schlüsselbegriff der Debatte um kritische Infrastrukturen. Bielefeld 2018: 47–96.

EISENLOHR, Moritz, Die Flußkorrektion bei Mannheim und deren Einwirkung auf die Entwicklung der Stadt. Mannheim 1921.

ELSNER, Ivonne; HUCK, Andreas; MARATHE, Manas, Resilience. In: ENGELS, Jens Ivo (Hg.): Key Concepts for Critical Infrastructure Research. Wiesbaden 2018: 31–38.

ENGELS, Jens Ivo (Hg.), Key Concepts for Critical Infrastructure Research. Wiesbaden 2018.

ENGELS, Jens Ivo, Infrastructure and Fragmentation. The Limits of the Integration Paradigm. In: SCHIEFELBUSCH, Martin; DIENEL, Hans-Liudger (Hgg.): Linking Networks. The Formation of Common Standards and Visions for Infrastructure Development. Farnham 2014 (= Transport and society): 19–33.

ENGELS, Jens Ivo, Machtfragen. Aktuelle Entwicklungen und Perspektiven der Infrastrukturgeschichte. In: Neue Politische Literatur 2010 | 1 (2010): 51–70. DOI: 10.3726/91484_51.

ENGELS, Jens Ivo, Relevante Beziehungen. Vom Nutzen des Kritikalitätskonzepts für Geisteswissenschaftler. In: ENGELS, Jens Ivo; NORDMANN, Alfred (Hgg.): Was heißt Kritikalität? Zu einem Schlüsselbegriff der Debatte um kritische Infrastrukturen. Bielefeld 2018: 17–45.

ENGELS, Jens Ivo, Vom Subjekt zum Objekt. Naturbild und Naturkatastrophen in der Geschichte der Bundesrepublik. In: GROH, Dieter; KEMPE, Michael; MAUELSHAGEN, Franz (Hgg.): Naturkatastrophen. Beiträge zu ihrer Deutung, Wahrnehmung und Darstellung in Text und Bild von der Antike bis ins 20. Jahrhundert. Tübingen 2003 (= Literatur und Anthropologie Bd. 13): 119–142.

ENGELS, Jens Ivo; NORDMANN, Alfred (Hgg.), Was heißt Kritikalität? Zu einem Schlüsselbegriff der Debatte um kritische Infrastrukturen. Bielefeld 2018.

ENGELS, Jens Ivo; NORDMANN, Alfred, Vorwort. In: ENGELS, Jens Ivo; NORDMANN, Alfred (Hgg.): Was heißt Kritikalität? Zu einem Schlüsselbegriff der Debatte um kritische Infrastrukturen. Bielefeld 2018: 7–15.

ENGELS, Jens Ivo; OBERTREIS, Julia, Infrastruktur in der Moderne. Einführung in ein junges Forschungsfeld. In: Saeculum 58 | 1 (2007): 1–12.

ENGELS, Jens Ivo; SCHENK, Gerrit Jasper, Infrastrukturen der Macht – Macht der Infrastrukturen. Überlegungen zu einem Forschungsfeld. In: FÖRSTER, Birte; BAUCH, Martin (Hgg.): Wasserinfrastrukturen und Macht von der Antike bis zur Gegenwart. Berlin, München, Boston, Mass. 2014 (= Historische Zeitschrift. Beihefte Bd. 63): 22–58.

ENGLER, Steven, Developing a Historically Based „Famine Vulnerability Analysis Model" (FVAM). An Interdisciplinary Approach. In: Erdkunde (2012): 157–172.

FÖRSTER, Birte; BAUCH, Martin (Hgg.), Wasserinfrastrukturen und Macht von der Antike bis zur Gegenwart. Berlin, München, Boston, Mass. 2014 (= Historische Zeitschrift. Beihefte Bd. 63).

FOITZIK, Jan, Inventar der Befehle des Obersten Chefs der Sowjetischen Militäradministration in Deutschland (SMAD) 1945–1949. München et al. 1994 (= Texte und Materialien zur Zeitgeschichte Bd. 8).

FOLKE, Carl, et al., Resilience and Sustainable Development. Building Adaptive Capacity in a World of Transformations. In: Ambio 31 | 5 (2002): 437–440.

FOUQUET, Gerhard; ZEILINGER, Gabriel, Katastrophen im Spätmittelalter. Darmstadt 2011.

FRIEDRICH, Jörg, Der Brand. Deutschland im Bombenkrieg 1940–1945. Frankfurt am Main, Zürich, Wien 2003.

FRITSCHE, Christiane, Ausgeplündert, zurückerstattet und entschädigt. Arisierung und Wiedergutmachung in Mannheim. Ubstadt-Weiher et al. ²2013 (= Sonderveröffentlichung des Stadtarchivs Mannheim Bd. 39).

FRÖHLICH, Klaus-D., Rechtliche Grundlagen des Hochwasserschutzes. In: PATT, Heinz; JÜPNER, Robert (Hgg.): Hochwasser-Handbuch. Auswirkungen und Schutz. Berlin, Heidelberg ²2013: 609–633.

FÜGNER, Dieter, Hochwasserkatastrophen in Sachsen. [Taucha] 1995 (= Tatsachen Bd. 1).

FÜHRER, Christian, Memories of Mannheim. Die Amerikaner in der Quadratestadt seit 1945. Heidelberg, Ubstadt-Weiher, Basel 2013 (= Sonderveröffentlichung des Stadtarchivs Mannheim Bd. 40).

GALLOPÍN, Gilberto C., Linkages between Vulnerability, Resilience, and Adaptive Capacity. In: Global Environmental Change 16 | 3 (2006): 293–303. DOI: 10.1016/j.gloenvcha.2006.02.004.

Gesetz zur Ergänzung des Katastrophenschutzgesetzes und anderer Vorschriften. Katastrophenschutzergänzungsgesetz. KatSErgG (23.01.1990). In: Bundesgesetzblatt | I (23.01.1990): Bl. 120–125.

GIROUX, Jennifer; HERZOG, Michel, Urban Resilience. Considering Technical and Social Infrastructures in Complex Human Environments. Zürich 2015 (= SKI Focus Report).

GISLER, Monika; HÜRLIMANN, Katja; NIENHAUS, Agnes (Hgg.), Naturkatastrophen. Catastrophes Naturelles. Zürich 2003 (= Traverse 10.2003/3).

GLASER, Rüdiger, Historische Klimatologie Mitteleuropas. Mainz (19.09.2012) (Europäische Geschichte Online (EGO). http://www.ieg-ego.eu/glaserr-2012-de (01.10.2021).

GLASER, Rüdiger, Klima- und Erdbebenkatastrophen. Historische Dimension und Erkenntnisgewinn. In: WAGNER, Ulrich (Hg.): Stadt und Stadtverderben. Ostfildern 2012 (= Stadt in der Geschichte Bd. 37): 97–121.

GLASER, Rüdiger, Klimageschichte Mitteleuropas. 1000 Jahre Wetter, Klima, Katastrophen. Darmstadt 2001.

GRÖNING, Gert; WOLSCHKE-BULMAHN, Joachim (Hgg.), Naturschutz und Demokratie!? Dokumentation der Beiträge zur Veranstaltung der Stiftung Naturschutzgeschichte und des Zentrums für Gartenkunst und Landschaftsarchitektur (CGL) der Leibniz-Universität Hannover in Kooperation mit dem Institut für Geschichte und Theorie der Gestaltung (GTG) der Universität der Künste Berlin. München 2006 (= CGL studies Bd. 3).

GROH, Dieter; KEMPE, Michael; MAUELSHAGEN, Franz (Hgg.), Naturkatastrophen. Beiträge zu ihrer Deutung, Wahrnehmung und Darstellung in Text und Bild von der Antike bis ins 20. Jahrhundert. Tübingen 2003 (= Literatur und Anthropologie Bd. 13).

GROSS, Matthias, The Unknown in Process. In: Current Sociology 55 | 5 (2016): 742–759. DOI: 10.1177/0011392107079928.

GRUNEWALD, Karsten, et al., Hochwasserlehrpfad Elbe in der Dresdner Innenstadt. In: Wasserwirtschaft | 1/2 (2009): 17–20.

HANNIG, Nicolai, Die Suche nach Prävention. Naturgefahren im 19. und 20. Jahrhundert. In: Historische Zeitschrift 300 | 1 (2015). DOI: 10.1515/hzhz-2015-0002.

HANNIG, Nicolai, Kalkulierte Gefahren. Naturkatastrophen und Vorsorge seit 1800. Göttingen 2019.

HANNIG, Nicolai, The Checkered Rise of Resilience. Anticipating Risks of Nature in Switzerland and Germany since 1800. In: Historical Social Research 41 | 1 (2016): 240–262. DOI: 10.12759/hsr.41.2016.1.240-262.

HÅRD, Mikael; MISA, Thomas J. (Hgg.), Urban Machinery. Inside Modern European Cities. Cambridge, Mass. 2010.

HARDACH, Gerd, Krise und Reform der Sozialen Marktwirtschaft. Grundzüge der wirtschaftlichen Entwicklung in der Bundesrepublik der 50er und 60er Jahre. In: SCHILDT, Axel; SIEGFRIED, Detlef;

LAMMERS, Karl Christian (Hgg.): Dynamische Zeiten. Die 60er Jahre in den beiden deutschen Gesellschaften. Hamburg [2]2003 (= Hamburger Beiträge zur Sozial- und Zeitgeschichte Bd. 37): 197–217.

HEDSTRÖM, Aina, Das Herschelbad und das Städtische Krankenhaus von Stadtbaudirektor Richard Perrey. In: RYLL, Monika (Hg.): Architektur in Mannheim. 1918–1939. Mannheim 1994 (= Beiträge zur Mannheimer Architektur- und Baugeschichte Bd. 2): 12–37.

HEIMERL, Stephan; MEYER, Heribert (Hgg.), Vorsorgender und nachsorgender Hochwasserschutz. Wiesbaden 2014.

HELFRICHT, Karina; HELFRICHT, Jürgen, Die Jahrtausendflut. 2002 in Sachsen. Husum 2002.

HERBERT, Ulrich; HUNN, Karin, Gastarbeiter und Gastarbeiterpolitik in der Bundesrepublik. Vom Beginn der offiziellen Anwerbung bis zum Anwerbestopp (1955–1973). In: SCHILDT, Axel; SIEGFRIED, Detlef; LAMMERS, Karl Christian (Hgg.): Dynamische Zeiten. Die 60er Jahre in den beiden deutschen Gesellschaften. Hamburg [2]2003 (= Hamburger Beiträge zur Sozial- und Zeitgeschichte Bd. 37): 273–310.

HERGET, Jürgen, Am Anfang war die Sintflut. Hochwasserkatastrophen in der Geschichte. Darmstadt 2012.

HERRMANN, Bernd (Hg.), Beiträge zum Göttinger Umwelthistorischen Kolloquium 2009–2010. s.l. 2010.

HERRMANN, Bernd (Hg.), Beiträge zum Göttinger Umwelthistorischen Kolloquium 2004–2006. Göttingen 2007.

HERRMANN, Ellen, Der 17. Juni 1953 in Dresden und die SED. In: Dresdner Hefte – Beiträge zur Kulturgeschichte 9 | 26 (1995): 96–103.

HERTZ, Thomas, Die Industrie- und Handelskammer zu Berlin. Ein Beitrag zur Wirtschaftsgeschichte Berlins. Berlin 2008.

HESSE, Jan-Otmar; KÖSTER, Roman; PLUMPE, Werner, Die Große Depression. Die Weltwirtschaftskrise 1929–1939. Frankfurt am Main 2017 (= Bundeszentrale für Politische Bildung: Schriftenreihe Bd. 10115).

HEẞLER, Martina; KEHRT, Christian (Hgg.), Die Hamburger Sturmflut von 1962. Risikobewusstsein und Katastrophenschutz aus zeit-, technik- und umweltgeschichtlicher Perspektive. Göttingen, Bristol, Conn. 2014 (= Umwelt und Gesellschaft Bd. 11).

HOBSBAWM, Eric J., Age of Extremes. The Short Twentieth Century. 1914–1991. London 1994.

HÖGSELIUS, Per et al. (Hgg.), The Making of Europe's Critical Infrastructure. Common Connections and Shared Vulnerabilities. Basingstoke u.a. 2013.

HÖGSELIUS, Per; KAIJSER, Arne; VAN DER VLEUTEN, Erik (Hgg.), Europe's Infrastructure Transition. Economy, War, Nature. London 2016 (= Making Europe).

HOFFMANN, Dierk, Aufbau und Krise der Planwirtschaft. Die Arbeitskräftelenkung in der SBZ/DDR 1945 bis 1963. München 2002 (= Quellen und Darstellungen zur Zeitgeschichte Bd. 60).

HOLLING, C. S., Engineering Resilience versus Ecological Resilience. In: ALLEN, Craig R; HOLLING, C. S; GUNDERSON, Lance H. (Hgg.): Foundations of Ecological Resilience. Washington 2009: 51–66.

HOLLING, C. S., Resilience and Stability of Ecological Systems. In: Annual Review of Ecology and Systematics 4 | 1 (1973): 1–23. DOI: 10.1146/annurev.es.04.110173.000245.

HOMMELS, Anique; MESMAN, Jessica; BIJKER, Wiebe E. (Hgg.), Vulnerability in Technological Cultures. New Directions in Research and Governance. Cambridge, Mass 2014.

HÜBEL, Christian, Kriegsende und ein schwieriger Neubeginn in Trümmern. In: NIEẞ, Ulrich; CAROLI, Michael (Hgg.): Geschichte der Stadt Mannheim. 1914–2017. Bd. 3. Heidelberg, Ubstadt-Weiher, Basel 2009: 422–461.

HUGHES, Thomas Parke, Networks of Power. Electrification in Western Society. 1880–1930. Baltimore, Md 1983.

HydroVision Conference (Hg.), Technical papers / HydroVision 2008. July 14–18, 2008, Sacramento, California, USA. Kansas City, Mo. 2008.

INTERNATIONALE KOMMISSION ZUM SCHUTZ DER ELBE, Dokumentation des Hochwassers vom August 2002. Magdeburg 2004.

INTERNATIONALE KOMMISSION ZUM SCHUTZ DER ELBE, Hydrologische Auswertung des Hochwassers vom Juni 2013 im Einzugsgebiet der Elbe. Magdeburg 2014.

IREK, Joachim, Mannheim in den Jahren 1945–1949. Geschichte einer Stadt zwischen Diktatur und Republik. Darstellung. Stuttgart et al. 1983 (= Veröffentlichungen des Stadtarchivs Mannheim Bd. 9).

IREK, Joachim; SCHADT, Jörg (Hgg.), Mannheim in den Jahren 1945–1949. Geschichte einer Stadt zwischen Diktatur und Republik. Dokumente. Stuttgart et al. 1983 (= Veröffentlichungen des Stadtarchivs Mannheim Bd. 10).

JAKUBOWSKI-TIESSEN, Manfred, Naturkatastrophen. Was wurde aus ihnen gelernt? In: MASIUS, Patrick; SPRENGER, Jana; SPARENBERG, Ole (Hgg.): Umweltgeschichte und Umweltzukunft. Zur gesellschaftlichen Relevanz einer jungen Disziplin. Göttingen 2009: 173–186.

JAKUBOWSKI-TIESSEN, Manfred, Sturmflut 1717. Die Bewältigung einer Naturkatastrophe in der Frühen Neuzeit. München 1992 (= Ancien Régime, Aufklärung und Revolution Bd. 24).

JAKUBOWSKI-TIESSEN, Manfred; LEHMANN, Hartmut (Hgg.), Um Himmels Willen. Religion in Katastrophenzeiten. Göttingen 2003.

JUNEJA, Monica; SCHENK, Gerrit Jasper (Hgg.), Disaster as Image. Iconographies and Media Strategies Across Europe and Asia. Regensburg 2014.

KATER, Michael H., Die „Technische Nothilfe“ im Spannungsfeld von Arbeiterunruhen, Unternehmerinteressen und Parteipolitik. In: Vierteljahreshefte für Zeitgeschichte 27 | 1 (1979): 30–78.

KAUFMANN, Stefan, Resilienz als ‚Boundary Object‘. In: DAASE, Christopher; OFFERMANN, Philipp; RAUER, Valentin (Hgg.): Sicherheitskultur. Soziale und politische Praktiken der Gefahrenabwehr. Frankfurt am Main, New York 2012: 109–131.

KEHRT, Christian; UHRIG, Daniel, Helfer in Uniform? Die Wahrnehmung der Bundeswehr während der Sturmflut 1962. In: HEẞLER, Martina; KEHRT, Christian (Hgg.): Die Hamburger Sturmflut von 1962. Risikobewusstsein und Katastrophenschutz aus zeit-, technik- und umweltgeschichtlicher Perspektive. Göttingen, Bristol, Conn. 2014 (= Umwelt und Gesellschaft Bd. 11): 173–191.

KING, David, Organisations in Disaster. In: Natural Hazards 40 | 3 (2007): 657–665. DOI: 10.1007/s11069-006-9016-y.

KIRCHHOFER, André et al. (Hgg.), Nachhaltige Geschichte. Festschrift für Christian Pfister. Zürich 2009.

KIRSCH, Franziska; POHL, Reinhard, Modellierung historischer Abflussverhältnisse für die Hochwasserprognose. In: Wasserwirtschaft 101 | 3 (2011): 14–19.

KLEEBERG, Hans-Bernd (Hg.), Hochwasser-Gefahrenkarten. Hennef 2005 (= Forum für Hydrologie und Wasserbewirtschaftung Bd. 8).

KLEEBERG, Hans-Bernd; WILLEMS, W., Trends und Ursache-Wirkungs-Beziehungen bei Hochwasser. In: KÖNGETER, Jürgen (Hg.): Wasser – Katastrophe – Mensch. 31. IWASA, Internationales Wasserbau-Symposium, Aachen 2001. Aachen, Mainz 2001 (= Mitteilungen des Lehrstuhls und Instituts für Wasserbau und Wasserwirtschaft der Rheinisch-Westfälischen Technischen Hochschule Aachen Bd. 124): 29–48.

KNOLL, Martin; LÜBKEN, Uwe; SCHOTT, Dieter (Hgg.), Rivers Lost, Rivers Regained. Rethinking City-River Relations. Pittsburgh, Pa. 2017 (= History of the Urban Environment).

KÖNGETER, Jürgen (Hg.), Wasser – Katastrophe – Mensch. 31. IWASA, Internationales Wasserbau-Symposium, Aachen 2001. Aachen, Mainz 2001 (= Mitteilungen des Lehrstuhls und Instituts für Wasserbau und Wasserwirtschaft der Rheinisch-Westfälischen Technischen Hochschule Aachen Bd. 124).

KORNDÖRFER, Christian, Die Dresdener Elbauen. Hochwasserschutz und Refugium für Mensch und Natur. In: Dresdner Hefte – Beiträge zur Kulturgeschichte 19 | 67 (2001): 22–29.

KORNDÖRFER, Christian, Festgesetztes Überschwemmungsgebiet für ein 100-jährliches Elbehochwasser und Siedlungsentwicklung in der Stadt Dresden. In: ROCH, Isolde (Hg.): Flusslandschaften an Elbe und Rhein. Aspekte der Landschaftsanalyse, des Hochwasserschutzes und der Landschaftsgestaltung. Berlin 2003 (= Akademische Abhandlungen zur Raum- und Umweltforschung): 103–114.

KOSLOW, Wladimir P. et al. (Hgg.), SMAD-Handbuch. Die Sowjetische Militäradministration in Deutschland 1945–1949. München 2009.

LAKOFF, Andrew; COLLIER, Stephen J., Infrastructure and Event. The Political Technology of Preparedness. In: BRAUN, Bruce; WHATMORE, Sarah J. (Hgg.): Political Matter. Technoscience, Democracy, and Public Life. Minneapolis 2010: 243–266.

LAKOFF, Andrew; KLINENBERG, Eric, Of Risk and Pork. Urban Security and the Politics of Objectivity. In: Theory and Society 39 | 5 (2010): 503–525. DOI: 10.1007/s11186-010-9123-3.

LANDESHAUPTSTADT DRESDEN, Umweltbericht 2012. Dresden – 10 Jahre nach den Hochwassern 2002. Dresden 2012.

LANDESHAUPTSTADT DRESDEN, Umweltbericht 2013. Bericht zum Junihochwasser in Dresden. Ansätze zur Verbesserung des vorsorgenden Schutzes der Landeshauptstadt Dresden vor Hochwasser. Dresden 2014.

LAUDEL, Heidrun, Paul Wolf. Dresdner Stadtbaurat ab 1922, und seine Planungen zu einem Volkspark für Dresden-Pieschen. In: Dresdner Hefte – Beiträge zur Kulturgeschichte 9 | 25 (1991): 26–34.

LAUDEL, Heidrun, Stadt am Fluss. In: STARKE, Holger; JOHN, Uwe (Hgg.): Geschichte der Stadt Dresden. Von der Reichsgründung bis zur Gegenwart. Bd. 3. Stuttgart 2006: 315–321.

LEGALL, Wolf-Dieter; KRAUSE, Henry (Hgg.), Flut und Hochwasser. Sachsen im Sommer 2002. Ein Lesebuch. Dresden 2004.

LEHMANN, Dieter (Hg.), Mit den Fluten leben – aus den Fluten lernen! Das Junihochwasser 2013 – Ursachen, Chronologie, Einsichten. Herzberg 2013.

LEHRSTUHL UND INSTITUT FÜR STÄDTEBAU UND LANDESPLANUNG RWTH AACHEN, Gutachten zu den visuellen Auswirkungen des ‚Verkehrszuges Waldschlösschenbrücke' auf das Unesco-Weltkulturerbe ‚Elbtal Dresden'. Dritte überarbeitete Fassung. Aachen 2006.

LEISTIKOW, Ron, Staatliche und städtische Arbeitsbeschaffungsprogramme nach 1929. In: Dresdner Hefte – Beiträge zur Kulturgeschichte 12 | 39 (1994): 38–43.

LITTLE, Richard G., Controlling Cascading Failure. Understanding the Vulnerabilities of Interconnected Infrastructures. In: Journal of Urban Technology 9 | 1 (2002): 109–123. DOI: 10.1080/106307302317379855.

LÜBKEN, Uwe, „Der große Brückentod". Überschwemmungen als infrastrukturelle Konflikte im 19. und 20. Jahrhundert. In: Saeculum 58 | 1 (2007): 89–114.

LÜBKEN, Uwe, Cincinnati und die Ohioflut 1937. Eine Extremfallstudie. In: HERRMANN, Bernd (Hg.): Beiträge zum Göttinger Umwelthistorischen Kolloquium 2009–2010. s.l. 2010: 191–209.

LÜBKEN, Uwe, Die Natur der Gefahr. Überschwemmungen am Ohio River im 19. und 20. Jahrhundert. Göttingen, Bristol, Conn. 2014 (= Umwelt und Gesellschaft Bd. 8).

LÜBKEN, Uwe, Die Natur der Gefahr. Zur Geschichte der Überschwemmungsversicherung in Deutschland und den USA. In: Behemoth 1 | 3 (2008): 4–20. DOI: 10.1524/behe.2008.0020.

LÜBKEN, Uwe, Governing Floods and Riots. Insurance, Risk, and Racism in the Postwar United States. In: Historical Social Research 35 | 4 (2010): 275–288.

LÜBKEN, Uwe, Naturschutz als Schutz vor der Natur. Überschwemmungen und Vulnerabilität im 19. und 20. Jahrhundert. In: GRÖNING, Gert; WOLSCHKE-BULMAHN, Joachim (Hgg.): Naturschutz und Demokratie!? Dokumentation der Beiträge zur Veranstaltung der Stiftung Naturschutzgeschichte und des Zentrums für Gartenkunst und Landschaftsarchitektur (CGL) der Leibniz-

Universität Hannover in Kooperation mit dem Institut für Geschichte und Theorie der Gestaltung (GTG) der Universität der Künste Berlin. München 2006 (= CGL studies Bd. 3): 279–284.

LÜBKEN, Uwe, Rivers and Risk in the City. The Urban Floodplain as a Contested Space. In: CASTONGUAY, Stéphane; EVENDEN, Matthew D. (Hgg.): Urban Rivers. Remaking Rivers, Cities, and Space in Europe and North America. Pittsburgh, Pa. 2012 (= History of the Urban Environment): 130–144.

LÜBKEN, Uwe; MAUCH, Christof, Natural Disasters in Transatlantic Perspective. River Floods in German and U.S. History. In: GHI Bulletin | 35 (2004): 99–111.

LÜBKEN, Uwe; MAUCH, Christof, Uncertain Environments. Natural Hazards, Risk and Insurance in Historical Perspective. In: Environment and History 17 | 1 (2011): 1–12.

LUKITSCH, Kristof; MÜLLER, Marcel; STAHLHUT, Chris, Criticality. In: ENGELS, Jens Ivo (Hg.): Key Concepts for Critical Infrastructure Research. Wiesbaden 2018: 11–20.

LUPFER, Gilbert, Architektur und Stadtplanung. In: STARKE, Holger; JOHN, Uwe (Hgg.): Geschichte der Stadt Dresden. Von der Reichsgründung bis zur Gegenwart. Bd. 3. Stuttgart 2006: 305–315.

MASIUS, Patrick, Risiko und Chance. Das Jahrhunderthochwasser am Rhein 1882/1883. Eine umweltgeschichtliche Betrachtung. Göttingen 2013.

MASIUS, Patrick; SPRENGER, Jana; SPARENBERG, Ole (Hgg.), Umweltgeschichte und Umweltzukunft. Zur gesellschaftlichen Relevanz einer jungen Disziplin. Göttingen 2009.

MASSARD-GUILBAUD, Geneviève; PLATT, Harold L; SCHOTT, Dieter (Hgg.), Cities and Catastrophes. Coping with Emergency in European History. Frankfurt am Main u.a. 2002.

MAUCH, Christof; PFISTER, Christian (Hgg.), Natural Disasters, Cultural Responses. Case Studies Toward a Global Environmental History. Lanham 2009 (= International Environmental History).

MAUCH, Christof; ZELLER, Thomas (Hgg.), Rivers in History. Perspectives on Waterways in Europe and North America. Pittsburgh Pa. 2008 (= History of the Urban Environment).

MAUCH, Felix, Erinnerungsfluten. Das Sturmhochwasser von 1962 im Gedächtnis der Stadt Hamburg. München, Hamburg 2015 (= Forum Zeitgeschichte Bd. 25).

MEDD, Will; MARVIN, Simon, From the Politics of Urgency to the Governance of Preparedness. A Research Agenda on Urban Vulnerability. In: Journal of Contingencies and Crisis Management 13 | 2 (2005): 44–49. DOI: 10.1111/j.1468-5973.2005.00455.x.

MIEG, Harald A; HEYL, Christoph (Hgg.), Stadt. Ein interdisziplinäres Handbuch. Stuttgart, Weimar 2013.

MINISTERIUM FÜR UMWELTSCHUTZ UND WASSERWIRTSCHAFT, Hochwasserschutz in Betrieben und Genossenschaften. o.O. [1988].

Ministerium für Umweltschutz und Wasserwirtschaft, Hochwasserschutz in der DDR. o.O. [1987].

MOLITOR, Jochen, Lehren für den Verteidigungsfall. Die Sturmflutkatastrophe von 1962 und der bundesdeutsche Zivilschutz. In: HEẞLER, Martina; KEHRT, Christian (Hgg.): Die Hamburger Sturmflut von 1962. Risikobewusstsein und Katastrophenschutz aus zeit-, technik- und umweltgeschichtlicher Perspektive. Göttingen, Bristol, Conn. 2014 (= Umwelt und Gesellschaft Bd. 11): 195–219.

MONSTADT, Jochen; COUTARD, Olivier, Cities in an Era of Interfacing Infrastructures. Politics and Spatialities of the Urban Nexus. In: Urban Studies 56 | 11 (2019): 2191–2206. DOI: 10.1177/0042098019833907.

MONSTADT, Jochen; SCHMIDT, Martin, Urban Resilience in the Making? The Governance of Critical Infrastructures in German Cities. In: Urban Studies 56 | 11 (2019): 2353–2371. DOI: 10.1177/0042098018808483.

MÜLLER, Uwe, Instrumente und Initiativen zur Umsetzung der Hochwasserrisikomanagement-Richtlinie. In: HEIMERL, Stephan; MEYER, Heribert (Hgg.): Vorsorgender und nachsorgender Hochwasserschutz. Wiesbaden 2014: 182–188.

NAUMANN, Holger, Ein seltener Blick aufs alte Dresden. Entdeckt auf historischen Ansichtskarten. Bd. 2. [Dresden] 2017.

NIEß, Ulrich, Festung, Residenz und „grünes Quadrat". Mannheims Stadtentwicklung bis 1807. In: Stadtarchiv Mannheim (Hg.): Stadtplanung und Stadtentwicklung. Mannheim 2006 (= Mannheim und seine Bauten 1907–2007 Bd. 1): 20–27.

NIEß, Ulrich; CAROLI, Michael (Hgg.), Geschichte der Stadt Mannheim. 1914–2017. Bd. 3. Heidelberg, Ubstadt-Weiher, Basel 2009.

NIEß, Ulrich; CAROLI, Michael (Hgg.), Geschichte der Stadt Mannheim. 1801–1914. Bd. 2. Heidelberg, Ubstadt-Weiher, Basel 2007.

NUSSBAUMER, Josef, Die Gewalt der Natur. Eine Chronik der Naturkatastrophen von 1500 bis heute. Grünbach 1996.

NÜTZENADEL, Alexander (Hg.), Das Reichsarbeitsministerium im Nationalsozialismus. Verwaltung – Politik – Verbrechen. Bonn 2018 (= Bundeszentrale für Politische Bildung: Schriftenreihe Bd. 10147).

OHLIG, Christoph (Hg.), Wasserhistorische Forschungen. Schwerpunkte Hochwasserschutz / Elbe. Norderstedt 2004 (= Schriften der Deutschen Wasserhistorischen Gesellschaft (DWhG) e.V. Bd. 4).

PATT, Heinz; JÜPNER, Robert (Hgg.), Hochwasser-Handbuch. Auswirkungen und Schutz. Berlin, Heidelberg [2]2013.

PAUL, Jürgen, Stadtentwicklung und Architektur. In: STARKE, Holger; JOHN, Uwe (Hgg.): Geschichte der Stadt Dresden. Von der Reichsgründung bis zur Gegenwart. Bd. 3. Stuttgart 2006: 73–103.

PERROW, Charles, Normal Accidents. Living with High-Risk Technologies. New York, NY. 1984.

PFISTER, Christian (Hg.), Am Tag danach. Zur Bewältigung von Naturkatastrophen in der Schweiz 1500–2000. Bern 2002.

PFISTER, Christian, Learning from Nature-Induced Disasters. Theoretical Considerations and Case Studies from Western Europe. In: MAUCH, Christof; PFISTER, Christian (Hgg.): Natural Disasters, Cultural Responses. Case Studies Toward a Global Environmental History. Lanham 2009 (= International Environmental History): 17–40.

PFISTER, Christian, Wetternachhersage. 500 Jahre Klimavariationen und Naturkatastrophen (1496–1995). Bern, Stuttgart, Wien 1998.

PFISTER, Christian; BRÄNDLI, Daniel, Rodungen im Gebirge – Überschwemmungen im Vorland. Ein Deutungsmuster macht Karriere. In: SIEFERLE, Rolf Peter; BREUNINGER, Helga (Hgg.): Natur-Bilder. Wahrnehmungen von Natur und Umwelt in der Geschichte. Frankfurt am Main, New York 1999: 297–323.

PFISTER, Christian; SUMMERMATTER, Stephanie (Hgg.), Katastrophen und ihre Bewältigung. Perspektiven und Positionen. Bern, Stuttgart, Wien 2004 (= Berner Universitätsschriften Bd. 49).

PODBREGAR, Nadja, Gefährliche Fluten. Hochwasser und Überschwemmungen. In: PODBREGAR, Nadja; LOHMANN, Dieter (Hgg.): Im Fokus: Naturkatastrophen. Zerstörerische Gewalten und tickende Zeitbomben. Berlin, Heidelberg 2015: 193–207.

PODBREGAR, Nadja; LOHMANN, Dieter (Hgg.), Im Fokus: Naturkatastrophen. Zerstörerische Gewalten und tickende Zeitbomben. Berlin, Heidelberg 2015.

PÖTZSCH, Christian Gottlieb, Chronologische Geschichte der großen Wasserfluthen des Elbstroms seit tausend und mehr Jahren. Mit Kupfern. Dreßden 1784.

PÖTZSCH, Christian Gottlieb, Nachtrag und Fortsetzung seiner Chronologischen Geschichte der großen Wasserfluthen des Elbstroms seit tausend und mehr Jahren. Dreßden 1786.

PÖTZSCH, Christian Gottlieb, Zweyter Nachtrag und Fortsetzung seiner chronologischen Geschichte der großen Wasserfluthen des Elbstroms seit tausend und mehrern Jahren, von 1786 bis 1800, insbesondere der merkwürdigen Fluthen des Jahres 1799, und anderer darauf Bezug habenden Ereignisse. Dreßden 1800.

POHL, Reinhard, Hochwasserabschätzung für die Beurteilung der Sicherheit von Talsperren. In: DEUTSCH, Mathias; PÖRTGE, Karl-Heinz; TELTSCHER, Helmut (Hgg.): Beiträge zum Hochwasser/Hochwasserschutz in Vergangenheit und Gegenwart. Erfurt 2000 (= Erfurter geographische Studien Bd. 9): 139–164.

POHL, Reinhard, Überprüfung von hydrologischen Datenreihen an Hand von historischen Wasserstandsinformationen. In: BEBERMEIER, Wiebke; HENNIG, Anna-Sarah; MUTZ, Mathias (Hgg.): Vom Wasser. Umweltgeschichtliche Perspektiven auf Konflikte, Risiken und Nutzungsformen. Norderstedt 2008 (= Schriften der Deutschen Wasserhistorischen Gesellschaft (DWhG) e.V. Bd. 4): 181–207.

POHL, Reinhard, Updaiting Flood Records Using Historic Water Profiles. In: HydroVision Conference (Hg.): Technical Papers / HydroVision 2008. July 14–18, 2008, Sacramento, California, USA. Kansas City, Mo. 2008.

POLIWODA, Guido Nicolaus, Aus Katastrophen lernen in Zeiten der sich beschleunigenden Moderne. In: KIRCHHOFER, André; KRÄMER, Daniel; MERKI, Christoph Maria; POLIWODA, Guido Nicolaus; STUBER, Martin; SUMMERMATTER, Stephanie (Hgg.): Nachhaltige Geschichte. Festschrift für Christian Pfister. Zürich 2009: 195–213.

POLIWODA, Guido Nicolaus, Aus Katastrophen lernen. Sachsen im Kampf gegen die Fluten der Elbe 1784 bis 1845. Köln, Weimar, Wien 2007.

POPP, Christoph, Die Weimarer Republik. In: NIEß, Ulrich; CAROLI, Michael (Hgg.): Geschichte der Stadt Mannheim. 1914–2017. Bd. 3. Heidelberg, Ubstadt-Weiher, Basel 2009: 50–209.

PRÄGER, Christmut, „Zur vollen Macht und Reife der Großstadt“. 1908–1914. In: NIEß, Ulrich; CAROLI, Michael (Hgg.): Geschichte der Stadt Mannheim. 1801–1914. Bd. 2. Heidelberg, Ubstadt-Weiher, Basel 2007: 628–683.

PROBST, Hansjörg, Wachstum in die Fläche. Die erste Eingemeindungsphase. In: NIEß, Ulrich; CAROLI, Michael (Hgg.): Geschichte der Stadt Mannheim. 1801–1914. Bd. 2. Heidelberg, Ubstadt-Weiher, Basel 2007: 598–627.

REICH, Jürgen, Hochwassergefahrenkarten in Baden-Württemberg. In: KLEEBERG, Hans-Bernd (Hg.): Hochwasser-Gefahrenkarten. Hennef 2005 (= Forum für Hydrologie und Wasserbewirtschaftung Bd. 8): 33–41.

RENN, Ortwin; KLINKE, Andreas, Der gesellschaftliche Umgang mit Naturrisiken. In: PFISTER, Christian; SUMMERMATTER, Stephanie (Hgg.): Katastrophen und ihre Bewältigung. Perspektiven und Positionen. Bern, Stuttgart, Wien 2004 (= Berner Universitätsschriften Bd. 49): 185–202.

RICHTER, Linda, Eine Geschichte des Wetterwissens. In: Aus Politik und Zeitgeschichte 69 | 52 (2019): 10–15.

ROCH, Isolde (Hg.), Flusslandschaften an Elbe und Rhein. Aspekte der Landschaftsanalyse, des Hochwasserschutzes und der Landschaftsgestaltung. Berlin 2003 (= Akademische Abhandlungen zur Raum- und Umweltforschung).

ROHR, Christian, Der Fluss als Ernährer und Zerstörer. Zur Wahrnehmung, Deutung und Bewältigung von Überschwemmungen an den Flüssen Salzach und Inn, 13.–16. Jahrhundert. In: GISLER, Monika; HÜRLIMANN, Katja; NIENHAUS, Agnes (Hgg.): Naturkatastrophen. Catastrophes Naturelles. Zürich 2003 (= Traverse 10.2003/3): 37–48.

ROHR, Christian, Extreme Naturereignisse im Ostalpenraum. Naturerfahrung im Spätmittelalter und am Beginn der Neuzeit. Köln, Weimar, Wien 2007 (= Umwelthistorische Forschungen Bd. 4).

RUIZ RODRIGUEZ, Ernesto, Hochwassergefahrenkarten für Deutschland – Zusammenfassung und Vorschlag für ein koordiniertes Vorgehen der Bundesländer. Teil 1: Voraussetzungen für die Erstellung von Hochwassergefahrenkarten. In: KLEEBERG, Hans-Bernd (Hg.): Hochwasser-Gefahrenkarten. Hennef 2005 (= Forum für Hydrologie und Wasserbewirtschaftung Bd. 8): 71–78.

RYLL, Monika (Hg.), Architektur in Mannheim. 1918–1939. Mannheim 1994 (= Beiträge zur Mannheimer Architektur- und Baugeschichte Bd. 2).

SÄCHSISCHE STAATSKANZLEI, Bericht der Unabhängigen Kommission der Sächsischen Staatsregierung. Flutkatastrophe 2002. Dresden 12.2002.

SÄCHSISCHEN STAATSMINISTERIUM DES INNEREN, Vorsorgende Hochwasserschutzmaßnahmen durch transnationale Raumordnung für das Einzugsgebiet der Elbe. Ergebnisse und Handlungsvorschläge. Dresden 11.2006.

SARTOR, Joachim, Historische Hochwasser der Mosel. In: Jahrbuch Bernkastel-Wittlich (2012): 244–249.

SCHADT, Jörg; BECKER, Barbara (Hgg.), Mannheim im Zweiten Weltkrieg. 1939–1945. Mannheim 1993.

SCHADT, Jörg; CAROLI, Michael (Hgg.), Mannheim unter der Diktatur. 1933–1939. Mannheim 1997.

SCHANETZKY, Tim, „Kanonen statt Butter". Wirtschaft und Konsum im Dritten Reich. Bonn 2016 (= Bundeszentrale für Politische Bildung: Schriftenreihe Bd. 1764).

SCHENK, Andreas (Hg.), Bauten für Verkehr, Industrie, Gesundheit und Sport. Mannheim 2004 (= Mannheim und seine Bauten 1907–2007 Bd. 4).

SCHENK, Andreas, Aufbruch in die Moderne. 1918–1933. In: Stadtarchiv Mannheim (Hg.): Stadtplanung und Stadtentwicklung. Mannheim 2006 (= Mannheim und seine Bauten 1907–2007 Bd. 1): 54–79.

SCHENK, Andreas, Aufstieg durch Handel und Industrie. 1807–1907. In: Stadtarchiv Mannheim (Hg.): Stadtplanung und Stadtentwicklung. Mannheim 2006 (= Mannheim und seine Bauten 1907–2007 Bd. 1): 28–39.

SCHENK, Andreas, Gleichschaltung, Ausbau und Zerstörung. 1933–1945. In: Stadtarchiv Mannheim (Hg.): Stadtplanung und Stadtentwicklung. Mannheim 2006 (= Mannheim und seine Bauten 1907–2007 Bd. 1): 80–97.

SCHENK, Andreas, Krankenhäuser. In: SCHENK, Andreas (Hg.): Bauten für Verkehr, Industrie, Gesundheit und Sport. Mannheim 2004 (= Mannheim und seine Bauten 1907–2007 Bd. 4): 128–139.

SCHENK, Andreas, Neues in alter Zeit. 1907–1918. In: Stadtarchiv Mannheim (Hg.): Stadtplanung und Stadtentwicklung. Mannheim 2006 (= Mannheim und seine Bauten 1907–2007 Bd. 1): 40–54.

SCHENK, Gerrit Jasper (Hg.), Historical Disaster Experiences. Towards a Comparative and Transcultural History of Disasters Across Asia and Europe. Cham 2017 (= Transcultural Research – Heidelberg Studies on Asia and Europe in a Global Context).

SCHENK, Gerrit Jasper (Hg.), Katastrophen. Vom Untergang Pompejis bis zum Klimawandel. Ostfildern 2009.

SCHENK, Gerrit Jasper, „Human Security" in the Renaissance? „Securitas", Infrastructure, Collective Goods and Natural Hazards in Tuscany and the Upper Rhine Valley. In: Historical Social Research 35 | 4 (2010): 209–233.

SCHENK, Winfried; DIX, Andreas (Hgg.), Naturkatastrophen und Naturrisiken in der vorindustriellen Zeit und ihre Auswirkungen auf Siedlungen und Kulturlandschaft. Bonn 2005 (= Siedlungsforschung Bd. 23).

SCHIEFELBUSCH, Martin; DIENEL, Hans-Liudger (Hgg.), Linking Networks. The Formation of Common Standards and Visions for Infrastructure Development. Farnham 2014 (= Transport and society).

SCHILDT, Axel; SIEGFRIED, Detlef, Deutsche Kulturgeschichte. Die Bundesrepublik – 1945 bis zur Gegenwart. Bonn 2009 (= Bundeszentrale für Politische Bildung: Schriftenreihe Bd. 1011).

SCHILDT, Axel; SIEGFRIED, Detlef; LAMMERS, Karl Christian (Hgg.), Dynamische Zeiten. Die 60er Jahre in den beiden deutschen Gesellschaften. Hamburg ^{2}2003 (= Hamburger Beiträge zur Sozial- und Zeitgeschichte Bd. 37).

SCHMIDT, Martin, Hochwasser und Hochwasserschutz in Deutschland vor 1850. Eine Auswertung alter Quellen und Karten. München 2000.

SCHOTT, Dieter (Hg.), Energie und Stadt in Europa. Von der vorindustriellen „Holznot" bis zur Ölkrise der 1970er Jahre. Stuttgart 1997 (= Vierteljahrschrift für Sozial- und Wirtschaftsgeschichte. Beihefte Bd. 135).

SCHOTT, Dieter, Die Vernetzung der Stadt. Kommunale Energiepolitik, öffentlicher Nahverkehr und die „Produktion" der modernen Stadt: Darmstadt–Mannheim–Mainz 1880–1918. Darmstadt 1999 (= WB-Edition Universität Bd. 12).

SCHOTT, Dieter, Energizing European Cities. From Wood Provision to Solar Panels-Providing Energy for Urban Demand. 1800–2000. In: SOENS, Tim; SCHOTT, Dieter; TOYKA-SEID, Michael; MUNCK, Bert de (Hgg.): Urbanizing Nature. Actors and Agency (Dis)Connecting Cities and Nature since 1500. London 2019 (= Routledge Advances in Urban History): 135–156.

SCHOTT, Dieter, Europäische Urbanisierung (1000–2000). Eine umwelthistorische Einführung. Köln, Weimar, Wien 2014 (= UTB. Uni-Taschenbücher Bd. 4025).

SCHOTT, Dieter, Kleine Geschichte der Europäischen Stadt. In: Aus Politik und Zeitgeschichte 67 | 48 (2017): 11–18.

SCHOTT, Dieter, Krieg als externer Schock oder Katalysator für neue Pfade. Zum Verhältnis von Krieg und Pfadabhängigkeit in deutschen Städten des 20. Jahrhunderts. In: Moderne Stadtgeschichte | 2 (2018): 44–58.

SCHOTT, Dieter, Naturkatastrophen und städtische Resilienz. Die Hamburger Sturmflut im Kontext städtischer Naturkatastrophen der Neuzeit. In: HEßLER, Martina; KEHRT, Christian (Hgg.): Die Hamburger Sturmflut von 1962. Risikobewusstsein und Katastrophenschutz aus zeit-, technik- und umweltgeschichtlicher Perspektive. Göttingen, Bristol, Conn. 2014 (= Umwelt und Gesellschaft Bd. 11): 37–57.

SCHOTT, Dieter, One City – Three Catastrophes. Hamburg form the Great Fire 1842 to the Great Flood 1962. In: MASSARD-GUILBAUD, Geneviève; PLATT, Harold L; SCHOTT, Dieter (Hgg.): Cities and Catastrophes. Coping with Emergency in European History. Frankfurt am Main u.a. 2002: 185–204.

SCHOTT, Dieter, Resilienz oder Niedergang? Zur Bedeutung von Naturkatastrophen für Städte in der Neuzeit. In: VAN DER VLEUTEN, Erik; KAIJSER, Arne (Hgg.): Networking Europe. Transnational Infrastructures and the Shaping of Europe. 1850–2000. Sagamore Beach, Mass. 2006: 11–32.

SCHOTT, Dieter, Stadt in der Geschichtswissenschaft. In: MIEG, Harald A; HEYL, Christoph (Hgg.): Stadt. Ein interdisziplinäres Handbuch. Stuttgart, Weimar 2013: 120–147.

SCHOTT, Dieter, Stadt und Fluss. Flüsse als städtische Umwelten im 19. und 20. Jahrhundert. In: HERRMANN, Bernd (Hg.): Beiträge zum Göttinger Umwelthistorischen Kolloquium 2004–2006. Göttingen 2007: 141–162.

SCHOTT, Dieter, Stadt und Infrastruktur. Einleitung. In: Informationen zur modernen Stadtgeschichte | 1 (2015): 5–16.

SCHOTT, Dieter, Stadt und Katastrophe. In: Informationen zur modernen Stadtgeschichte | 1 (2003): 4–18.

SCHOTT, Dieter, Wege zur vernetzten Stadt. Technische Infrastrukturen in der Stadt aus historischer Perspektive. In: Informationen zur Raumentwicklung | 5 (2006): 249–257.

SCHRAGE, Dominik (Hg.), Die Flut. Diskursanalysen zum Dresdner Hochwasser im August 2002. Ergebnisse des Forschungsseminars am Institut für Soziologie an der TU Dresden (SS 2004/WS 2004–05). Münster 2005 (= Dresdner Beiträge zur Soziologie Bd. 1).

SCHULZ, Ulrike, Das Reichsarbeitsministerium 1919–1945. Organisation, Führungspersonal und politische Handlungsspielräume. In: NÜTZENADEL, Alexander (Hg.): Das Reichsarbeitsministerium im Nationalsozialismus. Verwaltung – Politik – Verbrechen. Bonn 2018 (= Bundeszentrale für Politische Bildung: Schriftenreihe Bd. 10147): 33–102.

SIEBEL, Walter, Die Zukunft der Städte. In: Aus Politik und Zeitgeschichte | 17 (2010): 3–9.

SIEFERLE, Rolf Peter; BREUNINGER, Helga (Hgg.), Natur-Bilder. Wahrnehmungen von Natur und Umwelt in der Geschichte. Frankfurt am Main, New York 1999.

SIMONS, Harald; WEIDEN, Lukas, Schwarmverhalten, Reurbanisierung und Suburbanisierung. In: Informationen zur Raumentwicklung | 3 (2016): 263–273.

SOENS, Tim et al. (Hgg.), Urbanizing Nature. Actors and Agency (Dis)Connecting Cities and Nature since 1500. London 2019 (= Routledge Advances in Urban History).

SOWJETISCHEN MILITÄRVERWALTUNG IN DEUTSCHLAND, Befehle des Obersten Chefs der Sowjetischen Militärverwaltung in Deutschland. Aus dem Stab der Sowjetischen Militärverwaltung in Deutschland – Sammelheft Nr. 1, 1945. Berlin 1946.

STADT MANNHEIM, Die Stadtverwaltung Mannheim im Jahrfünft 1933–1937. Mannheim [o.J.].

Stadtarchiv Mannheim (Hg.): Stadtplanung und Stadtentwicklung. Mannheim 2006 (= Mannheim und seine Bauten 1907–2007 Bd. 1).

STAR, Susan Leigh, Grenzobjekte und Medienforschung. Bielefeld 2017 (= Locating Media / Situierte Medien Bd. 10).

STAR, Susan Leigh; GRIESEMER, James R., Institutional Ecology, ‚Translations' and Boundary Objects. Amateurs and Professionals in Berkeley's Museum of Vertebrate Zoology, 1907–39. In: Social Studies of Science 19 | 3 (1989): 387–420. DOI: 10.1177/030631289019003001.

STARKE, Holger; JOHN, Uwe (Hgg.), Geschichte der Stadt Dresden. Von der Reichsgründung bis zur Gegenwart. Bd. 3. Stuttgart 2006.

TOURY, Jacob, Jüdische Textilunternehmer in Baden-Württemberg. 1683–1938. Tübingen 1984 (= Schriftenreihe wissenschaftlicher Abhandlungen des Leo-Baeck-Instituts Bd. 42).

VAN DER VLEUTEN, Erik; KAIJSER, Arne (Hgg.), Networking Europe. Transnational Infrastructures and the Shaping of Europe. 1850–2000. Sagamore Beach, Mass. 2006.

VAN DER VLEUTEN, Erik; KAIJSER, Arne, Networking Europe. In: History and Technology 21 | 1 (2005): 21–48.

VAN LAAK, Dirk, Alles im Fluss. Die Lebensadern unserer Gesellschaft Geschichte und Zukunft der Infrastruktur. Frankfurt am Main 2018.

VAN LAAK, Dirk, Das „vergrabene Kapital" und seine Wiederentdeckung. Das neue Interesse an der Infrastruktur. In: Materialien der Interdisziplinären Arbeitsgruppe Globaler Wandel – Regionale Entwicklung (2010): 5–26.

VAN LAAK, Dirk, Eine kurze (Alltags-)Geschichte der Infrastruktur. In: Aus Politik und Zeitgeschichte 67 | 16–17 (2017): 4–11.

VAN LAAK, Dirk, Garanten der Beständigkeit. Infrastrukturen als Integrationsmedien des Raumes und der Zeit. In: DOERING-MANTEUFFEL, Anselm (Hg.): Strukturmerkmale der deutschen Geschichte des 20. Jahrhunderts. München 2006 (= Schriften des Historischen Kollegs. Kolloquien Bd. 63): 167–180.

VAN LAAK, Dirk, Imperiale Infrastruktur. Deutsche Planungen für eine Erschließung Afrikas 1880 bis 1960. Paderborn et al. 2004.

VAN LAAK, Dirk, Infrastrukturen und Macht. In: DUCEPPE-LAMARRE, François; ENGELS, Jens Ivo (Hgg.): Umwelt und Herrschaft in der Geschichte. Environnement et pouvoir: une approche historique. München 2008 (= Ateliers des Deutschen Historischen Instituts Paris Bd. 2): 106–114.

VAN LAAK, Dirk, Infra-Strukturgeschichte. In: Geschichte und Gesellschaft 27 (2001): 367–393.

VAN LAAK, Dirk, Weiße Elefanten. Anspruch und Scheitern technischer Großprojekte im 20. Jahrhundert. Stuttgart 1999.

WAGNER, Ulrich (Hg.), Stadt und Stadtverderben. Ostfildern 2012 (= Stadt in der Geschichte Bd. 37).

WIDERA, Thomas, Krieg, Zerstörung und Besetzung von Dresden. In: STARKE, Holger; JOHN, Uwe (Hgg.): Geschichte der Stadt Dresden. Von der Reichsgründung bis zur Gegenwart. Bd. 3. Stuttgart 2006: 497–514.

WIDERA, Thomas, Politik, Wirtschaft und Verwaltung. In: STARKE, Holger; JOHN, Uwe (Hgg.): Geschichte der Stadt Dresden. Von der Reichsgründung bis zur Gegenwart. Bd. 3. Stuttgart 2006: 531–545.

WILLNER, Sven N., et al., Adaptation Required to Preserve Future High-End River Flood Risk at Present Levels. In: Science Advances 4 | 1 (2018): eaao1914.

WITTENBERG, Hartmut, Zeitreihen von Pegelmessungen. Ausreichende Grundlage für Bemessungshochwasser? In: OHLIG, Christoph (Hg.): Wasserhistorische Forschungen. Schwerpunkte Hochwasserschutz / Elbe. Norderstedt 2004 (= Schriften der Deutschen Wasserhistorischen Gesellschaft (DWhG) e.V Bd. 4): 173–179.

WOLLE, Stefan (Hg.), Die DDR. Eine Geschichte von der Gründung bis zum Untergang. Bonn 2015 (= Bundeszentrale für Politische Bildung: Schriftenreihe Bd. 1517).

WOLLE, Stefan, Der große Plan – Alltag und Herrschaft in der DDR. 1949–1961. In: WOLLE, Stefan (Hg.): Die DDR. Eine Geschichte von der Gründung bis zum Untergang. Bonn 2015 (= Bundeszentrale für Politische Bildung: Schriftenreihe Bd. 1517).

WOLLE, Stefan, Die heile Welt der Diktatur – Herrschaft und Alltag in der DDR. 1971–1989. In: WOLLE, Stefan (Hg.): Die DDR. Eine Geschichte von der Gründung bis zum Untergang. Bonn 2015 (= Bundeszentrale für Politische Bildung: Schriftenreihe Bd. 1517).

Internetquellen

BUNDESANSTALT FÜR GEWÄSSERKUNDE, Pegel im Elbegebiet: Dresden, Elbe. Koblenz ([2021]). http://undine.bafg.de/elbe/pegel/elbe_pegel_dresden.html#Pegelhistorie

BUNDESANSTALT FÜR GEWÄSSERKUNDE, Pegel im Rheingebiet: Mannheim, Rhein. Koblenz ([2021]). http://undine.bafg.de/rhein/pegel/rhein_pegel_mannheim.html#Pegelhistorie

ENDERS, Tina, Tagungsbericht: Kritikalität. 14.07.2017 Darmstadt. Darmstadt (18.08.2017) (H-Soz-Kult. https://www.hsozkult.de/conferencereport/id/tagungsberichte-7295

SCHWANDT, Daniel; HÜBNER, Gerd, Hochwasserereignisse im Elbegebiet. Das Sommerhochwasser 2002. Koblenz ([2019]). http://undine.bafg.de/elbe/extremereignisse/elbe_hw2002.html

Index

Orte und Gewässer

Ahr 194

Berlin 146

Coventry 159

Darmstadt 13
Dresden 1ff., 5, 11, 15ff., 19f., 22ff., 30ff., 39ff., 43ff., 48, 53ff., 67ff., 73ff., 84ff., 93ff., 104f., 107, 109ff., 118f., 123, 125, 128, 137, 139f., 144, 146, 156, 158, 169, 171f., 174f., 177ff., 183, 188ff., 198, 200
- Albertbrücke 1
- Alberthafen 22
- Albertstadt 24f.
- Altstadt 1, 30f., 94
- Augustusbrücke 1, 3, 31, 39f., 175, 183
- Autobahnbrücke 175, 183
- Blockhausgäßchen 43f.
- Carolabrücke 1, 94
- Cotta 110
- Eisenbahnbrücke 175
- Elbauen 30f., 54, 57, 67, 189
- Elbufer 1, 30f., 77, 94ff., 190
- Elektrizitätswerk 78
- Fernheizkraftwerk 77
- Friedrichstadt 110
- Gauforum 94
- Hauptbahnhof 1
- Hofkirche 30
- Hygienemuseum 94
- Kaditz 2, 110, 112
- Kaditzer Flutrinne 110ff., 128
- Käthe-Kollwitz-Ufer 189, 192
- Klärwerk 2
- Königsufer 94ff., 108
- Leipziger Vorstadt 76
- Loschwitzer Hafen 190
- Marienbrücke 1, 191
- Mickten 110
- Neustadt 44, 94, 96
- Ostragehege 68ff., 104, 191f.
- Stadtbezirk III 85
- Stadtbezirk West 68
- Stadthaus Theaterstraße 180
- Technische Hochschule 77
- Terrassenufer 75
- Übigau 110, 113
- Vogelwiese 55, 189f., 192
- Waldschlößchenbrücke 54
- Wasserwerk Hosterwitz 179
- Wasserwerk Saloppe 179
- Wasserwerk Tolkewitz 179
- Wehlener Straße 75
- Zwinger 1, 39

Elbauen 193
Elbe 1f., 17, 19, 30ff., 40f., 44ff., 48, 53, 55, 68, 72, 84, 95, 105, 110, 113, 123, 169, 173ff., 177, 182, 188, 190f., 194, 201

Gorbitzbach 68

Hamburg 14, 71
Heidelberg 23

Inn 37

Kyll 194

Lockwitzbach 30
Ludwigshafen 42, 50

Main 41
Mainz 13
Mannheim 5, 11, 13, 15ff., 19f., 22ff., 27ff., 32, 39, 41, 44f., 47ff., 53, 56ff., 60f., 63ff., 71ff., 81f., 85ff., 93f., 97, 99ff., 109, 113ff., 127f., 130ff., 139, 146, 151ff., 158ff., 184ff., 193f., 200
- Collini-Center 72
- Feudenheim 152f.
- Feudenheimer Brücke 106
- Freihafen 23
- Friedrichsbrücke 56, 105
- Friesenheimer Durchstich 27, 30
- Friesenheimer Insel 81f., 89, 102ff., 113, 160, 163f.

https://doi.org/10.1515/9783110734676-011

– Grabenstrasse 58
– Hafen 186
– Hafenstraße 186
– Hauptbahnhof 30
– Holzstrasse 58
– Industriehafen 22, 30, 102
– Jungbusch 58f.
– Jungbuschbrücke 187
– Kirschgartshausen 82
– Kläranlage 102f.
– Krankenhaus 94, 97, 99ff., 108
– Kurpfalzbrücke 78
– Mühlauhafen 30
– Müllablageplatz 102ff., 113
– Nationaltheater 23
– Neckarbrücke 105
– Neckarpark 97
– Neckarufer 56, 58, 65, 97, 99, 101
– Neckarvorland 57, 78, 99ff., 160
– Neckarvorlandstrasse 58, 75
– Reißinsel 65, 186
– Rheinau 116
– Rheinauhafen 30
– Rheinbrücke 30, 50
– Rheinhafen 23
– Riedbahnbrücke 99, 101
– Riedwiesen 155
– Sandhofen 81, 114, 165f.
– Sandtorfer Bruch 103
– Schanzenstrasse 58
– Schiffsbrücke 39
– Schloss 23
– Stadtpark 187
– Stephanieufer 44
– Waldpark 186
– Wörthfeldweg 65
Maxau 167f.
Meißen 30
Mulde 174

Neckar 19, 22, 27ff., 32, 41, 50, 56, 58, 60, 65, 72, 78, 97, 99, 101, 105, 108, 136, 152, 160f., 169, 184, 193
Neckarkanal 161
Neiße 174

Oder 173, 201
Ohio River 15
Ohio Valley 15
Oppau 42

Pirna 30
Prießnitz 30
Prüm 194

Quedlinburg 144

Rhein 17, 19, 22f., 27ff., 32, 41, 47, 49f., 65, 73, 81, 83, 89, 93, 102f., 106, 114f., 136, 149, 152, 159, 161, 167ff., 184, 193f., 201

Saale 173
Salzach 37
Southampton 159
Spree 174
Swist 194

Weidigtbach 68
Weißeritz 30, 68, 84, 125

Hochwasserereignisse

Raum Dresden
– 1784 48
– 1845 39ff., 48, 53
– 1897 55, 84
– 1920 75, 77, 110
– 1923 77
– 1926 44, 48, 55, 76
– 1930 55
– 1940 84
– 1947 72, 78, 177f., 180f.
– 1948 124
– 1954 85, 120, 125f., 137, 139f.
– 1958 78, 140, 145
– 1970 140
– 1974 112, 140
– 1977 140
– 1988 123
– 2002 1f., 45, 194

– 2006 2
– 2010 2
– 2013 2f., 194
Raum Mannheim
– 1824 48, 61
– 1882/83 41f., 49, 58
– 1919/20 58, 102, 115, 152f.
– 1927 44
– 1931 76
– 1944 163, 165ff.
– 1947/48 76, 185, 187
– 1955 49f., 77f., 80ff., 87, 89f., 106ff., 115
– 1958 88
– 1968 101
– 1970 105f., 116
– 1978 76, 85, 88, 155
– 1980 155
– 1983 155
– 1987 116, 154f.

Weitere
– Magdalenenhochwasser 1342 2
– Starkregen 2021 194
– Sturmflut 1717 14
– Sturmflut 1962 14, 71

www.ingramcontent.com/pod-product-compliance
Lightning Source LLC
LaVergne TN
LVHW081352011026
849161LV00013BA/2798